灌区水文模型构建与灌溉用水评价

崔远来　刘路广　著

科学出版社
北京

内 容 简 介

本书对灌溉用水效率及效益评价指标与节水潜力评价方法、灌区分布式水文模型开发及应用等进行了系统研究。全书共10章，主要内容包括：考虑回归水重复利用的灌溉用水评价新指标体系及节水潜力计算新方法；适合灌区特性的改进SWAT模型开发；基于改进SWAT模型与MODFLOW模型的灌区地表水-地下水耦合模型构建；基于SWAP模型开展灌区适宜灌溉下限标准和适宜地下水埋深范围研究；基于分布式水文模型开展灌区适宜井渠灌溉比和井渠结合灌溉时间研究；典型灌区不同情景、不同计算方法下灌溉用水效率、灌溉用水效益、节水潜力变化规律及其原因分析等。

本书可供节水灌溉、灌区水管理、水资源高效利用等领域的科研、管理人员及高校师生参考。

图书在版编目(CIP)数据

灌区水文模型构建与灌溉用水评价/崔远来，刘路广著. —北京：科学出版社，2015

ISBN 978-7-03-044556-8

Ⅰ.①灌… Ⅱ.①崔…②刘… Ⅲ.①灌区-水文模型-研究②灌溉-用水量-评价 Ⅳ.①S274

中国版本图书馆CIP数据核字(2015)第124818号

责任编辑：周 炜 / 责任校对：郭瑞芝
责任印制：张 倩 / 封面设计：陈 敬

科学出版社 出版
北京东黄城根北街16号
邮政编码：100717
http://www.sciencep.com

中国科学院印刷厂 印刷
科学出版社发行 各地新华书店经销

*

2015年7月第 一 版 开本：720×1000 1/16
2015年7月第一次印刷 印张：14
字数：270 000

定价：88.00元

（如有印装质量问题，我社负责调换）

前　言

发展节水灌溉最根本的目的就是要不断提高灌溉水的利用效率和效益。尽管国内外针对渠系水利用系数、田间水利用系数、灌溉水利用系数等传统表征灌溉用水效率的指标开展了许多研究，但多基于动水法及静水法进行灌区样点渠段的测算分析，或以首尾法开展宏观测算分析；而以水分生产率为代表的灌溉用水效益测算与评价则基本以测坑或田间小区试验数据为基础。这些工作存在以点带面、没有考虑水的重复利用等诸多问题，因此，建立适应性更广的灌溉用水评价指标体系显得尤为重要。

目前，国内外对灌溉节水潜力的内涵还没有统一的认识，也缺乏公认的灌溉节水潜力分析评价方法。传统节水潜力的计算通常把实施节水灌溉措施前后毛灌溉用水量的差值作为节水潜力。一些学者提出了考虑回归水重复利用的灌溉用水效率评价指标及节水潜力计算方法，也有学者从耗水角度提出了耗水节水潜力的概念及其计算方法。然而不同方法的差异、适用条件及其之间的关系是什么？有没有一套各种条件均适用的方法？这些问题都需要进一步研究。

由于大尺度、长时间获取有关水平衡要素存在困难，数值模拟技术被应用于各种条件下不同尺度水量平衡要素及作物产量的模拟，并据此开展灌溉用水效率及效益指标的计算、节水潜力和用水管理策略的分析评价。但目前分布式水文模型基本针对自然流域开发，研究适合灌区水量转化分布式模拟的模型对于灌区灌溉用水效率及效益评价与节水潜力评估具有十分重要的意义。

为此，本书作者基于多年来主持完成的科研项目，对相关问题开展了系统研究。通过这些研究，提出考虑回归水重复利用的灌溉用水评价指标体系及节水潜力计算新方法，构建作物产量模型及灌区地表水-地下水耦合模型。以柳园口灌区为例，并结合漳河灌区，对灌溉用水效率和用水效益指标进行模拟计算，分析不同节水措施及用水模式下的灌溉用水指标及节水潜力，探明不同条件下灌溉用水指标及节水潜力指标的变化规律及原因。本书涉及的主要科研项目包括：国家自然科学基金项目“水稻灌区节水灌溉对灌区尺度水平衡影响规律及其机理研究”(50579059)、“不同尺度灌溉水利用效率变化规律及节水潜力评估”(50879060)；高等学校博士学科点专项科研基金“灌区不同尺度回归水变化规律及节水潜力评价方法研究”(20090141110024)；“十二五”国家科技支撑计划子课题“农业节水临界标准及节水潜力评价”(2011BAD25B05-4)、“南方河网灌区生态水利技术示范”(2012BAD08B05-3)、“灌溉用水综合管理与区域水资源优化配置技术集成及应用”(2013BAD007B10-3)。

本书共10章,第1～3章由崔远来、刘路广撰写;第4～6章由刘路广撰写;第7、8章由刘路广、崔远来撰写;第9章由崔远来、王建鹏撰写;第10章由崔远来、刘路广撰写;此外,龚孟梨参与第2、7、8章部分内容的撰写。全书由崔远来、刘路广统稿。

本书有关项目在实施过程中,得到国家自然科学基金委、科技部、教育部等单位的资助;项目区所在的河南省柳园口灌区管理局、河南省惠北灌溉试验站、湖北省漳河工程管理局等单位的领导和科技人员对项目的完成给予了大力支持;罗玉峰、代俊峰、谢先红、谭芳、张义盼、段中德等参与了有关项目的研究,在此一并表示衷心的感谢。

限于作者水平,书中难免存在疏漏和不妥之处,敬请读者批评指正。

目　　录

前言
第 1 章　绪论 ………………………………………………………… 1
1.1　研究背景及意义 ……………………………………………… 1
1.2　灌溉用水评价指标及节水潜力研究进展 …………………… 3
1.2.1　灌溉用水评价指标……………………………………… 3
1.2.2　节水潜力评价方法……………………………………… 7
1.2.3　灌溉用水评价存在问题及研究展望 ………………… 10
1.3　灌区水文模型研究进展 …………………………………… 11
1.3.1　不同尺度水文模型 …………………………………… 11
1.3.2　地表水-地下水耦合模型 ……………………………… 14
1.3.3　灌区水文模型研究展望 ……………………………… 15
1.4　主要内容及技术路线 ……………………………………… 16
1.4.1　主要内容 ……………………………………………… 16
1.4.2　技术路线 ……………………………………………… 17
第 2 章　灌溉用水效率及效益评价指标 ………………………… 19
2.1　水资源利用率 ……………………………………………… 19
2.1.1　概念及公式推导 ……………………………………… 19
2.1.2　应用指标注意事项 …………………………………… 21
2.2　考虑回归水重复利用的灌溉用水效率指标 ……………… 24
2.2.1　基于水量平衡的净灌溉效率…………………………… 25
2.2.2　基于回归水重复利用的净灌溉效率 ………………… 32
2.3　灌溉用水效益评价指标 …………………………………… 34
2.3.1　灌溉水分生产率 ……………………………………… 35
2.3.2　净灌溉水分生产率 …………………………………… 35
2.3.3　净灌溉用水效益 ……………………………………… 36
2.4　本章小结 …………………………………………………… 36
第 3 章　灌区节水潜力计算方法 ………………………………… 41
3.1　传统节水潜力计算方法 …………………………………… 41
3.2　基于 ET 管理的节水潜力计算方法………………………… 42
3.3　新水源节水潜力计算方法 ………………………………… 43

3.4　基于排水重复利用的节水潜力计算方法 …… 45
3.5　本章小结 …… 45
第 4 章　灌溉标准和地下水位控制标准模拟 …… 47
4.1　SWAP 模型概述 …… 47
4.1.1　SWAP 模型发展历程 …… 47
4.1.2　SWAP 模型功能模块 …… 48
4.2　SWAP 模型建模 …… 49
4.2.1　SWAP 模型建立 …… 49
4.2.2　SWAP 模型率定 …… 51
4.2.3　SWAP 模型验证 …… 54
4.3　SWAP 模型模拟灌溉标准 …… 57
4.4　SWAP 模型模拟地下水埋深控制标准 …… 59
4.5　本章小结 …… 61
第 5 章　灌区地表水-地下水耦合模型构建 …… 63
5.1　SWAT 模型概述 …… 63
5.1.1　SWAT 模型发展历程 …… 63
5.1.2　SWAT 模型水文结构 …… 64
5.1.3　SWAT 模型主要功能模块 …… 64
5.2　基于 SWAT 的灌区分布式地表水模型构建 …… 66
5.2.1　SWAT 模型计算结构改进 …… 67
5.2.2　稻田模拟模块改进 …… 67
5.2.3　灌溉渠道渗漏改进 …… 70
5.2.4　旱作物模拟模块改进 …… 70
5.2.5　蒸发蒸腾量计算改进 …… 71
5.2.6　自动灌溉模块改进 …… 71
5.2.7　灌溉水源改进 …… 72
5.3　MODFLOW 模型概述 …… 72
5.4　灌区地表水-地下水耦合模型关键技术 …… 74
5.4.1　模型耦合难点 …… 74
5.4.2　模型耦合关键技术 …… 74
5.5　本章小结 …… 76
第 6 章　灌区地表水-地下水耦合模型适用性检验 …… 77
6.1　研究区域概况及资料搜集 …… 77
6.1.1　研究区域介绍 …… 77
6.1.2　研究区域基础资料 …… 78

6.2 改进 SWAT-MODFLOW 耦合模型建模 …… 79
6.2.1 改进 SWAT 模型建模 …… 79
6.2.2 HRU 空间位置确定 …… 82
6.2.3 地下水模型建模 …… 83
6.3 灌区地表水-地下水耦合模型适用性检验 …… 85
6.3.1 耦合模型率定参数选取 …… 85
6.3.2 耦合模型评价指标 …… 86
6.3.3 灌区地表水-地下水耦合模型率定 …… 87
6.3.4 灌区地表水-地下水耦合模型验证 …… 92
6.4 本章小结 …… 95
第 7 章 柳园口灌区灌溉用水效率及效益评价 …… 96
7.1 柳园口灌区蒸发蒸腾量分项分析 …… 96
7.1.1 不同土地利用类型蒸发蒸腾量分析 …… 96
7.1.2 柳园口灌区蒸发蒸腾量空间分布 …… 97
7.1.3 不同灌溉模式下蒸发蒸腾量分析 …… 99
7.2 不同灌溉模式组合下水量要素及产量模拟 …… 103
7.3 基于水量平衡的柳园口灌区灌溉用水评价 …… 110
7.3.1 灌溉用水评价指标化简 …… 110
7.3.2 基于水量平衡的柳园口灌区灌溉用水效率评价 …… 113
7.3.3 基于水量平衡的柳园口灌区灌溉用水效益评价 …… 117
7.4 基于回归水利用的柳园口灌区灌溉用水效率评价 …… 121
7.5 柳园口灌区灌溉用水效率评价指标对比分析 …… 123
7.6 井渠结合调控模式确定 …… 125
7.6.1 用水方案拟订 …… 126
7.6.2 适宜井渠灌溉比与井渠灌溉时间 …… 127
7.7 井渠结合调控模式下灌溉用水评价 …… 131
7.7.1 井渠结合调控模式下灌溉用水效率指标分析 …… 132
7.7.2 井渠结合调控模式下灌溉用水效益指标分析 …… 135
7.7.3 井渠结合调控模式与原模式灌溉用水效率对比 …… 137
7.7.4 井渠结合调控模式与原模式灌溉用水效益对比 …… 141
7.8 本章小结 …… 144
第 8 章 柳园口灌区节水潜力分析评价 …… 148
8.1 基于 ET 管理的柳园口灌区节水潜力 …… 148
8.2 柳园口灌区新水源节水潜力 …… 157
8.2.1 不同措施下灌溉用水效率比较 …… 157

8.2.2　基于水量平衡的柳园口灌区新水源节水潜力 …… 158
8.2.3　基于净灌溉效率简化指标的柳园口灌区新水源节水潜力 …… 162
8.3　柳园口灌区传统节水潜力 …… 166
8.4　传统节水潜力与新水源节水潜力对比分析 …… 167
8.5　灌溉用水效率阈值及节水潜力临界标准 …… 169
8.5.1　灌溉用水效率阈值及节水潜力标准的内涵 …… 169
8.5.2　柳园口灌区灌溉用水效率阈值 …… 170
8.5.3　柳园口灌区节水潜力临界标准 …… 171
8.6　本章小结 …… 171
第 9 章　漳河灌区灌溉用水效率及节水潜力评价 …… 174
9.1　研究区概况及改进 SWAT 模型构建 …… 174
9.1.1　研究区概况 …… 174
9.1.2　改进 SWAT 模型构建 …… 174
9.2　基于蒸发蒸腾量管理的节水潜力 …… 177
9.2.1　区域蒸发蒸腾量变化规律 …… 177
9.2.2　基于区域蒸发蒸腾量管理的节水潜力 …… 179
9.3　基于排水重复利用的节水潜力 …… 180
9.3.1　不同尺度排水比变化规律 …… 181
9.3.2　不同塘堰用水管理制度下排水比变化规律 …… 182
9.3.3　基于蒸发蒸腾量管理和排水管理的节水潜力比较 …… 183
9.4　灌溉水分生产率随尺度变化规律及其尺度提升方法 …… 184
9.4.1　灌溉水分生产率尺度变化特征及其原因 …… 184
9.4.2　灌溉水分生产率尺度转换模式 …… 185
9.4.3　小结 …… 187
9.5　不同环节灌溉用水效率及节水潜力分析 …… 187
9.5.1　研究方法 …… 187
9.5.2　不同环节灌溉用水效率计算 …… 189
9.5.3　灌溉水利用系数提高阈值及节水潜力分析 …… 191
9.5.4　小结 …… 194
9.6　本章小结 …… 194
第 10 章　总结与展望 …… 196
10.1　主要结论 …… 196
10.1.1　灌区灌溉用水评价及水文模型存在问题及展望 …… 196
10.1.2　灌溉用水评价新指标 …… 197
10.1.3　灌区节水潜力计算新方法 …… 197

10.1.4　柳园口灌区灌溉标准及适宜地下水埋深 …… 197
10.1.5　灌区地表水-地下水耦合模型构建 …… 198
10.1.6　灌区地表水-地下水耦合模型适用性检验 …… 198
10.1.7　柳园口灌区灌溉用水评价指标计算分析 …… 199
10.1.8　柳园口灌区节水潜力计算分析 …… 201
10.1.9　柳园口灌区灌溉用水效率阈值及节水潜力临界标准 …… 202
10.1.10　漳河灌区灌溉用水效率及节水潜力评价 …… 202
10.2　特点与创新 …… 203
10.3　展望 …… 204
参考文献 …… 206

第1章　绪　　论

1.1　研究背景及意义

《中华人民共和国国民经济和社会发展第十二个五年规划纲要》将农业灌溉用水有效利用系数①提高到0.53作为经济社会发展主要目标之一。根据《全国节水灌溉规划》，到2020年，在扩大有效灌溉面积、新增粮食生产能力500亿kg的条件下，灌溉总用水量维持3600亿m^3，形成农业节水能力600亿m^3；灌溉水利用率提高到0.55以上。2011年《中央一号文件》明确提出，确立用水效率控制红线，坚决遏制用水浪费，到2020年，农田灌溉水有效利用系数提高到0.55以上。因此，以提高灌溉用水效率和效益为中心的大中型灌区续建配套与技术改造将是我国今后相当长时间的一项战略任务，节水灌溉发展将由小面积示范向大面积集中连片转变，从输水过程节水向灌溉用水全过程节水转变，从以工程措施为主向工程、管理及农艺等综合措施转变。

发展节水灌溉最根本的目的就是要不断提高灌溉水的利用效率和效益。尽管国内外许多学者针对渠系水利用系数、田间水利用系数及灌溉水利用系数等传统表征灌溉用水效率的指标开展了许多研究，但多基于动水法或静水法进行灌区样点渠段的测算分析；而以水分生产率为代表的灌溉用水效益测算与评价则基本以测坑或田间小区试验数据为基础。目前在灌区采用的节水灌溉技术及其评价指标，绝大多数来自测坑、测筒和田间小区等的试验成果及灌溉输水过程中的节水技术，这些节水灌溉技术主要集中在单一的灌溉输配水过程和小尺度的田间水量及其转化过程。这些技术孤立地研究田间水分循环或者渠道防渗，没有考虑田块之间、不同区域之间水量的相互影响，以及渠道渗漏对区域水分转化的影响，也没有考虑不同区域之间水的重复利用及其尺度效应。田块等小尺度上的节水措施应用到大尺度上并不一定节水，因此研究大尺度用水管理策略和建立适应性更广的灌溉用水评价指标体系显得尤为重要。

---

① 目前对于灌溉水利用效率及效益评价指标的术语争议很多，使用也很不规范，本书中在引用有关文献时，采用文献原有术语。但在书中作如下约定：对灌溉水利用系数、渠系水利用系数、田间水利用系数、灌溉效率等与输配水过程中水的利用效率有关的术语统称为灌溉用水效率指标；对灌溉水分生产率、供水量水分生产率、蒸发蒸腾量水分生产率等与水的产出有关的术语统称为灌溉用水效益指标；所有指标统一用小数表示。

科学的节水潜力分析计算是灌区及流域水管理的前提。目前,国内外对节水潜力的内涵还没有一个公认的标准,相应地对节水潜力的评价和计算也没有一致的方法。传统意义下的节水潜力主要是指某单个部门、行业(或作物)、局部地区在采取一种或多种综合节水措施后,与未采取节水措施相比,所需水量(或取用水量)的减少量。对灌溉系统而言,传统节水潜力的计算通常把实施节水灌溉措施后的毛灌溉用水量与实施节水灌溉措施前的毛灌溉用水量的差值作为节水潜力。随着节水灌溉研究的深入,有学者指出并不是所有取用水的节约量都是节水量,只有减少的不可回收水量才属于真实意义上的节水量,如果不加以区分往往会得到错误的结论。因此一些学者从回归水重复利用的角度对节水潜力计算方法进行了研究,提出了考虑回归水重复利用的灌溉用水效率评价指标及节水潜力计算方法,也有学者提出了耗水节水潜力的概念及其计算方法。然而各种计算方法都有自己的适用条件,不同方法的差异及其原因、不同方法的适用条件及其之间的关系是什么?如何针对研究对象选择适宜的方法?有没有一套各种条件均适用的方法?这些问题还需要进一步研究。

由于大尺度、长时间获取有关水量平衡要素存在困难,数值模拟技术被应用于各种条件下不同尺度水量平衡要素的模拟及作物产量的模拟,并基于模拟数据进行不同情景下灌溉用水效率及效益指标的计算、节水潜力计算和用水管理策略的分析评价。而目前常用分布式水文模型是针对自然流域开发的,因此,如何根据灌区水量转化的特点,开发适合灌区水量转化分布式模拟的模型对于灌区尺度灌溉用水效率及效益评价与节水潜力评估具有十分重要的意义。

为此,本书作者以河南省柳园口灌区(位于黄河流域)和湖北省漳河灌区(位于长江流域)为背景,基于多年来主持完成的科研项目,对相关问题开展了系统研究。研究意义体现在以下几个方面:

(1) 提出新的灌溉用水评价指标体系及节水潜力计算方法,为灌区灌溉用水效率、用水效益和节水潜力的正确评价提供依据。

(2) 构建灌区地表水-地下水耦合模型,为灌区水量平衡要素的分布式模拟提供工具,解决灌区尺度水量平衡要素获取的难题,为灌区尺度灌溉用水评价提供有效的研究工具。

(3) 对不同节水灌溉措施下灌溉用水效率、用水效益和节水潜力变化规律进行分析,有利于揭示各种节水灌溉措施的节水效果、认清灌区灌溉用水水平、明晰灌区节水的重点、制定正确的节水灌溉措施。

(4) 灌溉用水效率和节水潜力阈值及其与投资的关系研究,为合理投资规模的确定及节水灌溉策略的制定提供决策依据。

1.2　灌溉用水评价指标及节水潜力研究进展

1.2.1　灌溉用水评价指标

灌溉用水评价指标综合反映不同尺度灌溉工程状况、用水管理水平和灌溉技术水平等，是正确评估灌溉水有效利用程度及评价节水灌溉发展成效的重要基础。尽管过去国内外许多部门和学者针对渠系水利用系数、田间水利用系数、灌溉水利用系数、灌溉效率等传统表征灌溉用水效率的指标开展了许多研究，但多基于动水法或静水法进行灌区样点渠段的测算分析；而以水分生产率为代表的灌溉用水效益测算与评价则基本以测坑或田间小区试验数据为基础。这些工作存在概念与测算口径不统一、测算工作量大、影响因素及机理不清、以点带面等诸多问题。目前许多实例证明期望通过提高灌溉供水和输水效率的措施来节水的做法是无效的，由此出现了所谓"字面节水"的提法。原因在于灌溉水利用系数、传统灌溉效率等指标忽视了回归水的重复利用。认识到以上问题，近年来国内外学者基于水资源管理的观点提出了许多考虑回归水重复利用的灌溉用水效率指标。然而，这些指标及分析框架在强调其理论及概念合理性的同时，却忽视了实际应用性，难以确定其中的某些水量平衡要素，不适用于灌区水管理。因此有必要对现有的灌溉用水效率及效益评价指标进行界定和评价，以探讨新的灌溉用水评价指标。

1. *灌溉效率*

1）国外研究进展

灌溉效率(irrigation efficiency)是灌溉水有效利用程度的主要评价指标之一。Israelsen将灌溉效率定义为作物生长过程中通过作物蒸发蒸腾的田间灌溉用水与实际引进的灌溉水量的比值(Israelsen，1950)。在Israelsen定义的基础上，1977年国际灌溉排水委员会(International Commission on Irrigation and Drainage，ICID)(Marinus，1979)提出灌溉效率标准，该标准将总灌溉效率划分为输水效率、配水效率和田间灌水效率，总灌溉效率为三者之积。传统的灌溉效率被定义为作物消耗的灌溉水量占取水口的总灌溉供水量的比值。这一概念与我国采用的灌溉水利用系数相似。随后Hart等(1979)和Burt等(1997)又提出了储水效率和田间潜在灌水效率等灌溉效率指标。虽然各种灌溉效率指标强调点各有差异，但是与传统的灌溉效率并没有太大区别，即其适用性仍与工程目标息息相关，灌溉效率较高则表明有较高比例的引水量储存于作物根系层以增加作物蒸发蒸腾量。

传统的灌溉效率对于灌溉工程设计和管理具有重要的地位和作用。然而，Bagley(1965)指出，在描述灌区效率时，若不正确处理灌溉效率的边界问题，会导致错误结论，由低效率而产生的水资源损失对于大系统而言或许并不存在。Bos(1979)指出对于整个流域，灌溉中浪费的水量并没有实质性的损失，因为绝大部分被下游重新利用。Willardson(1985)指出单个田间灌溉系统效率对于流域水文系统并不重要，不考虑水质，增加灌溉效率对流域水管理会产生有利或不利的影响。为了克服传统灌溉效率的不足，灌溉用水效率指标体系的内涵主要向两个方向发展：一方面是针对"有益消耗"与"无益消耗"及"生产性消耗"与"非生产性消耗"的界定(Molden，1997)；另一方面是从回归水的重复利用角度进行研究，认为局部的灌溉效率在更大尺度范围内并不重要，并考虑如何将回归水要素加入指标体系(Willardson et al.，1994；Keller et al.，1995)。研究人员提出一系列新的灌溉效率指标，例如，Willardson 等(1994)建议采用"比例"的概念来代替田间灌水效率指标，如消耗性使用比例指的是作物蒸发蒸腾量(ET)占田间灌溉水量的百分数；Keller 等(1995)提出有效效率的指标，是指作物蒸发蒸腾量同田间净灌溉水量(田间总灌水量减去可被重复利用的地表径流和深层渗漏)之比，并认为有效效率指标可用于任何尺度而不会导致概念的错误；Jensen(1977)指出传统灌溉效率忽视了灌溉回归水，不适用于水资源开发管理，并提出了净灌溉效率的概念；Perry(2007)建议采用水的消耗量、取用量、储存变化量及消耗与非消耗比例作为评价指标，并认为与水资源管理具有一致性。Lankford(2006)认为当考虑到使用条件及评价目的，传统灌溉效率与考虑回归水重复利用的有关灌溉效率都是适用的，并提出可获得效率(attainable efficiency)的概念，即现有损失中有些是可以通过一定的技术措施予以减少的(如渠道渗漏)，而有些损失是难以控制的(如渠道水面蒸发)，因此只有通过减少可控损失量才能实现效率的提高。

2) 国内研究进展

我国普遍应用灌溉水利用系数这个指标评价灌溉用水效率，该指标及其计算方法于 20 世纪五六十年代参照苏联的灌溉水利用系数指标体系而建立。研究分析的重点主要是测定渠系水利用系数和田间水利用系数的方法、计算公式修正等方面，特别是渠系水利用系数的测定和评价是研究确定灌溉水利用系数的主要难点。1986 年山西省水利科学研究所采用静水法对山西省 18 个典型灌区进行了大规模渠道渗漏试验研究，并对重点灌区的渠道水利用系数进行了计算(孟国霞等，2004)；80 年代广西壮族自治区采用传统的动水法对 22 个灌区的渠道水利用系数进行了计算；浙江省水利河口研究院于 2006 年开始，采用动水法与静水法相结合，历时 4 年在全省 70 多个灌区开展灌溉水利用系数测算，获得不同类型灌区和全省的灌溉水利用系数，以及渠道衬砌率与渠系输水效率、工程投资与渠系输水效率之间的关系(贾宏伟等，2013)。不少学者还对渠道越级输水、并联渠系输水等情况下渠系水利用系数的计算分析与修正进行了研究。汪富贵(1999)提出用3个系数分别反映渠系越级现象、回归水利用及灌溉管理水平，再将3个系数同灌溉水利用系数连乘来修正灌溉水利用系数。高传昌等(2001)提出将渠系划分为串联、等效并联和非等效并联，并分别引用不同的公式对灌溉水利用系数进行计算。谢柳青等(2001)结合南方灌区的特点，根据灌溉系统水量平衡原理，利用灌区骨干水利工程和塘堰等水利设施供水量统计资料，通过作物灌溉定额，反推灌区渠系水利用系数和灌溉水利用系数。沈小谊等(2003)提出用动态空间模型来计算灌溉水利用系数，考虑了回归水、气候、流量、管理水平和工程变化等因素的影响。沈逸轩等(2005)提出年灌溉水利用系数的定义，即一年灌溉过程中被作物消耗水量的总和与灌区内灌溉供水量总和的比值。2006年开始，中国灌溉排水发展中心联合国内有关单位开展了全国现状灌溉水利用系数测算研究(韩振中等，2009)，采用基于首尾测算分析法的宏观测算分析方法，即定义灌溉水利用系数为田间实际净灌溉用水量与渠首毛灌溉用水量的比值，并强调以年为周期进行计算。其中毛灌溉用水量是指灌区从水源地实际取水的测算统计值，不能忽视从灌区其他水源(塘坝或其他水库)的取水值。

随着节水灌溉研究的发展，国内一些学者开始认识到灌溉水利用系数的局限性，提出了一些考虑回归水重复利用的指标。蔡守华等(2004)综合分析现有指标体系的缺陷，建议用“效率”代替“系数”，并在渠道水利用效率、渠系水利用效率、田间水利用效率的基础上增加作物水利用效率。陈伟等(2005)认识到现有灌溉水利用系数等指标计算节水量的局限性，指出计算灌溉节水量时应扣除区域内损失后可重复利用水量，并提出考虑回归水重复利用的节水灌溉水资源利用系数的概念。崔远来等(2009)认为仅仅利用传统灌溉效率指标来评估真实节水量和制定节水策略是存在缺陷的，但在以下情况下传统灌溉效率是可用的：①新的灌溉系统的设计规划，灌溉工程设计者需要利用传统效率指标来推算为满足田间灌溉的基本需求而需要从水源调用的流量，以及基于不同级别渠道的流量设计渠道的断面尺寸；②评估渠道系统的管理状况，在灌溉工程状况一样的条件下，传统效率较高则意味着管理状况良好；③在一个低效率的水重复利用系统中，尽管回归水可以回收并且可被作物或下游其他用户再利用，但回用滞后期过长而不能及时满足用水户。张义盼(2010)考虑回归水重复利用提出扩展灌溉效率指标，并基于该指标对漳河灌区节水潜力进行计算，其结果明显小于传统的节水潜力，并且渠道衬砌的真实节水潜力远小于传统认识下的值。

2. 水分生产率

水分生产率是指单位水资源量在一定的作物品种和耕作栽培条件下所获得的产量。水资源量包括降水量、毛灌溉水量、蒸发蒸腾量。灌溉水分生产率指每单位灌溉水所能生产的农产品的数量。水分生产率指标用简单和易于理解的方式表达了水的产出效率，被广泛用于水管理评估。国际水管理研究院（International Water Management Institute，IWMI）（Molden，1997）提出的水量平衡框架中水分生产率被作为灌溉用水效率及效益的主要评价指标之一。由于水分生产率的数据来自水平衡分析的各要素，数据量大，并且有些要素测定较为复杂，限制了它在大尺度及长时段的应用。另外，水分生产率提高一方面可能由于相同产量情况下减少了水分投入，另一方面可能由于其他因素（养分、耕作方式等）的改变提高了单位面积的产量，因此单独使用水分生产率来评估灌溉效果也不一定合适。Guerra 等（1998）建议联合使用水分生产率及灌溉效率来评估水管理策略和措施。

Zoebl（2006）认为用水分生产率来描述灌溉用水效率及效益是不科学的，因为水的投入不一定全部被作物所利用，同时作物生长受控于其他很多因素。当考虑作物种类、管理水平及气象条件的差异性所导致的水分生产率的变化时，用该指标进行比较和评价变得毫无意义。同时作者认为传统灌溉效率在特定条件下仍然是有效的，特别是针对灌溉系统尺度，因为传统灌溉效率与灌溉系统的管理密切相关。由于技术及社会经济的多样性，对不同的评价目的应采用不同的水分利用效率评价指标。沈荣开等（2001）认为水分生产率的定义应是单位面积作物的单位水分消耗（单位面积的作物腾发量）所获得的籽粒产量。由于受农作物、灌溉技术及自然条件的影响，该值并不由供水条件唯一确定。作者指出，当前在运用水分生产率方面很不统一，这样十分不利于相互之间的交流，容易造成误解，乃至得出错误的结论，因此很有必要加以规范。

3. 基于水量平衡框架的灌溉用水评价指标体系

鉴于灌溉排水行为对流域水文循环的重要性，国际水管理研究院从 1996 年开始将工作重点从灌溉管理转向流域水资源管理，其名称也由国际灌溉管理研究院（International Irrigation Management Institute，IIMI）改为国际水管理研究院（IWMI）。他们从水资源利用角度分析了传统灌溉效率的弊端，并提出新的灌溉用水评价理念（Perry，1999）。Molden（1997）提出了水量平衡的分析框架，确定了该框架模型在田间、灌溉系统及流域三个尺度范围内进行水量平衡计算的具体过程。同时，提出水资源利用效率评价的三类指标，即水分生产率、水分消耗百分率和水分有益消耗百分率。基于这一框架，IWMI 研究人员先后针对多个流域开展实际研究（Molden et al.，1998；Kloezen et al.，1998；McCartney et al.，2007），其中 Molden 等（1998）在原有基础上又提出相对水量供应比和相对灌溉水量供应比两个指标。

基于水量平衡框架下的灌溉用水评价指标体系，指出不同尺度上水量平衡要素计算方法的不同，明确尺度效应对节水灌溉评价指标的影响。但是这些指标中各类水量要素的数值主要是通过水量平衡观测确定的，对小尺度只需开展田间水量平衡观测，而对于中等尺度及大尺度，则需针对灌区或流域，选择一些大面积典型水量平衡区进行观测，这种观测牵涉的因素较多，数据获取较难，有些要素难以直接观测而必须借助数值模拟取得。崔远来等(2009)认为基于水量平衡框架下的灌溉用水评价指标仍存在以下三个问题：①尽管水量平衡框架已经比较完整清楚，但许多组成要素实际上难以确定，也难以反映水质的尺度影响、回归水利用的经济问题及不同区域灌溉的及时性问题等；②数值模拟技术是获取灌区尺度上水量平衡要素的主要手段，但现有的水文模型主要针对自然流域开发，不能描述灌区水量转化的特殊性，因此开发适合灌区水量转化分布式模拟的水文模型是前提；③IWMI 所提出的三类指标是否可以满足节水灌溉评价的需要，其适用性和便利性需要进一步探讨。

1.2.2 节水潜力评价方法

国内外对节水潜力的内涵还没有一个公认的标准，相应地对节水潜力的评价和计算也没有一致的方法(段爱旺等，2002；裴源生等，2007；崔远来等，2007；张义盼等，2009)。《全国水资源综合规划技术大纲》认为节水潜力是以各部门、各行业(或作物)通过综合节水措施所达到的节水指标为参考标准，现状用水水平与节水指标的差值，即为最大可能节水数量。传统意义下的节水潜力主要是指某单个部门、行业(或作物)、局部地区在采取一种或多种综合节水措施后，与未采取节水措施相比，所需水量(或取用水量)的减少量。即节水潜力为某种或多种节水措施下可能的最大节水量。随着节水灌溉工作的深入研究，又有学者指出并不是所有取用水的节约量都是节水量，只有所减少的不可回收水量才属于真实意义上的节水量，如果不加以分析往往会得到错误的结论(沈振荣等，2000)。因此一些学者从回归水重复利用的角度对节水潜力的计算方法进行研究和探讨，提出考虑回归水重复利用的灌溉用水效率评价指标，分析节水潜力的尺度效应(李远华等，2005，2009)；也有学者从作物耗水角度进行研究，提出耗水节水潜力的概念及其计算方法(Willardson et al.，1994；Keller et al.，1996；裴源生等，2007，2008)。然而各种计算方法都有自己的适用条件，不同方法的差异及其原因、不同方法的适用条件及其之间的关系是什么？如何针对研究对象选择适宜的方法？有没有一套各种条件均适用的方法？这些还需要进一步研究。

1. 传统节水潜力

传统节水潜力的计算通常把实施节水灌溉措施后的毛灌溉用水量与实施节水灌溉措施前的毛灌溉用水量的差值作为节水潜力。李英(2001)指出长江流域内大部分灌区的渠系水利用系数若提高到70%～80%，年节约水量为200亿～300亿m^3。李会安(2003)对黄河灌区用水现状进行了分析，对未来的灌溉用水效率进行了预测，在此基础上计算了农业节水潜力。罗纨等(2007)从盐分淋洗需求、灌溉与排水的转化过程及节水的可行性等角度对宁夏银南灌区稻田田间节水潜力进行分析和计算。

传统节水潜力主要来自两个方面：①减少田间净灌溉定额；②提高灌溉水利用系数。因此田间净灌溉定额和灌溉水利用系数也是传统节水潜力评价的主要标准。随着节水研究的开展，人们发现传统节水潜力计算忽视了回归水的重复利用。在小尺度上的节水量会被更大的尺度所利用，并不是真正意义上的节水。美国加利福尼亚州戴维斯大学土地、大气和水资源系的Davenport和Hagan在1982年对灌溉取水节水量中的可回收水与不可回收水的概念做了比较系统的说明，并对加利福尼亚州真正意义上的灌溉节水潜力进行了系统分析(Davenport et al.，1982)。2000年中国水利水电科学研究院水资源研究所提出真实节水的概念(沈振荣等，2000)，认为真实节水是节约所消耗的不可回收水量，包括蒸发蒸腾量、无效流失量及作物增产部分所增加的净耗水量。这些全新节水概念的提出为正确认识区域节水潜力提供新的认知基础和科学理念。在此基础上，节水潜力的计算方法研究主要朝着两个方面发展(刘路广等，2011，2013)：①从水资源消耗角度(作物需水)计算耗水节水潜力(许多学者也称其为真实节水潜力)；②从回归水重复利用角度计算节水潜力，并分析其尺度效应。

2. 真实节水潜力

1) 耗水节水潜力

区域内某部门或行业通过各种节水措施所节约出来的水资源量并没有损失，仍然存留在区域水资源系统内部，或被转移到其他水资源紧缺的部门或行业，满足该部门或行业的需水要求，因此取用水的减少并没有实现真正意义上节水。为了克服传统节水潜力评价和计算方法的局限性，许多学者主张从水资源消耗特性出发，研究区域真正节水潜力。

裴源生等(2007)提出耗水节水潜力的概念，即耗水节水潜力是在考虑各种可能节水措施情景下的耗水量与不采取节水措施的耗水量差值。认为耗水节水量才是农业真正意义上的节水量，也是可以转移给工业或生活的水量。并针对宁夏灌区，通过广义水资源合理配置模型计算了各水平年最优节水方案的耗水量与实际耗水量的差值，得到区域实际耗水节水潜力。雷波等(2011)提出基于灌区尺度的农业节水潜力估算方法和理论，将不同节水措施实现的灌溉节水量分为毛节水量和净节水量。其中，毛节水量是由于提高灌溉效率，降低渗漏和田间蒸发等而减少的灌水量；净节水量是采取节水措施后减少的无效消耗和无效流失的水量。

可见，净节水量与耗水节水量没有本质的差别。

农业节水潜力是多种因素综合作用的结果，不能进行简单相加，然而某些节水潜力的计算方法中并没有考虑到这一点（刘建刚等，2011；段爱旺等，2002）；另外，耗水节水潜力计算的难点是大范围作物蒸发蒸腾量和作物产量的获取。目前作物蒸发蒸腾量和作物产量大多是通过田间试验获得，由于空间变异性，监测点上试验结果并不能完全反映大尺度上的变化规律。随着3S技术①的发展，通过遥感技术可以很好地获取大范围内作物蒸发蒸腾量，该技术克服了传统点源地表监测的局限性，特别是随着遥感技术的革新所获得遥感影像具有时空分辨率高、多倾斜角度、多光谱等属性，使得利用遥感技术监测大范围作物蒸发蒸腾量的精度得到提高，为计算因耗水减少的净节水量提供了手段（Pan et al.，2003；Chen et al.，2005；吴炳方等，2006）。彭致功等（2009）利用遥感蒸发蒸腾量和遥感作物产量数据构建区域作物水分生产函数，确定了北京大兴区主要作物蒸发蒸腾量定额，计算了耗水节水潜力。另外，水文模型的发展也为大尺度水量和作物产量的获取提供了研究手段。

2）节水潜力尺度效应

尺度指空间范围的大小和时间历时的长短，与之相对应的是空间尺度和时间尺度。农业节水潜力具有尺度效应，主要原因如下（刘路广等，2011）：①水文地质因素的时空变异性；②回归水的存在及其重复利用。传统的节水潜力计算中考虑了水文地质因素的空间差异性，而忽略了回归水的重复利用。在田间尺度上的节水会被更大的尺度所利用，这部分节水量不是真正意义上的节水。由于农田水分循环系统中回归水重复利用的存在，以及各种影响真实节水量的因素具有综合效应，仅仅依据渠道衬砌和田间节水措施等田间试验结果得到的灌溉水利用系数及田间净灌溉定额，通过简单的数学方法来推算灌区尺度的节水量是不合理的，尺度对节水量具有重要影响（李远华等，2009）。

Seckler（1996）指出在小尺度范围内的水量损失可以在更大尺度范围内重新利用，对于灌溉用水效率的错误认识可能会导致对节水潜力的错误估算。Solomon等（1999）认为，引起田间、灌区和流域这几个尺度间复杂关系的原因是从一块农田中流出的水量可被另一块农田所利用。Tuong等（1999）认为从农田尺度的节水研究到流域尺度的节水研究是一大挑战。茆智（2005）指出了计算节水潜力时考虑尺度效应的重要性。李远华等（2009）以湖北省漳河灌区为例，针对典型年分析表明基于水量平衡得到的节水潜力远小于基于灌溉水利用系数得到的节水潜力。整个灌区包括降水及灌溉在内的毛入流水量只有12%流出了灌区边界，

① 3S技术指遥感技术（remote sensing）、地理信息系统（geography information system）和全球定位系统（global positioning system）。

其他全部在灌区内部被消耗，即在灌区尺度上通过减少出流水量来实现节水的潜力只有12%。而灌区平均灌溉水利用系数为0.43，按照传统计算方法认为理论节水潜力最大可达到57%，这主要是因为57%的损失有很大一部分在灌区内部被小型塘堰、水库及排水沟网络收集并重新利用，并非真正意义上的损失。张义盼(2010)考虑回归水重复利用提出了水资源有效利用率和扩展灌溉效率这两个灌溉用水评价指标，联合系统动力学模型和SWAT(soil and water assessment tool)模型对漳河灌区不同尺度灌溉用水效率指标进行了计算。同时选取该指标对真实节水潜力进行计算，分析表明相应节水潜力明显小于传统节水潜力，并且渠道衬砌的真实节水潜力远小于传统认识下的值。谭芳(2010)提出净节水量的概念，认为传统方法计算出来的节水量为毛节水量，减去节水措施前后回归水利用量的差值后才是净节水量，并对漳河灌区净节水量进行了计算，评价了漳河灌区的节水潜力。

1.2.3　灌溉用水评价存在问题及研究展望

通过灌区灌溉用水效率和效益评价指标及节水潜力的总结归纳和分析可以看出，在灌溉用水评价方面还存在诸多有待研究的问题，主要体现在以下几个方面：

(1) 传统的灌溉效率指标忽略了回归水的重复利用，而目前提出的新指标种类较多，且大多数是从作物耗水或回归水的单一角度提出的，没有综合考虑各种因素的影响，因此这些新指标在使用时具有局限性。如何提出一套考虑因素全、适应性广的灌溉用水评价指标体系需要进一步研究。同时由于灌溉用水评价指标涉及的水量平衡要素较多，如何根据实际情况对各水量平衡要素进行概化也是需要研究的内容。

(2) 目前真实节水潜力的计算方法也均是从回归水重复利用或减少耗水等单一角度提出的，且没有进行严格的过程推导。实际上，节水潜力是综合作用的结果，并不是简单的分解与合并，应该将各节水环节或影响因素进行统一考虑，推导出适用于不同尺度且考虑因素全面的节水潜力计算新方法。

(3) 无论是灌溉用水效率及用水效益指标的确定还是节水潜力的计算，都需要确定研究区域的水量平衡要素和作物产量。大尺度上水量平衡要素及作物产量获取均较难，需要借助水文模型或遥感技术进行确定。如何构建灌区水量产量分布式模拟模型是解决大尺度灌溉用水评价及节水潜力计算的关键，也是今后研究的重点。

1.3　灌区水文模型研究进展

灌区水管理中一项重要的工作就是确定研究区域内的水量平衡要素，这是灌区尺度灌溉用水效率及效益评价和真实节水潜力计算的关键。考虑大尺度、长时间获取有关水量平衡要素的困难性，近年来数值模拟技术应用于各种条件下、不同尺度水量平衡要素及作物产量的模拟，进行灌溉用水效率及效益指标的计算和用水管理策略的分析评价。在田间尺度上，代表性模型包括 ORYZA2000（Bouman et al.，2001）、SWAP 模型（Dam et al.，1997）和 HYDRUS 系列模型（Šimůnek et al.，2009）等。在大尺度上，分布式流域水文模型得到广泛应用，其中代表性模型有 SWAT 模型（Neitsch et al.，2002）和 MODFLOW 模型（McDonald et al.，1988）等。由于分布式水文模型大多针对自然流域开发，因此不能直接应用于灌区。许多学者根据灌区特点对已有水文模型进行改进，构建了灌区分布式水文模型（代俊峰，2007；代俊峰等，2009a，2009b；Xie et al.，2011）。同时由于不同的水文模型具有各自的优点和缺陷，因此许多学者还将已有水文模型进行松散耦合或紧密耦合，以取得更佳的模拟效果（Sophocleous et al.，2000；Elhassan et al.，2004）。

1.3.1　不同尺度水文模型

1）田间尺度模型

田间尺度模型主要包括水均衡模型和水动力学模型。

水均衡模型结构简单，参数较少，易于理解。Odhiambo 等（1996）提出针对稻田的单个田块和田块链的水均衡模型，模型的输入参数包括灌溉供水、气象条件、土壤特性和田块尺寸，可以模拟蒸发蒸腾、渗漏、侧渗和地表径流过程。Panigrahi 等（2003）针对芥菜，建立了作物根系活动区的土壤水均衡模型，同时考虑了非饱和区水分运动。罗玉峰（2006）采用系统动力学方法构建了旱稻田间水量平衡模型，并在柳园口灌区进行了验证，模拟效果较好。

水动力学模型从水分运动机理方面考虑问题，参数较多，模拟精度较高。目前较为常用的水动力学模型有 SWAP 模型、HYDRUS-1D 模型、HYDRUS-2D 模型、ORYZA2000 模型和 DRAINMOD 模型等。

SWAP 模型是描述 SPAC 系统中水盐运移、热量传递和作物生长的经典模型（Dam et al.，1997）。模型的上边界是植物冠层，下边界为地下水系统，土壤水渗流采用 Richard 方程进行描述，采用差分方程进行求解。SWAP 模型已得到广泛应用，但该模型对旱作物模拟效果较好，对水稻模拟效果较差（李小梅，2009；刘路广等，2010a，2010b）。

HYDRUS-1D模型是模拟饱和-非饱和渗流区水、热、作物根系吸水及多种溶质迁移的一维(垂向)模型(Šimůnek et al.,2009);HYDRUS-2D模型(其内核是SWMS-2D)可以模拟水平二维和剖面二维水、农业化学物质及有机污染物的迁移与转化过程。目前得到了广泛的认可与应用(Rassam et al.,2002;曹巧红等,2003)。

ORYZA2000模型可模拟水稻产量、水分、氮素限制条件下水稻的生长发育及土壤水分平衡(Bouman et al.,2001)。Bouman等(2001)在氮素限制条件下对ORYZA2000模型进行了验证。李亚龙等(2005a,2005b)应用ORYZA2000模型对水稻的生长进行了模拟,并在氮肥管理方面进行了研究。Arora(2006)验证了ORYZA2000模型分析水分生产率的可行性,其生物量、稻谷产量和土壤剖面含水量等方面的模拟值与观测值吻合较好。

DRAINMOD模型是田间排水模型,以土壤剖面水量平衡原理为基础,可模拟预测田间地下水位、排水速率及排水总量等水文要素,同时还可以模拟氮素循环过程(Skaggs,1978)。罗纨等(2006)利用DRAINMOD模型对宁夏银南灌区稻田排水过程进行了模拟。高学睿等(2011)利用DRAINMOD模型对湖北漳河灌区稻田排水和氮素流失过程进行了模拟。

水均衡模型结构简单,率定参数较少,但需要较长系列的历史资料来进行参数率定;水动力学模型参数较多,边界条件上有诸多限制,但模拟精度较高。由于在小尺度上可以通过试验获取水文及产量资料,而在大尺度上获取这些数据资料较难,因此大尺度水文模型在节水潜力分析、水量平衡模拟及灌区水管理中更受欢迎。

2) 大尺度分布式水文模型

Freeze等(1969)首先提出了分布式水文模型的概念。分布式水文模型与集总式水文模型相比,采用严格的数学物理方程表述水文循环的各子过程,充分考虑了参数和变量的空间变异,在模拟流域径流、面源污染等方面具有明显优势(吴险峰等,2002;徐宗学,2010)。但分布式水文模型对资料和计算机性能要求较高,因此在20世纪80年代以后才得到快速发展。目前常用的分布式水文模型主要有MIKE SHE模型、SLURP模型、SWAT模型、MODFLOW模型和AGNPS模型等(赵串串等,2008)。

MIKE SHE模型是丹麦水力学研究所于20世纪90年代初期在SHE模型的基础上进一步发展起来的模型,每一模块均有明确的物理意义(Sahoo et al.,2006)。该模型广泛应用于地表水、地下水及与它们之间动态交互作用有关的水资源和环境问题。Lohani等(1993)针对印度中部某灌区,利用MIKE SHE模型建立小区尺度、田间尺度和灌区尺度的水文模型,分析了各尺度灌溉用水量空间变异性。MIKE SHE模型尽管优点很多,但对资料要求很高,限制了其推广应用。

黄粤等(2009)以遥感和地理信息系统技术为支撑,以开都河流域土地覆盖和气候变化为主线,采用 MIKE SHE 模型模拟了研究区域的径流变化过程,探讨了 MIKE SHE 模型在大尺度缺少资料地区的适用性。

SLURP 模型是 Kite 于 1975 年为研究中等尺度流域的降水径流过程而提出的,并于 1978 年发布最早的模型版本(Kite et al.,2000b)。经过对模型的不断改进,增加了 GIS 数据和 RS 影像处理功能。其中 SLURP12.7 能够充分利用 Internet 公开发布的 RS 和 GIS 资料,考虑灌区内水库、大坝、取水建筑物等对水循环的影响,进行土地利用、植被覆盖及气象条件变化情况下的灌区水量平衡模拟。Kite(2000a,2000b)利用 SLURP 模型在流域尺度上模拟了土壤蒸发和作物蒸腾,同时认为,对大小流域尺度和不同长短历时的水文模拟均较为成功。周玉桃(2008)利用 SLURP 模型,通过对部分参数进行特殊处理(添加稻田蓄水层、调用外部灌溉水源),建立了适合于我国南方丘陵水稻区的模拟模型。

SWAT 模型是一个面向流域尺度而开发的水文模型,主要用于模拟地表水、地下水的水质和水量,预测人类活动对水、沙、农业和化学物质的长期影响,以及气候变化对水量平衡的影响(Arnold et al.,1998)。另外,该模型简单整合了稻田、塘堰、水库等灌区特性模块,与其他水文模型相比,考虑灌区特性相对较好。Andrea 等(2001)应用 SWAT 模型检验了德国中部 Aar 流域周边地区的土地利用变化对流域生态的影响。Tripathi 等(2006)利用 SWAT 模型,在 Negwan 流域研究了不同子流域数量划分对水文过程的影响。李硕(2002)在江西省潋水河流域应用 SWAT 模型对水、沙进行模拟,模拟结果取得了较高的精度。黄仲冬(2011)探讨了 SWAT 模型在农田退水污染负荷评价中的适用性,并模拟不同水氮管理措施对农田退水污染负荷的影响。

MODFLOW 模型是模块化三维有限差分地下水流动模型,现已在水利、环保、采矿等领域得到广泛应用(McDonald et al.,1988)。刘路广等(2010a,2010b)利用 MODFLOW 模型对柳园口灌区的地下水位变化规律进行了模拟。赵丽蓉等(2011)利用 MODFLOW 模型在内蒙古河套灌区建立了区域非饱和-饱和水流与溶质运移耦合模型,分析了不同节水方案下区域水盐动态变化。

AGNPS 模型是美国农业研究局与明尼苏达污染物防治局共同研制的模拟模型(Young et al.,1989)。该模型由水文、侵蚀、沉积和化学运移四大模块组成。AGNPS 模型在意大利 Alpone 流域得到了应用,评价了流域径流、土壤侵蚀及由此引发的面源污染问题(Lenzi et al.,1997)。在国内,由于该模型是单事件模型,在应用中有很多局限性,目前还只限于南方地区(张玉斌等,2004;赵串串等,2008)。

大尺度分布式水文模型已经在流域模拟中进行了广泛的应用,并且部分模型在灌区中也进行了应用(Ahmad et al.,2002;胡远安等,2003;Gosain et al.,

2005)。但是由于灌区受人类活动的影响较多,因此灌区水循环与流域相比具有复杂性。虽然部分水文模型中也对灌溉农业措施进行了考虑,但是并不全面,还没有一个真正基于灌区水循环的分布式水文模型(代俊峰,2007;谢先红,2008;Xie et al.,2011)。

鉴于传统分布式水文模型对灌区水循环的描述存在缺陷,要解决灌区大尺度数值模拟问题,主要有两种思路或研究方法:一是在已有分布式水文模型的基础上进行改进,考虑灌区作物的特性及农业管理措施对水量平衡要素的影响(代俊峰,2007;谢先红,2008;Xie et al.,2011;王建鹏,2011);二是将已有的模型进行耦合或联合应用,充分发挥各自的优点(Sophocleous et al.,2000;Kite,2000a,2000b;刘路广等,2010a,2010b;杨树青等,2010)。

1.3.2　地表水-地下水耦合模型

地表水和地下水转换是水循环的重要过程,自然界中几乎所有的地表水体都和地下水发生着作用。但由于水循环的复杂性及空间介质和运动状态的不同,长期以来地表水和地下水的整合模拟研究不足。地表水模型的研究也涉及地下水部分,但大多用近似于黑箱子模型的处理方法,很少实质性地进行地下水运动过程的模拟。地下水模型中也包括一些简单的河流信息处理,但无法处理复杂的降水空间信息和地表径流信息。

随着气候变化和人类活动的影响,特别是大规模的地下水抽取利用等,区域地表水和地下水的交互作用越来越频繁,已经到了需要从全过程上把二者作为一个整体研究的阶段。目前国内外对地表水-地下水耦合模拟已经做了一定深度的研究,并取得一定成果,下面对代表性耦合模型进行归纳。

1) SWATMOD 模型

SWATMOD 模型耦合了 SWAT 模型和 MODFLOW 模型。它不仅能模拟分析灌溉、施肥和耕地措施对农业生产和水资源利用方面的影响,而且能反映复杂含水层系统中地下水的动态(Perkins et al.,1999)。Sophocleous 等(1999)和 Kim 等(2008)都将 SWAT 模型和 MODFLOW 模型进行了松散耦合,并在不同流域进行验证和应用,但构建的耦合模型考虑灌区水量转化及作物生长特性较少。

2) MIKE SHE 模型

MIKE SHE 模型土壤水采用一维 Richard 方程进行模拟,地下水运动采用三维地下水偏微分方程求解。MIKE SHE 模型可以用于模拟陆地水循环中几乎所有的主要水文过程,包括水流运动、水质和泥沙运移。Refsgarrd(1997)利用 MIKE SHE 模型分析了丹麦 Karup 流域水量和地下水位变化。Andersen 等(2001)利用 MIKE SHE 模型研究了塞内加尔河盆地水资源利用情况。由于 MIKE SHE 模型采取严格的水动力学模型,具有很好的物理基础,但需要大量的精确参数和数据支持，因此模型构建和校验较费时，且需要很深的专业知识，限制了模型的推广应用。

3) IGSM 模型

IGSM 模型是美国加利福尼亚大学的 Yoony 在 1976 年开发的一个地表水-地下水耦合模拟的三维有限元模拟模型。该模型对地表水模型是基于河流汇流原理，对地下水以有限元理论为基础，但模型迭代求解难以收敛。Labolle 等(2003)将 IGSM 模型和 MODFLOW 模型进行了对比研究，指出 IGSM 模型存在收敛上的错误，造成模型失真。

4) MODHMS 模型

MODHMS 模型在考虑三维有限差分的地下水水流水质模拟模型的基础上，包含基于运动波理论的二维坡面流和一维河道流的水文系统模型。该模型可用于水资源评价和管理方面，如海水入侵、地表水-地下水联合应用分析、洪水演进、污染物运移等。Al-Thani 等(2004)利用该模型分析垃圾填埋场附近地下水流运动状况，对开采地下水时如何防止垃圾场淋滤液对地下水可能引起的污染问题进行研究。

1.3.3 灌区水文模型研究展望

通过对水文模型研究进展的归纳分析可以看出，针对灌区水量转化模拟而言，水文模型还存在以下几个方面的问题。

(1) 田块尺度模型可以较好地模拟小尺度上的水量转化和作物产量等要素，但是如何将小尺度模型应用到大尺度研究区域上是一个有待研究的问题。可以考虑将田块尺度模型与分布式水文模型进行耦合，实现大尺度上相关要素的模拟。

(2) 分布式水文模型大多是针对自然流域开发，对灌区特性考虑较少，不能直接将其应用于灌区，需要对其进行改进。主要改进方法有：①对模型参数或模型输入进行特殊处理或调整，使其满足灌区模拟要求；②对于开放源代码的模型可以修改其代码，改进或增添反映灌区特性的相关模块，构建灌区分布式水文模型。

(3) 主流地表水模型对地下水模拟近似于黑箱子模型，而地下水模型对处理地表水模拟过程简单，而且不能处理复杂的降水空间信息及地表径流。为了获得更好的模拟精度，有必要对地表水模型和地下水模型进行耦合。模型耦合方式分为松散耦合和紧密耦合。紧密耦合模型功能强大，模拟精度高，但对资料要求较高，参数多且难于率定；松散耦合模型参数容易率定，对资料要求较低，并且精度满足一定要求，便于推广应用。

1.4 主要内容及技术路线

灌区水资源高效利用制约着灌区的可持续发展,其中最关键的问题是如何评价灌区灌溉用水效率及效益和节水潜力。由于回归水的重复利用,目前灌区灌溉用水评价指标及方法均适用于特定的范围或特定的研究对象,因此有必要研究新的灌溉用水效率及效益评价指标和方法。而大尺度灌溉用水效率及效益评价的基础是确定水量平衡要素,由于土地利用、土壤属性、气象条件等因素空间变异性的影响,目前获取大尺度水量平衡要素的有效方法是通过 3S 技术或采用分布式水文模型进行数值模拟。

1.4.1 主要内容

1) 提出了灌区灌溉用水评价新指标和节水潜力计算新方法

提出了灌溉用水评价新指标,推导了其计算公式,并对计算公式中涉及的各种变量进行系统说明。灌溉用水评价新指标包括灌溉用水效率指标和灌溉用水效益指标。其中灌溉用水效率指标主要包括水资源利用率和考虑回归水重复利用的净灌溉效率;灌溉用水效益指标包括灌溉水分生产率、净灌溉水分生产率和净灌溉用水效益。由于提出的新指标考虑了回归水的重复利用,可以对灌区真实用水水平进行评价。最后综合考虑取水、回归水和耗水三个方面,提出考虑回归水重复利用的新水源节水潜力概念,并对其计算公式进行推导和说明。

考虑灌区的实际应用,将基于水量平衡原理推导的净灌溉效率指标进行简化,比较了净灌溉效率简化指标与基于水量平衡的净灌溉效率指标之间的差异。并提出基于简化指标的节水潜力计算方法。

2) 模拟分析了灌区灌溉标准及地下水埋深适宜范围

利用 SWAP 模型构建了田间土壤水量及作物产量模型,并对 SWAP 模型进行了率定和验证。基于构建的 SWAP 模型模拟分析了柳园口灌区适宜的灌溉控制标准和适宜的地下水埋深控制范围,实现了田间作物生长模型向灌区尺度的扩展。

3) 构建了灌区地表水-地下水耦合模型

针对灌区的特性,对 SWAT 模型进行了改进。分析了改进 SWAT 模型和 MODFLOW 模型耦合的技术难点,提出了解决这些难点的方法,成功实现了改进 SWAT 模型和 MODFLOW 模型的耦合,构建了灌区地表水-地下水耦合模型。以柳园口灌区为背景,对灌区地表水-地下水耦合模型的适用性进行了验证。

4) 不同节水措施下灌溉用水评价指标及节水潜力变化规律分析

以柳园口灌区为例,利用构建的灌区地表水-地下水耦合模型对不同灌溉模式下的灌溉用水效率指标和灌溉用水效益指标进行了模拟和分析。同时模拟了不同井渠灌溉比条件下的地下水位动态变化，综合分析确定了柳园口灌区井渠结合调控模式的两个关键指标，即适宜井渠结合灌溉比和适宜的井渠结合灌溉时间，并分析了井渠结合调控模式下的灌溉用水效率及效益指标的变化规律。最后模拟分析了柳园口灌区耗水节水潜力、不同节水措施下的新水源节水潜力和传统节水潜力，比较了不同节水潜力的差异及原因。

5）基于蒸发蒸腾量控制及排水控制的漳河灌区节水潜力分析

针对漳河灌区，基于改进 SWAT 模型，根据不同水管理方案下灌区水量平衡要素的分布式模拟，开展了基于蒸发蒸腾量管理和排水重复利用的节水潜力对比研究，分析了不同节水潜力计算方法的差异及其原因。揭示了灌溉水分生产率的尺度特征及其尺度提升方法。

6）灌溉用水效率阈值及节水潜力临界值分析

提出了灌溉用水效率阈值及节水潜力临界值的定义。以漳河灌区的灌溉水利用系数为例，分析了达到节水灌溉规范要求条件下的灌溉水利用系数阈值及节水潜力临界值，分析了柳园口灌区净灌溉效率阈值及新水源节水潜力临界值。

1.4.2 技术路线

根据研究内容和思路，本书的主要技术路线如图 1.1 所示。

第一，提出灌溉用水评价指标体系和节水潜力计算新方法；第二，在田间尺度构建水量及作物产量模拟模型，在灌区尺度构建灌区地表水-地下水耦合模型，为灌区水量及产量分布式模拟提供有效工具；第三，利用灌区地表水-地下水耦合模型对灌区水量平衡要素进行模拟；第四，模拟分析不同灌溉模式下的灌溉用水效率及效益指标；第五，针对柳园口灌区灌溉用水问题，模拟确定井渠结合调控模式的两个关键指标，即井渠结合灌溉比和井渠结合灌溉时间，并对井渠结合调控模式下的灌溉用水效率及效益进行评价；第六，模拟分析柳园口灌区不同节水措施下的耗水节水潜力、新水源节水潜力和传统节水潜力的变化规律及其原因；最后分析漳河灌区基于蒸发蒸腾量管理及排水管理的节水潜力，探讨灌区灌溉用水效率阈值和节水潜力临界值。

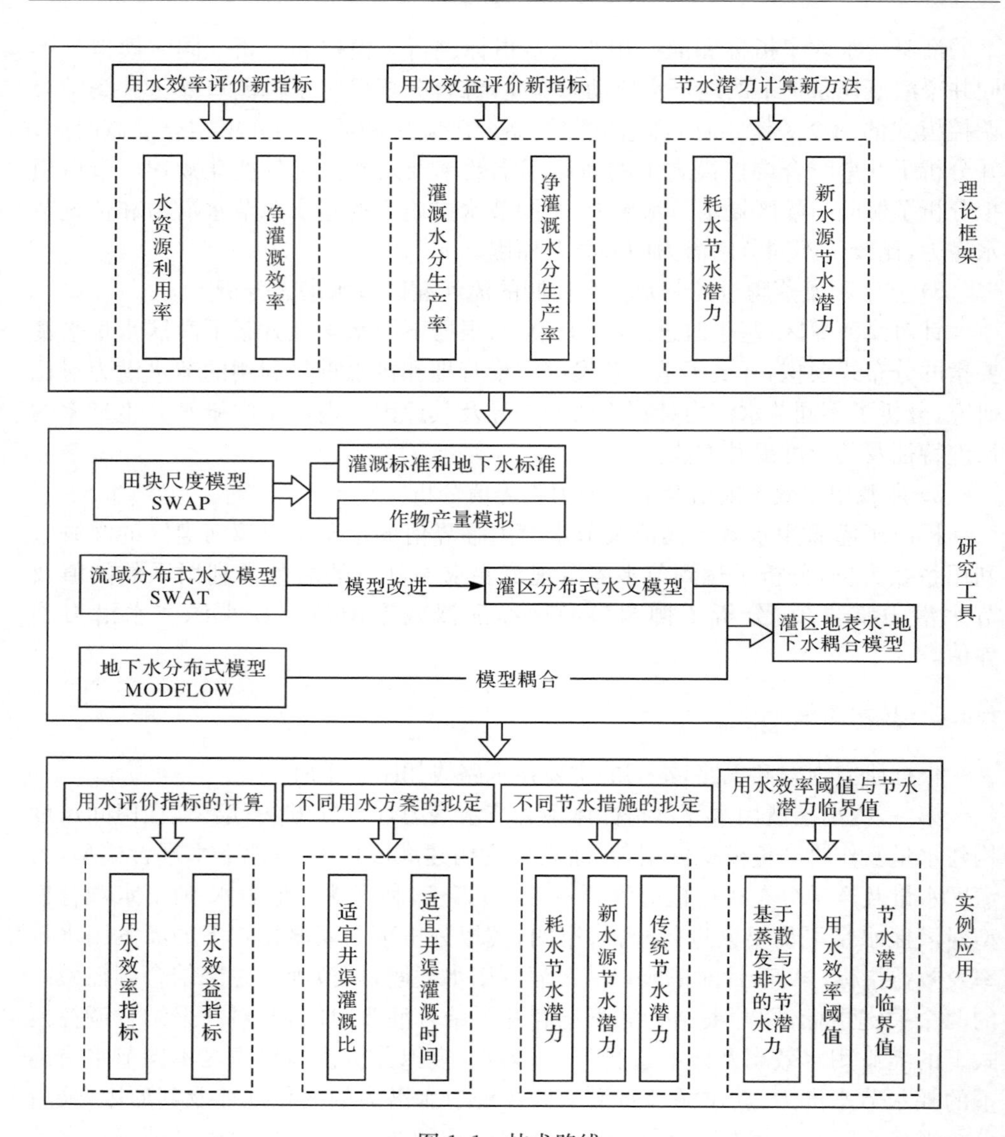
用水效率评价新指标
用水效益评价新指标
节水潜力计算新方法
水资源利用率
净灌溉效率
灌溉水分生产率
净灌溉水分生产率
耗水节水潜力
新水源节水潜力
理论框架
田块尺度模型 SWAP
灌溉标准和地下水标准
作物产量模拟
流域分布式水文模型 SWAT
模型改进
灌区分布式水文模型
灌区地表水-地下水耦合模型
地下水分布式模型 MODFLOW
模型耦合
研究工具
用水评价指标的计算
不同用水方案的拟定
不同节水措施的拟定
用水效率阈值与节水潜力临界值
用水效率指标
用水效益指标
适宜井渠灌溉比
适宜井渠灌溉时间
耗水节水潜力
新水源节水潜力
传统节水潜力
基于蒸散发与排水的节水潜力
用水效率阈值
节水潜力临界值
实例应用

图 1.1　技术路线

第2章　灌溉用水效率及效益评价指标

灌溉用水效率及效益评价的首要任务是建立科学的灌区灌溉用水状况评价指标和提出合理的节水潜力计算方法。传统的灌溉用水效率评价指标(灌溉水利用系数)对于评估工程状况及灌区灌溉系统的设计规划仍然是有效的,但是对灌区灌溉用水水平的评价并不一定适用,因此有必要提出新的灌溉用水效率及效益评价指标体系和相应的节水潜力计算新方法,以期获得灌区真实用水水平和节水空间的大小。本章首先提出灌区灌溉用水效率评价新指标,并分别从水量平衡角度和回归水利用角度对指标的计算方法进行推导和系统说明。然后相应地提出灌区灌溉用水效益评价新指标,并对指标计算方法进行推导和说明。

2.1　水资源利用率

2.1.1　概念及公式推导

水资源利用率的出发点是将降水和灌溉水源均作为节水研究对象,认为节水不仅要提高灌溉水的利用效率,而且要提高降水的利用效率,即同时考虑降水和灌溉水的利用效率,将降水和灌溉水源作为一个整体来进行研究。

水资源利用率的定义为:降水和灌溉水量中储存在作物根系层能够被作物利用的水量占降水和灌溉水总量的比例。其中,降水和灌溉水被作物利用的水量包括:降水及灌溉水中直接被作物利用的水量和其回归水中被作物重复利用的水量。

水资源利用率的计算公式如下:

$$E_{\mathrm{I+P}}=\frac{W_{\mathrm{I+P}}}{P+I_{\mathrm{gross,new_1}}} \tag{2.1}$$

式中

$$I_{\mathrm{gross,new_1}}=I_{\mathrm{gross}}-W_{\mathrm{R,I+P}} \tag{2.2}$$

其中,$E_{\mathrm{I+P}}$为水资源利用率;$W_{\mathrm{I+P}}$为降水和灌溉水量中储存在作物根系层中能够被作物利用的水量,mm;P 为降水量,mm;$I_{\mathrm{gross,new_1}}$ 为新水源毛灌溉用水量,mm,即传统的毛灌溉用水量减去回归水量中再次用于灌溉的水量,为区别于传统的毛灌溉用水量,定义为新水源毛灌溉用水量,2.1.2 节中针对不同类型灌区对该变量进行了讨论和系统说明;I_{gross} 为毛灌溉用水量,即生产实践中测算出来的灌溉水量，mm；$W_{R,I+P}$为降水和灌溉水量的回归水量中再次用于灌溉的水量，mm。

将作物根系层作为研究对象，根据可能出现的水量平衡要素，建立田间土壤水量平衡概念模型，如图 2.1 所示。本章考虑了各种可能出现的水量，在使用该模型时，需要根据具体的研究对象确定水量平衡要素的种类。

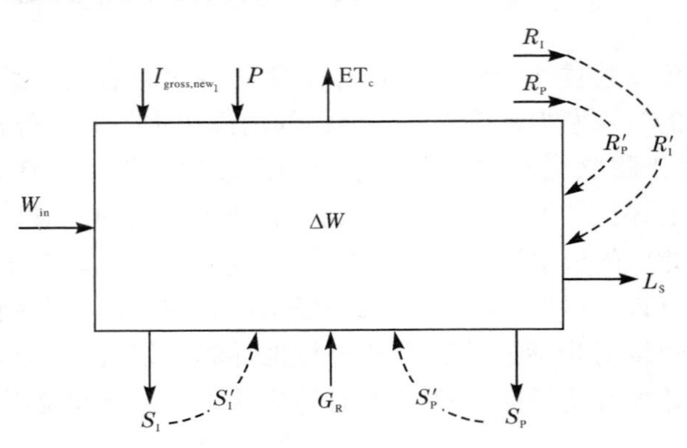

图 2.1　田间土壤水量平衡概念模型

考虑降水和灌溉水中回归水的重复利用，降水和灌溉水量中被利用的水量包括：降水及灌溉水中直接被作物利用的水量和其回归水中被作物重复利用的水量。因此对式(2.1)进行展开，有

$$E_{I+P}=\frac{W_{I+P}}{P+I_{gross,new_1}}=\frac{(I_{gross,new_1}-R_I-S_I)+(R'_I+S'_I)+(P-R_P-S_P)+(R'_P+S'_P)}{P+I_{gross,new_1}} \tag{2.3}$$

式中，R_I 为灌溉产生的地表径流，mm；S_I 为灌溉产生的深层渗漏，mm；R'_I 和 S'_I 分别为灌溉产生的地表径流和深层渗漏被作物重复利用的水量，mm；R_P 为降水产生的地表径流，mm；S_P 为降水产生的深层渗漏，mm；R'_P 和 S'_P 分别为降水产生的地表径流和深层渗漏被作物重复利用的水量，mm；其他变量同式(2.2)。

根据水量平衡原理建立作物根系层土壤水量平衡方程：

$$\Delta W=(P-R_P-S_P)+(I_{gross,new_1}-R_I-S_I)+(R'_P+S'_P)+(R'_I+S'_I)+G_R-ET_c-L_S+W_{in} \tag{2.4}$$

式中，ΔW 为作物根系层土壤含水量的变化，mm；G_R 为地下水对作物根系层的补给量（不包括灌溉和降水渗入地下水的水量对作物根系层土壤的再次补给），mm；ET_c 为作物蒸发蒸腾量，mm；L_S 为作物根系层土壤水侧向流出研究区域的水量，mm；W_{in}为其他水源侧向流入作物根系层水量，mm；其他变量同式(2.3)。

将式(2.4)中所有包含灌溉项和降水项的部分移到方程的右边，则有

$$\mathrm{ET_c}+L_\mathrm{S}+\Delta W-G_\mathrm{R}-W_\mathrm{in}=(I_{\mathrm{gross,new_1}}-R_\mathrm{I}-S_\mathrm{I})+(R'_\mathrm{I}+S'_\mathrm{I})+(P-R_\mathrm{P}-S_\mathrm{P})+(R'_\mathrm{P}+S'_\mathrm{P}) \tag{2.5}$$

联立式(2.3)和式(2.5)，有

$$\begin{aligned}E_{\mathrm{I+P}}&=\frac{W_{\mathrm{I+P}}}{P+I_{\mathrm{gross,new_1}}}\\&=\frac{(I_{\mathrm{gross,new_1}}-R_\mathrm{I}-S_\mathrm{I})+(R'_\mathrm{I}+S'_\mathrm{I})+(P-R_\mathrm{P}-S_\mathrm{P})+(R'_\mathrm{P}+S'_\mathrm{P})}{P+I_{\mathrm{gross,new_1}}}\\&=\frac{\mathrm{ET_c}+L_\mathrm{S}+\Delta W-G_\mathrm{R}-W_\mathrm{in}}{P+I_{\mathrm{gross,new_1}}}\end{aligned} \tag{2.6}$$

当计算时段为年时，根系层土壤含水量的变化 ΔW 很小，可以忽略；根系层土壤水分运动一般认为是垂向运动，土壤水侧向流出量 L_S 一般较小，也可以忽略。因此式(2.6)可以化简为

$$E_{\mathrm{I+P}}=\frac{\mathrm{ET_c}-G_\mathrm{R}-W_\mathrm{in}}{P+I_{\mathrm{gross,new_1}}} \tag{2.7}$$

2.1.2　应用指标注意事项

采用水资源利用率指标对灌区灌溉用水状况进行评价时，需要注意以下几个问题。

1. 新水源毛灌溉用水量的确定

新水源毛灌溉用水量 $I_{\mathrm{gross,new_1}}$ 是从新水源引入的毛灌溉用水量，不包括灌溉或降水回归水的重复利用量，即传统意义上的毛灌溉用水量扣除回归水的重复利用量。由于回归水重复利用存在尺度效应，因此 $I_{\mathrm{gross,new_1}}$ 不仅与空间尺度有关，也与时间尺度有关，需要根据研究区域的实际情况及其含义进行确定。而计算 $I_{\mathrm{gross,new_1}}$ 的重点实际上是如何确定 $W_{\mathrm{R,I+P}}$ 的大小。下面以 3 种常见的灌区类型进行说明。

1) 长藤结瓜灌区

湖北省漳河灌区主要灌溉水源为漳河水库，另外还有塘堰等中小型水源，是典型的长藤结瓜灌溉系统。以漳河灌区为例，灌区水循环概化如图 2.2 所示。将漳河水库和塘堰均作为灌溉水源对象，则

$$I_\mathrm{gross}=I_{\mathrm{gross,1}}+I_{\mathrm{gross,2}} \tag{2.8}$$

式中，$I_{\mathrm{gross,1}}$ 和 $I_{\mathrm{gross,2}}$ 分别为从漳河水库及塘堰等中小型水源取用的毛灌溉用水量，mm。

由图 2.2 可知，从漳河水库中的取水量 $I_{\mathrm{gross,1}}$ 属于新水源毛灌溉用水量，而从

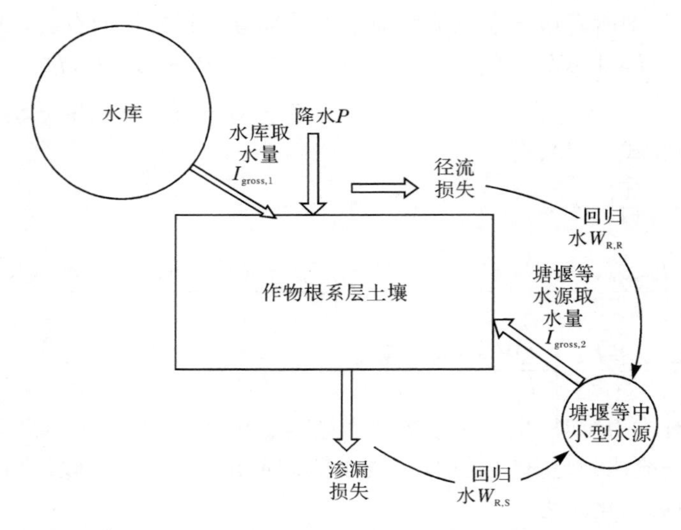

图 2.2　长藤结瓜灌区水循环概化图

塘堰等中小型水源中的取水量 $I_{gross,2}$ 属于回归水还是属于新水源毛灌溉用水量则需要根据研究区域的具体情况进行分析。

针对漳河灌区尺度，在一定时间范围内，当汇入中小型水源的回归水量大于中小型水源的取水量 $I_{gross,2}$ 时，认为中小型水源的取水量均为回归水重复利用量，则

$$I_{gross,new_1}=I_{gross}-W_{R,I+P}=I_{gross,1} \tag{2.9}$$

当汇入中小型水源的回归水量小于中小型水源的取水量时，认为 $W_{R,S}+W_{R,R}$ 就是返回塘堰的回归水量(其中，$W_{R,S}$ 为通过渗漏产生的回归水量；$W_{R,R}$ 为地表径流产生的回归水量)，中小型水源中的取水量 $I_{gross,2}$ 与汇入该水源的回归水量的差值属于新水源毛灌溉用水量，即

$$I_{gross,new_1}=I_{gross}-W_{R,I+P}=I_{gross,1}+(I_{gross,2}-W_{R,S}-W_{R,R}) \tag{2.10}$$

对于特殊年份(或某一特殊时间阶段)，若只采用塘堰等中小型水源进行灌溉，此时研究区域中的灌溉水源则不是漳河水库，而是塘堰等中小型水源。若采用式(2.7)计算水资源利用率，则是对降水和中小型水源的灌溉用水效率进行评价。同样，我们也需要对比分析中小型水源的取水量和流入中小型水源的回归水量的大小。

当汇入中小型水源的回归水大于中小型水源的取水量时，认为中小型水源的取水量为回归水重复利用量，此时以中小型水源为对象的新水源毛灌溉用水量为

$$I_{gross,new_1}=0 \tag{2.11}$$

当汇入中小型水源的回归水量小于中小型水源的取水量时，认为中小型水源中的取水量与流入该水源的回归水的差值为新水源毛灌溉用水量，此时以中小型水源为对象的新水源毛灌溉用水量为

$$I_{\text{gross,new}_1} = I_{\text{gross},2} - W_{\text{R,S}} - W_{\text{R,R}} \tag{2.12}$$

2）渠灌区

对于水库灌区或引黄区的单一水源灌区，以柳园口灌区的引黄区进行说明，水循环概化如图 2.3 所示，在柳园口灌区引黄区水源为区域外的水源，区域内部没有回归水的重复利用，此时 $W_{\text{R,I+P}}=0$，$I_{\text{gross,new}_1}$ 就是实际从黄河中的引水量，即

$$I_{\text{gross,new}_1} = I_{\text{gross}} - W_{\text{R,I+P}} = I_{\text{gross},1} \tag{2.13}$$

式中，$I_{\text{gross},1}$ 为从黄河中的引水量，mm。

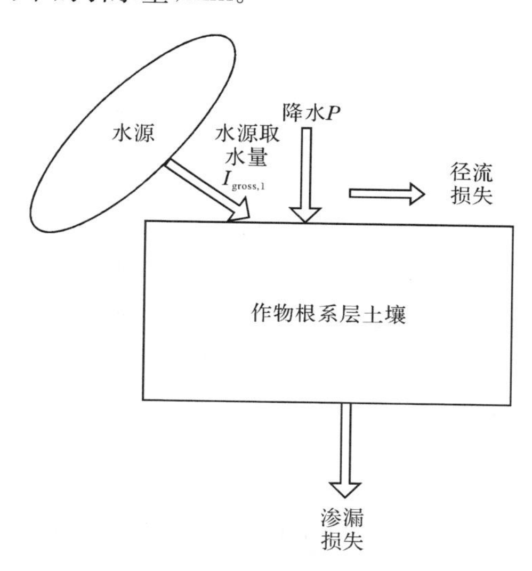

图 2.3　渠灌区水循环概化图

3）井灌区

井灌区水循环概化如图 2.4 所示，井灌区通过抽取地下水进行灌溉，此时需要对比分析抽水量与总的渗漏补给量的大小。当抽水量大于降水和灌溉的总渗漏补给量时，新水源毛灌溉用水量 $I_{\text{gross,new}_1}$ 为抽水量与渗漏补给量的差值，即

$$I_{\text{gross,new}_1} = I_{\text{gross}} - W_{\text{R,I+P}} = I_{\text{gross},1} - (S_{\text{I}} + S_{\text{P}}) \tag{2.14}$$

式中，$I_{\text{gross},1}$ 为地下水抽水量，mm；S_{I} 和 S_{P} 分别为灌溉和降水渗漏补给量，mm。

反之，抽水量属于回归水的重复利用，则新水源毛灌溉用水量 $I_{\text{gross,new}_1}=0$。

2. 地下水对作物根系层补给量 G_{R} 的确定

式(2.7)中地下水对作物根系层补给量 G_{R} 要与回归水的重复利用区分开，如

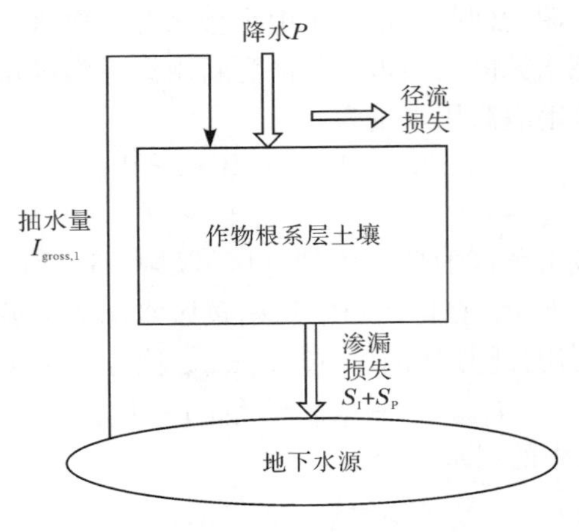

图 2.4 井灌区水循环概化图

果地下水补给量 G_R 属于回归水重复利用，则式(2.7)中没有该水量平衡项。因此需要结合实际情况对地下水补给量 G_R 进行讨论。

3. 公式推导与化简

水资源利用率考虑了回归水的重复利用，可以对水资源的利用效率进行正确的评价。本节仅给出水资源利用率的一般形式，在应用时需要根据具体研究对象和研究尺度确定公式中的变量，也可以根据实际水量平衡要素结合本节研究方法进行重新推导和简化。

2.2 考虑回归水重复利用的灌溉用水效率指标

水资源利用率反映了进入某个研究区域的降水和灌溉水的利用效率，各项参数很容易获得，可以作为评价灌区总体用水效率的参考指标，然而应用其作为衡量灌区灌溉用水效率的指标还不适用。因为在实际应用中，人们最关心的主要还是灌溉水的利用效率。因此，考虑回归水重复利用，提出了以灌溉水作为研究对象的灌溉用水效率指标。为了与传统灌溉效率指标区别，并便于表述，本书称考虑回归水重复利用的灌溉用水效率指标为净灌溉效率。

考虑回归水重复利用的净灌溉效率的定义为：毛灌溉用水量中储存在作物根系层能被作物利用的水量占毛灌溉用水量的比例。其中，被作物利用的水量包括灌溉水量中直接被利用的水量和灌溉回归水被作物重复利用的水量，这是与传统灌溉效率的区别；毛灌溉用水量则分别针对新水源毛灌溉用水量及传统毛灌溉用水量进行分析。

2.2.1　基于水量平衡的净灌溉效率

1. 概念及公式推导

基于水量平衡的净灌溉效率是以新水源毛灌溉用水量为研究对象，即传统的毛灌溉用水量减去灌溉回归水量再次用于灌溉的水量。

净灌溉效率的计算公式为

$$E_{\mathrm{I}}=\frac{W_{\mathrm{I}}}{I_{\mathrm{gross,new_2}}} \tag{2.15}$$

式中

$$I_{\mathrm{gross,new_2}}=I_{\mathrm{gross}}-W_{\mathrm{R,I}} \tag{2.16}$$

其中，E_{I} 为净灌溉效率；W_{I} 为灌溉水量中储存在作物根系层能被作物利用的水量，包括灌溉水量中直接被利用的水量和灌溉回归水被作物重复利用的水量，简称作物灌溉利用水量，mm；$I_{\mathrm{gross,new_2}}$ 为从新水源取用的毛灌溉用水量，即传统的毛灌溉用水量减去灌溉回归水量再次用于灌溉的水量，mm；I_{gross} 为毛灌溉用水量，mm；$W_{\mathrm{R,I}}$为灌溉回归水量再次用于灌溉的水量，mm。

式(2.16)中 $I_{\mathrm{gross,new_2}}$ 与式(2.2)中 $I_{\mathrm{gross,new_1}}$ 的区别在于，$I_{\mathrm{gross,new_1}}$ 等于毛灌溉用水量 I_{gross}减去再次用于灌溉的降水和灌溉回归水量 $W_{\mathrm{R,I+P}}$，而 $I_{\mathrm{gross,new_2}}$ 等于 I_{gross} 减去再次用于灌溉的灌溉回归水量 $W_{\mathrm{R,I}}$。

考虑灌溉回归水的重复利用，作物灌溉利用水量包括灌溉水量中直接被利用的水量和灌溉回归水被作物重复利用的水量。因此对式(2.15)进行推导得

$$\begin{aligned}E_{\mathrm{I}}&=\frac{W_{\mathrm{I}}}{I_{\mathrm{gross,new_2}}}\\&=\frac{(I_{\mathrm{gross,new_2}}-R_{\mathrm{I}}-S_{\mathrm{I}})+(R'_{\mathrm{I}}+S'_{\mathrm{I}})}{I_{\mathrm{gross,new_2}}}\\&=\frac{(I_{\mathrm{gross,new_2}}-I_{\mathrm{loss}})+I_{\mathrm{loss}}\beta_{\mathrm{I}}}{I_{\mathrm{gross,new_2}}}\\&=\frac{(I_{\mathrm{gross,new_2}}-I_{\mathrm{loss}})}{I_{\mathrm{gross,new_2}}}+\frac{[I_{\mathrm{gross,new_2}}-(I_{\mathrm{gross,new_2}}-I_{\mathrm{loss}})]\beta_{\mathrm{I}}}{I_{\mathrm{gross,new_2}}}\\&=\eta_{\mathrm{I,new}}+(1-\eta_{\mathrm{I,new}})\beta_{\mathrm{I}}\end{aligned} \tag{2.17}$$

式中

$$\eta_{\mathrm{I,new}}=\frac{I_{\mathrm{gross,new_2}}-I_{\mathrm{loss}}}{I_{\mathrm{gross,new_2}}} \tag{2.18}$$

$$\beta_{\mathrm{I}}=\frac{R'_{\mathrm{I}}+S'_{\mathrm{I}}}{I_{\mathrm{loss}}} \tag{2.19}$$

式中，I_{loss} 为灌溉损失水量，mm；β_I 为灌溉回归水利用系数，指某尺度范围内重复利用的灌溉回归水量占总灌溉回归水量(即灌溉损失水量)的比例；$\eta_{I,new}$ 为新水源灌溉水利用系数，当 I_{gross,new_2} 和毛灌溉用水量相同时(即没有回归水的利用)，$\eta_{I,new}$ 与传统灌溉水利用系数相等，后面将针对不同类型灌区进行详细解释；其他变量同式(2.3)、式(2.16)。

同理根据图 2.1 建立水量平衡方程[见式(2.4)]，并将水量平衡方程中的灌溉项都移到方程的右边，其他项移到方程的左边，则水量平衡方程变为

$$\begin{aligned} & ET_c + L_S + \Delta W - (P - R_P - S_P) - (R'_P + S'_P) - G_R - W_{in} \\ & = (I_{gross,new_2} - R_I - S_I) + (R'_I + S'_I) \end{aligned} \tag{2.20}$$

联合式(2.17)和式(2.20)得

$$\begin{aligned} E_I &= \frac{W_I}{I_{gross,new_2}} \\ &= \frac{(I_{gross,new_2} - R_I - S_I) + (R'_I + S'_I)}{I_{gross,new_2}} \\ &= \frac{ET_c + L_S + \Delta W - (P - R_P - S_P) - (R'_P + S'_P) - G_R - W_{in}}{I_{gross,new_2}} \\ &= \frac{ET_c + L_S + \Delta W - (P - R_P - S_P) - (R_P + S_P)\beta_P - G_R - W_{in}}{I_{gross,new_2}} \\ &= \frac{ET_c + L_S + \Delta W - P_e - (P - P_e)\beta_P - G_R - W_{in}}{I_{gross,new_2}} \\ &= \frac{ET_c - P_e - (P - P_e)\beta_P - G_R - W_{in}}{I_{gross,new_2}} \end{aligned} \tag{2.21}$$

式中

$$\beta_P = \frac{R'_P + S'_P}{P - P_e} \tag{2.22}$$

$$P_e = P - R_P - S_P \tag{2.23}$$

其中，β_P 为降水回归水利用系数；P_e 为有效降水量，mm；其他变量同式(2.3)、式(2.16)。其中，以年为时间尺度，同式(2.7)，假设 L_S 和 ΔW 为 0。

综合式(2.17)和式(2.21)得到基于水量平衡的净灌溉效率计算式：

$$E_I = \eta_{I,new} + (1 - \eta_{I,new})\beta_I \tag{2.24}$$

或

$$E_I = \frac{ET_c - P_e - (P - P_e)\beta_P - G_R - W_{in}}{I_{gross,new_2}} \tag{2.25}$$

2. 应用指标注意事项

在利用净灌溉效率指标评价灌区灌溉用水效率时需要注意以下几个问题。

1) 新水源毛灌溉用水量 I_{gross,new_2}

此处的新水源毛灌溉用水量 I_{gross,new_2} 与计算水资源利用率中新水源毛灌溉用水量 I_{gross,new_1} 均考虑了回归水重复利用，但二者是有区别的。这是因为在水资源利用率中将降水和灌溉水都视为研究对象，因此新水源毛灌溉用水量 I_{gross,new_1} 是毛灌溉用水量减去进入水源并再次用于灌溉的回归水量，其中回归水量不仅包括灌溉回归水量也包括降水回归水量。但在净灌溉效率中，新水源毛灌溉用水量 I_{gross,new_2} 只是扣除再次进入水源并用于灌溉的灌溉回归水量，不包括降水回归水量。即 $W_{R,I+P}$ 和 $W_{R,I}$ 存在差异。同样，新水源毛灌溉用水量 I_{gross,new_2} 与灌区的水源情况有关，因此需要对不同水源类型的灌区分别进行讨论。

(1) 长藤结瓜灌区。

以漳河灌区为例，部分水循环过程概化如图 2.5 所示。从漳河水库的取水量 $I_{gross,1}$ 属于 I_{gross,new_2}，而塘堰供水量一部分或全部来自灌溉回归水量，因此塘堰中的取水量 $I_{gross,2}$ 是属于 I_{gross,new_2} 还是灌溉回归水量，需要根据具体情况进行分析。当塘堰取水量大于进入塘堰中的灌溉回归水时，则二者的差值属于新水源毛灌溉用水量的一部分，此时有

$$I_{gross,new_2} = I_{gross,1} + (I_{gross,2} - W_{R,I}) \tag{2.26}$$

反之，则认为塘堰取水量属于灌溉回归水的重复利用，即

$$I_{gross,new_2} = I_{gross,1} \tag{2.27}$$

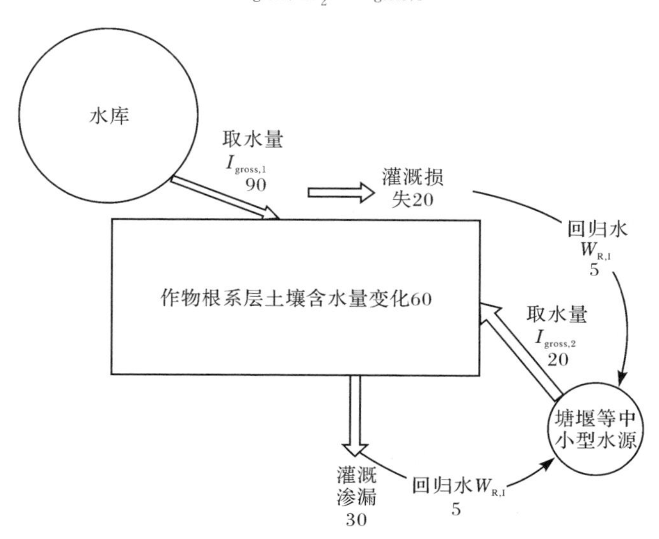

图 2.5　长藤结瓜灌区水循环概化图

需要注意的是，由于塘堰取水量也有降水回归水，并且漳河灌区降水回归水的重复利用主要是通过塘堰拦截并重新用于灌溉等供水，即降水回归水量已经包

含在灌溉取水量中，因此水量平衡方程中不应存在降水回归水重复利用量。对于特殊年份，当全部采用塘堰供水时，此时研究区域内的灌溉水源不是漳河水库而是塘堰等中小型水源，计算得到的净灌溉效率则是反映塘堰等中小型水源的净灌溉效率。

为了更加清楚地描述各变量的含义，以图 2.5 中的有关数据对净灌溉效率进行计算，利用式(2.15)很容易得到净灌溉效率的计算过程，即

$$E_{\mathrm{I}}=\frac{W_{\mathrm{I}}}{I_{\mathrm{gross,new_2}}}=\frac{W_{\mathrm{I}}}{I_{\mathrm{gross,1}}+(I_{\mathrm{gross,2}}-W_{\mathrm{R,I}})}=\frac{60}{90+(20-5-5)}=0.6 \tag{2.28}$$

同时利用式(2.17)进行计算，有

$$\begin{aligned}E_{\mathrm{I}}&=\frac{W_{\mathrm{I}}}{I_{\mathrm{gross,new_2}}}\\&=\frac{(I_{\mathrm{gross,new_2}}-R_{\mathrm{I}}-S_{\mathrm{I}})+(R'_{\mathrm{I}}+S'_{\mathrm{I}})}{I_{\mathrm{gross,new_2}}}=\frac{(100-20-30)+(5+5)}{100}=0.6\\&=\frac{(I_{\mathrm{gross,new_2}}-I_{\mathrm{loss}})+I_{\mathrm{loss}}\beta_{\mathrm{I}}}{I_{\mathrm{gross,new_2}}}=\frac{(100-50)+50\times\frac{10}{50}}{100}=0.6\\&=\eta_{\mathrm{I,new}}+(1-\eta_{\mathrm{I,new}})\beta_{\mathrm{I}}=\frac{50}{100}+\left(1-\frac{50}{100}\right)\times\frac{10}{50}=0.6\end{aligned} \tag{2.29}$$

可见，不同途径计算的结果相同。

(2) 渠灌区。

对于水库灌区或引黄区的单一水源灌区，部分水循环概化如图 2.6 所示，以柳园口灌区的引黄区为例，从黄河的取水量为新水源毛灌溉用水量，即 $I_{\mathrm{gross,new_2}}=I_{\mathrm{gross,1}}$。以图 2.6 中的有关数据对净灌溉效率进行计算，利用式(2.15)很容易得到净灌溉效率的计算过程，即

$$E_{\mathrm{I}}=\frac{W_{\mathrm{I}}}{I_{\mathrm{gross,new_2}}}=\frac{100-20-30+5+5}{100}=\frac{60}{100}=0.6 \tag{2.30}$$

同时利用式(2.17)进行计算，有

$$E_{\mathrm{I}}=\frac{W_{\mathrm{I}}}{I_{\mathrm{gross,new_2}}}$$

$$= \frac{(I_{gross,new_2} - R_I - S_I) + (R_I' + S_I')}{I_{gross,new_2}} = \frac{(100 - 20 - 30) + (5 + 5)}{100} = 0.6$$

$$= \frac{(I_{gross,new_2} - I_{loss}) + I_{loss}\beta_I}{I_{gross,new_2}} = \frac{(100 - 50) + 50 \times \frac{10}{50}}{100} = 0.6$$

$$= \eta_{I,new} + (1 - \eta_{I,new})\beta_I = \frac{50}{100} + \left(1 - \frac{50}{100}\right) \times \frac{10}{50} = 0.6 \tag{2.31}$$

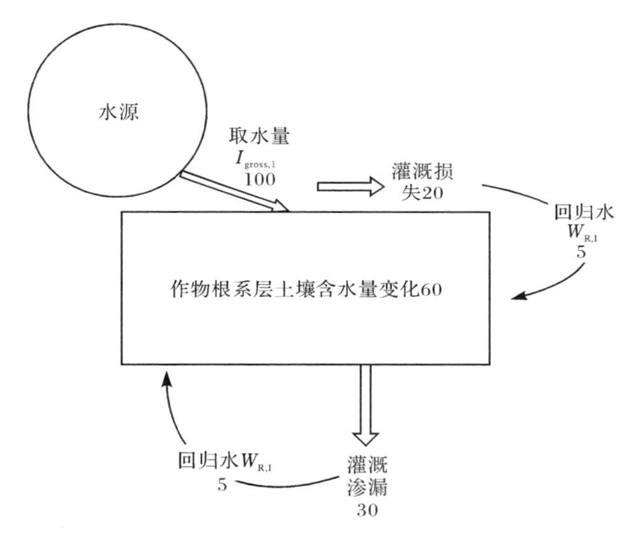

图 2.6　渠灌区部分水循环概化图

同样可见，不同途径计算的结果相同。

(3) 井灌区。

井灌区的灌溉水源是地下水，I_{gross,new_2} 并不是总的抽水量，而是总的抽水量与渗漏补给到地下水中的灌溉回归水量的差值。图 2.7 为井灌区部分水循环概化图，为了便于理解，利用图 2.7 中给出的数值计算净灌溉效率。根据定义，利用式(2.15)得到净灌溉效率为

$$E_I = \frac{W_I}{I_{gross,new_2}} = \frac{70+70}{100+100-20-20} = \frac{140}{160} = 0.875 \tag{2.32}$$

同时利用式(2.17)进行计算，有

$$E_I = \frac{W_I}{I_{gross,new_2}}$$

$$= \frac{(I_{gross,new_2} - R_I - S_I) + (R_I' + S_I')}{I_{gross,new_2}}$$

$$=\frac{(160-10-10-20-20)+(20+20)}{160}=0.875$$

$$=\frac{(I_{\text{gross,new}_2}-I_{\text{loss}})+I_{\text{loss}}\beta_{\text{I}}}{I_{\text{gross,new}_2}}=\frac{(160-60)+60\times\dfrac{20+20}{60}}{160}=0.875$$

$$=\eta_{\text{I,new}}+(1-\eta_{\text{I,new}})\beta_{\text{I}}=\frac{160-60}{160}+\left(1-\frac{160-60}{160}\right)\times\left(\frac{20+20}{60}\right)=0.875 \tag{2.33}$$

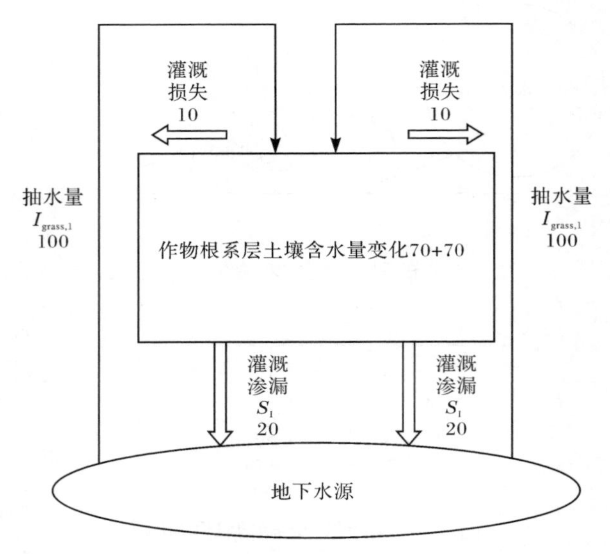

图 2.7　井灌区抽水灌溉水循环概化图

同样可见，不同途径计算的结果相同。

2）作物灌溉利用水量 W_{I}

净灌溉效率的计算过程中最主要的是确定两部分水量：一是新水源毛灌溉用水量 $I_{\text{gross,new}_2}$；二是作物灌溉利用水量 W_{I}。上一部分已经对 $I_{\text{gross,new}_2}$ 进行了说明，而对于 W_{I} 可以通过式(2.17)从正面直接推导，或者通过水量平衡式从反面进行推导，见式(2.34)：

$$W_{\text{I}}=\text{ET}_{\text{c}}+L_{\text{S}}+\Delta W-(P-R_{\text{P}}-S_{\text{P}})-(R'_{\text{P}}+S'_{\text{P}})-G_{\text{R}}-W_{\text{in}} \tag{2.34}$$

当利用水量平衡式对 W_{I} 进行推导时，需要结合灌区的实际情况进行讨论，主要问题在于如何处理降水回归水的重复利用问题。如果降水回归水的重复利用是通过重复灌溉所引起的，此时作物灌溉利用水量 W_{I} 的计算式中不应再有降水回归水重复利用量这一水量平衡项。以井灌区为例进行详细说明(图 2.8)。

根据净灌溉效率的定义，利用图 2.8 给出的数据对净灌溉效率进行计算，即

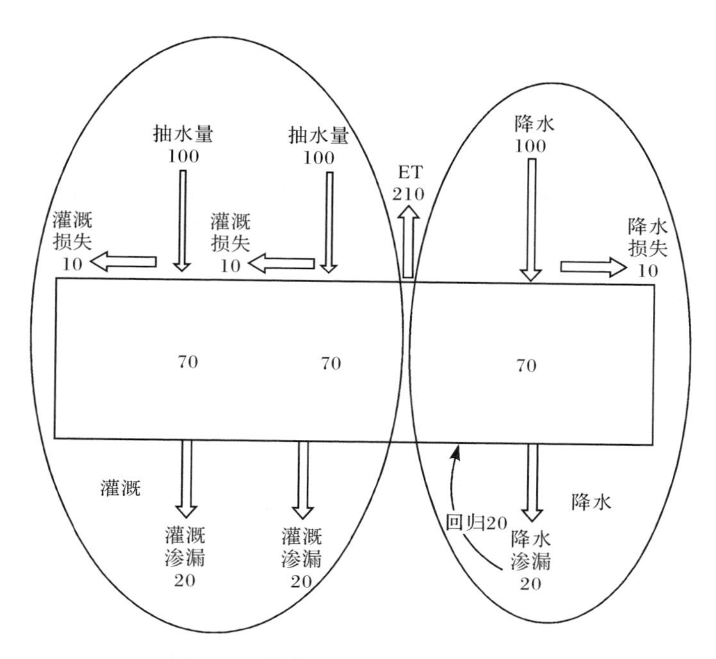

图 2.8　井灌区灌溉水量平衡示意图

$$E_{\mathrm{I}}=\frac{W_{\mathrm{I}}}{I_{\mathrm{gross,new_2}}}=\frac{70+70}{100+100-20-20}=\frac{140}{160}=0.875 \tag{2.35}$$

降水回归水的重复利用实际上是通过循环抽水实现的，因此式(2.34)中不应有降水回归水重复利用量。不考虑其他因素的变化，通过水量平衡可以得到$W_{\mathrm{I}}=\mathrm{ET_c}-P_{\mathrm{e}}=210-70=140$，这与式(2.35)中$W_{\mathrm{I}}$的计算结果一致。

3) 新水源灌溉水利用系数 $\eta_{\mathrm{I,new}}$

由新水源灌溉水利用系数的计算式(2.18)可知，当没有灌溉回归水再次用于灌溉时，新水源灌溉水利用系数 $\eta_{\mathrm{I,new}}$与灌溉水利用系数相同。由上面的分析可知，在灌溉回归水利用较多的长藤结瓜灌区和井灌区，新水源灌溉水利用系数与灌溉水利用系数不同；而在灌溉回归水利用较少的渠灌区新水源灌溉水利用系数和灌溉水利用系数相等。

4) 公式推导与化简

净灌溉效率考虑了灌溉回归水的重复利用，同样具有空间和时间尺度效应。由于净灌溉效率指标考虑因素齐全，可用于不同尺度的灌溉用水效率评价。但在应用时要根据研究对象的范围和研究时间段选择式(2.24)或式(2.25)中具体的公式进行计算。

由于从水量平衡角度很难确定某些变量，因此也可以在知道损失水量的情况下反推求得净灌溉效率，即

$$E_{\mathrm{I}}=1-\frac{W_{\mathrm{I,loss}}}{I_{\mathrm{gross,new_2}}} \tag{2.36}$$

式中，$W_{\mathrm{I,loss}}$ 为未被利用的灌水量（也称灌溉损失水量），mm；其他变量同式(2.15)。

总之，净灌溉效率的计算需要根据具体情况选择相应的计算公式，或者依据指标的内涵和本章提出的方法对计算公式重新推导或简化。

2.2.2 基于回归水重复利用的净灌溉效率

基于水量平衡的净灌溉效率能有效评价灌溉用水效率，并且考虑了回归水的重复利用，但是相关参数的获取方法较麻烦，且与传统的灌溉水利用系数之间的关系不明确。而灌溉水利用系数是灌溉引水有效利用程度的主要评价指标之一，国内对其研究已较为完善。基于回归水重复利用的净灌溉效率是在水量平衡的基础上，通过合理的简化，将传统的灌溉水利用系数与回归水重复利用系数结合，得到简便、可行的评价不同尺度灌溉用水效率的指标及计算方法，在灌区不具备完整的水量平衡资料时应用。

1. 概念及公式推导

与基于水量平衡的净灌溉效率不同的是，此处以毛灌溉用水量为研究对象，即生产实践中测算出来的总灌溉水量。

则净灌溉效率的计算公式为

$$E_{\mathrm{I}}=\frac{W_{\mathrm{I}}}{I_{\mathrm{gross}}} \tag{2.37}$$

式中，E_{I} 为净灌溉效率；W_{I} 为灌溉水量中储存在作物根系层能被作物利用的水量，简称作物灌溉利用水量，mm；I_{gross} 为从水源取用的毛灌溉用水量，即生产实践中测算出来的总灌溉水量，mm。

与传统灌溉水利用系数不同，这里考虑灌溉回归水的重复利用，作物灌溉利用水量既包括灌溉水量中直接被利用的水量，也包括灌溉回归水被作物重复利用的水量。因此对式(2.37)进行推导得

$$\begin{aligned}E_{\mathrm{I}}&=\frac{W_{\mathrm{I}}}{I_{\mathrm{gross}}}\\&=\frac{W_{\mathrm{FU}}+W'_{\mathrm{R,I}}}{I_{\mathrm{gross}}}\\&=\frac{W_{\mathrm{FU}}}{I_{\mathrm{gross}}}+\frac{W'_{\mathrm{R,I}}}{I_{\mathrm{gross}}}\\&=\eta_0+\frac{W_{\mathrm{R,I}}}{I_{\mathrm{gross}}}\times\frac{W'_{\mathrm{R,I}}}{W_{\mathrm{R,I}}}\end{aligned}$$

$$= \eta_0 + \eta_I \eta_R \tag{2.38}$$

式中，W_{FU}为一次灌水后储存在作物根系层可被作物利用的灌溉水量，mm；$W'_{R,I}$为储存在作物根系层可被作物利用的灌溉回归水量，mm；$W_{R,I}$为重复利用的灌溉回归水量，与式(2.16)中的 $W_{R,I}$相同，mm；η_0 为传统灌溉水利用系数；η_I 为灌溉水重复利用系数，表示某尺度范围内重复利用的灌溉回归水量($W_{R,I}$)与毛灌溉用水量(I_{gross})的比值；η_R 为灌溉回归水利用率，表示某尺度范围内作物实际利用的灌溉回归水量($W'_{R,I}$)占重复利用的灌溉回归水量($W_{R,I}$)的比例。

式(2.38)即为基于回归水重复利用的净灌溉效率的理论推导结果。

根据式(2.3)，R'_I 和 S'_I 分别为灌溉产生的地表径流和深层渗漏的重复利用量，则有

$$W'_{R,I} = R'_I + S'_I \tag{2.39}$$

2. 指标简化

由净灌溉效率计算式(2.38)可见，要得到净灌溉效率的数值，就必须先获得右边三个参数的数值。下面具体阐述三个参数的获取途径。

1) η_0 为传统灌溉水利用系数

传统的测定方法是动水法，动水法是分别测定各级渠道典型渠段的渠道水利用系数，再连乘得到渠系水利用系数。近几年来，首尾测算分析法也得到广泛的应用，首尾法是直接将田间实际净灌溉用水量除以同期的毛灌溉用水总量。谭芳(2010)通过对两种方法的对比分析得到，首尾法考虑了中小型水库、塘堰及提客水对灌溉水源的贡献，而动水法则侧重于各级渠道水利用系数的测算。不管采用动水法还是首尾法计算灌溉水利用系数，目前国内大部分灌区均已有较为成熟的资料，可以直接利用已有的成果。

2) η_I 为灌溉水重复利用系数

η_I 表示汇集到地下含水层及沟渠、塘堰等被二次利用的灌溉回归水量与毛灌溉用水量之比，其实大多数情况下，很难准确地将灌溉产生的回归水与降水产生的回归水严格区分开来。因此大部分情况下可以近似认为灌溉水重复利用系数与灌溉降水重复利用系数(即重复利用的回归水总量与灌溉及降水量之和的比值，用 η_{I+P}表示)相等。

田间尺度的灌溉回归水量可以通过实测得到，中等尺度及灌区尺度则可以通过建立模型进行数值模拟。蔡学良等(2007)在数字高程模型(digital elevation model，DEM)平台上构建回归水重复利用模型，并将模型运用到漳河灌区对单个塘堰的灌溉回归水量进行了模拟；刘路广等(2011)将改进的 SWAT 模型与 MODFLOW 模型进行耦合，对柳园口井灌区的灌溉回归水量进行了模拟。

灌溉水重复利用系数 η_I 是随尺度变化的量，在有资料的情况下，可以绘制 η_I

随控制面积变化的关系图(以研究区域的面积为横坐标,以 η_{I} 为纵坐标),这样在应用时,只需根据研究区域的面积值就可以直接在图上读出 η_{I} 的值。

3) η_{R} 为灌溉回归水利用率

η_{R} 表示某尺度范围内被作物利用的灌溉回归水量占重复利用的灌溉回归水量的比例。被作物利用的灌溉回归水量较难确定。在生产实践中,对于一个特定的区域来说,回归水是此区域水资源的一部分,因此可以假设灌溉回归水利用率等于水资源利用率,即 $\eta_{\mathrm{R}}=E_{\mathrm{I+P}}$。基于此假设,则有

$$E_{\mathrm{I}}=E_{\mathrm{I},1}=\eta_0+\eta_{\mathrm{I}}\eta_{\mathrm{R}}=\eta_0+\eta_{\mathrm{I}}E_{\mathrm{I+P}} \tag{2.40}$$

为叙述方便,称式(2.40)为净灌溉效率简化指标 1,用 $E_{\mathrm{I},1}$ 表示。

计算净灌溉效率时,灌溉产生的回归水与毛灌溉用水量被同等对待,因此可以假设灌溉回归水利用率等于净灌溉效率,即 $\eta_{\mathrm{R}}=E_{\mathrm{I}}$。基于此假设,则有

$$E_{\mathrm{I}}=\eta_0+\eta_{\mathrm{I}}E_{\mathrm{I}} \tag{2.41}$$

即

$$E_{\mathrm{I}}=E_{\mathrm{I},2}=\frac{\eta_0}{1-\eta_{\mathrm{I}}} \tag{2.42}$$

为叙述方便,称式(2.42)为净灌溉效率简化指标 2,用 $E_{\mathrm{I},2}$ 表示。

简化指标 1 假设灌溉回归水利用率等于水资源利用率,简化指标 2 假设灌溉回归水利用率等于净灌溉效率。对于降水丰沛地区,雨期降水量大,雨水的利用不被重视或限于现有工程的调蓄能力不能充分利用,水资源利用率往往不高,而在干旱期进行灌溉时,对灌溉回归水的利用效率往往比水资源利用率高,因此,假设灌溉回归水利用率等于水资源利用率不合适;对于降水较少的干旱区,由于降水量小,降水与灌溉水的利用均被重视,其总体水资源利用率往往较大,此时灌溉回归水利用率等于水资源利用率条件基本成立。而无论降水丰缺地区,一般灌溉回归水利用率等于净灌溉效率的假设基本成立。当然,这些假设是否反映真实情况还与具体灌区的基本条件及对回归水重复利用的重视程度有关。因此,一般认为以上简化指标 1 仅适用于降水量较少的地区,而简化指标 2 对降水丰缺地区均适用。

由以上分析可见,基于回归水重复利用的净灌溉效率计算指标较简单,且将净灌溉效率的计算方法与传统的灌溉水利用系数和回归水利用系数相结合,具有很强的实用性及可操作性。

2.3　灌溉用水效益评价指标

2.1 节和 2.2 节提出了考虑回归水重复利用的灌溉用水效率评价新指标,这些指标可以对水资源或灌溉水的用水效率进行正确评价,但是仍然是水在物理上

的数量关系，忽略了经济因素，如灌溉水价、作物产量和价格等变量。用水效率高时用水效益并不一定大，因此还需要引入考虑作物产量等经济价值的用水效益评价指标。用水效益指标和用水效率指标构成了用水评价指标体系，对灌区灌溉用水状况进行评价时需要综合考虑这两方面的评价指标。

目前采用最多的灌溉用水效益指标为水分生产率，即单位水资源量在一定的作物品种和耕作栽培条件下所获得的产量（崔远来等，2006）。根据水资源来源和用途不同，将水分生产率分为灌溉水分生产率、毛入流量水分生产率和蒸发蒸腾量水分生产率（董斌等，2005）。水分生产率指标用简单和易于理解的方式表达了水的产出效率，被广泛用于水管理评估（Molden，1997；Guerra et al，1998；沈荣开等，2001；崔远来等，2006；Zoebl，2006）。

本书沿用了灌溉水分生产率指标，在此基础上，考虑回归水的重复利用，提出了两个新的灌溉用水效益评价指标：净灌溉水分生产率和净灌溉用水效益。

2.3.1　灌溉水分生产率

水分生产率是衡量农业生产水平和农业用水科学性与合理性的综合指标。为了评价毛灌溉用水的用水效益，采用灌溉水分生产率指标，即单位灌溉水量所能生产的农产品的数量，具体计算公式为

$$\mathrm{WP_I}=\frac{Y}{I_{\mathrm{gross}}} \tag{2.43}$$

式中，$\mathrm{WP_I}$ 为灌溉水分生产率，$\mathrm{kg/m^3}$；Y 为作物产量，kg；I_{gross} 为传统毛灌溉用水量，$\mathrm{m^3}$。

灌溉水分生产率综合反映了灌区农业生产水平、灌溉工程状况和灌溉管理水平，直观反映了灌区投入单位毛灌溉用水量的农作物产出效果。灌溉水分生产率有效地把节约灌溉用水与农业生产结合起来，既可以避免片面地追求节约灌溉用水而忽视农业产量的倾向，又可防止片面地追求农业增产而不惜大量增加灌溉用水量的做法。但单位面积灌溉水量不仅受灌溉工程条件和灌溉管理水平的影响，而且受年降水量和作物种植结构的影响，灌溉水分生产率在年际间和地区间不具备可比性。实践中，往往采用灌溉水分生产率的多年平均值或不同水文年型的计算值作为宏观评价指标。

2.3.2　净灌溉水分生产率

灌溉水分生产率指标反映了毛灌溉用水量与作物产出之间的关系，但根据上文分析，由于存在回归水的重复利用，灌溉用水量中一部分是回归水的重复利用，从水源引用的新水源毛灌溉用水量要小于或等于传统毛灌溉用水量，因此灌溉水分生产率并不能准确反映实际引水量与作物产出的关系。基于这种考虑，提出净

灌溉水分生产率的定义，即单位新水源毛灌溉用水量所能生产的农产品的数量，计算公式为

$$WP_{I,new}=\frac{Y}{I_{gross,new_2}} \tag{2.44}$$

式中，$WP_{I,new}$为净灌溉水分生产率，kg/m³；Y为作物产量，kg；I_{gross,new_2}为新水源毛灌溉用水量，m³，与净灌溉效率计算公式中的新水源毛灌溉用水量含义相同。

净灌溉水分生产率考虑了回归水的重复利用，反映了新水源毛灌溉用水量与产量的关系，可正确地描述灌溉水源的用水效益，对水资源优化配置具有重要的指导意义。

2.3.3 净灌溉用水效益

上面提到的两种灌溉用水效益指标只是反映了作物产量产出与灌水量的关系，但均不能反映净效益与灌水量的关系。净灌溉水分生产率和灌溉水分生产率指标高并不一定带来较高的净效益。由于回归水重复利用增加了二次能耗，采用哪种节水措施产生的经济效益最好，还需要考虑用水成本问题。基于这种考虑，提出了净灌溉用水效益指标，即单位新水源毛灌溉用水量所能生产的农产品的净效益，计算公式为

$$WE_{I,new}=\frac{E_{net}}{I_{gross,new_2}} \tag{2.45}$$

式中，$WE_{I,new}$为净灌溉用水效益，元/m³；E_{net}为农产品净效益，等于毛收入减去灌溉成本，元；I_{gross,new_2}为新水源毛灌溉用水量，m³。

净灌溉用水效益指标考虑了回归水的重复利用和灌溉成本，能够更加准确地描述新水源毛灌溉用水量与净效益的关系，但该指标在应用时需要大量的数据支撑，并不利于推广应用。

2.4 本章小结

本章提出了考虑回归水重复利用的灌溉用水评价指标体系，包括灌溉用水效率指标和灌溉用水效益指标。其中灌溉用水效率指标包括水资源利用率和净灌溉效率；灌溉用水效益指标包括灌溉水分生产率、净灌溉水分生产率和净灌溉用水效益。

（1）考虑回归水的重复利用，提出基于水量平衡的水资源利用率和净灌溉效率及基于回归水重复利用的净灌溉效率的定义，根据定义推导了其计算公式，并对相关的变量进行系统说明。由于提出的新指标考虑回归水的重复利用，可以对灌区真实灌溉用水效率进行评价。

表 2.1　灌溉用水效率及效益指标体系

指标分类	指标术语	变量符号	定义	计算公式
水量指标	毛灌溉用水量	I_{gross}	从水源取用的水量，即生产实践中测算出来的灌溉水量	—
	新水源毛灌溉用水量	I_{gross,new_1}	毛灌溉用水量减去降水和灌溉回归水量中再次用于灌溉的水量	$I_{gross,new_1}=I_{gross}-W_{R,I+P}$
		I_{gross,new_2}	毛灌溉用水量减去灌溉回归水量中再次用于灌溉的水量	$I_{gross,new_2}=I_{gross}-W_{R,I}$
	回归水量	—	指某尺度范围内由于田间渗漏、地表排水等重新汇入水源，可以被二次利用的水量	—
	重复利用的回归水量	$W_{R,I+P}$ $W_{R,I}$	回归水量的利用与时空尺度有关，指在一定的时空尺度内，产生的回归水量中实际被再次利用的回归水量。为实际利用的毛回归水量	针对降水和灌溉为 $W_{R,I+P}$ 针对灌溉为 $W_{R,I}$
	实际被作物利用的净回归水量	$W'_{R,I}$	重复利用的回归水量中储存在田间可被作物利用的水量	针对降水为 $R'_P+S'_P$ 针对灌溉为 $W'_{R,I}=R'_I+S'_I$
灌溉用水效率指标	水资源利用率	E_{I+P}	降水和灌溉水量中储存在作物根系层能够被作物利用的水量占降水和新水源毛灌溉用水量的比例。其中，降水与灌溉水被作物利用的水量包括降水及灌溉水中直接被作物利用的水量和其回归水中被作物重复利用的水量	$E_{I+P}=\dfrac{W_{I+P}}{P+I_{gross,new_1}}$ 或 $E_{I+P}=\dfrac{ET_c+L_S+\Delta W-G_R-W_{in}}{P+I_{gross,new_1}}$
	净灌溉效率	—	灌溉水量中储存在作物根系层能被作物利用的水量占毛灌溉用水量的比例。其中，被作物利用的水量包括灌溉水中直接被作物利用的水量和其回归水中被作物重复利用的水量	—

续表

指标分类	指标术语	变量符号	定义	计算公式
灌溉用水效率指标	基于水量平衡的净灌溉效率	E_I	灌溉水量中储存在作物根系层能被作物利用的水量占新水源毛灌溉用水量的比例	$E_I=\frac{ET_c-P_e-(P-P_e)\beta_P-G_R-W_{in}}{I_{gross,new_2}}$ 或 $E_I=\eta_{I,new}+(1-\eta_{I,new})\beta_I$
	基于回归水重复利用的净灌溉效率简化指标 1	$E_{I,1}$	灌溉水量中储存在作物根系层能被作物利用的水量占毛灌溉用水量的比例。假设灌溉回归水利用率等于水资源利用率，推导出的净灌溉效率简化指标	$E_{I,1}=\eta_0+\eta_I\eta_R=\eta_0+\eta_I E_{I+P}$
	基于回归水重复利用的净灌溉效率简化指标 2	$E_{I,2}$	灌溉水量中储存在作物根系层能被作物利用的水量占毛灌溉用水量的比例。假设灌溉回归水利用率等于净灌溉效率，推导出的净灌溉效率简化指标	$E_{I,2}=\frac{\eta_0}{1-\eta_I}$
	灌溉水重复利用系数	η_I	某尺度范围内重复利用的灌溉回归水量($W_{R,I}$)与毛灌溉用水量(I_{gross})的比值	$\eta_I=\frac{W_{R,I}}{I_{gross}}$
	灌溉回归水利用率	η_R	某尺度范围内被作物利用的净灌溉回归水量($W'_{R,I}$)占重复利用的毛灌溉回归水量($W_{R,I}$)的比例	$\eta_R=\frac{W'_{R,I}}{W_{R,I}}$
	灌溉降水重复利用系数	η_{I+P}	某尺度范围内重复利用的回归水总量与灌溉及降水量之和的比值	$\eta_{I+P}=\frac{W_{R,I+P}}{I_{gross}+P}$

续表

指标分类	指标术语	变量符号	定义	计算公式
灌溉用水效率指标	灌溉回归水利用系数	β_I	某尺度范围内被作物利用的净灌溉回归水量占产生的总灌溉回归水量(即灌溉损失量)的比例。等于灌溉水重复利用系数与灌溉回归水利用率的乘积	$\beta_I=\frac{R'_I+S'_I}{I_{loss}}$ 即 $\beta_I=\eta_I\eta_R$
	降水回归水利用系数	β_P	某尺度范围内被作物利用的净降水回归水量占产生的总降水回归水量的比例	$\beta_P=\frac{R'_P+S'_P}{P-P_e}$
	新水源灌溉水利用系数	$\eta_{I,new}$	灌入田间可被作物一次利用的水量与新水源毛灌溉用水量的比值	$\eta_{I,new}=\frac{I_{gross,new_2}-I_{loss}}{I_{gross,new_2}}$
	灌溉水利用系数	η_0	灌入田间可被作物一次利用的水量(W_{FU})与灌溉系统取用的毛灌溉用水量(I_{gross})的比值	$\eta_0=\frac{W_{FU}}{I_{gross}}$
灌溉用水效益指标	灌溉水分生产率	WP_I	单位毛灌溉用水量所能生产的农产品的数量	$WP_I=\frac{Y}{I_{gross}}$
	净灌溉水分生产率	$WP_{I,new}$	单位新水源毛灌溉用水量所能生产的农产品的数量	$WP_{I,new}=\frac{Y}{I_{gross,new_2}}$
	净灌溉用水效益	$WE_{I,new}$	单位新水源毛灌溉用水量所能生产的农产品的净效益	$WE_{I,new}=\frac{E_{net}}{I_{gross,new_2}}$

(2) 基于现有的水分生产率等用水效益指标，考虑回归水重复利用，提出了净灌溉水分生产率和净灌溉用水效益新指标，并对其计算公式进行了推导。

灌溉用水效率及效益指标体系见表 2.1。

第3章　灌区节水潜力计算方法

计算灌溉节水潜力的方法主要有以下三类：传统灌溉节水潜力（简称传统节水潜力）、耗水节水潜力（又称ET管理节水潜力）及考虑回归水重复利用的灌溉节水潜力（简称新水源节水潜力）。下面对传统节水潜力、ET管理节水潜力及新水源节水潜力计算方法分别进行介绍。重点介绍本书提出的新水源节水潜力计算方法及其简化途径。

3.1　传统节水潜力计算方法

在诸多的节水研究中，对节水潜力尚未形成统一、公认的定义和概念。《全国水资源综合规划技术大纲》实施的技术细则中认为节水潜力是以各部门、各行业（或作物）通过综合节水措施所达到的节水指标为参考标准，现状用水水平与节水指标的差值，即为最大可能节水数量。可见传统意义下的节水潜力主要是指某单个部门、行业（或作物）、局部地区在采取一种或综合节水措施以后，与未采取节水措施前相比，所需水量（或取用水量）的减少量。即节水潜力为某种或多种节水措施下可能的最大节水量。

早期大多数涉及灌溉节水潜力的估算，基本上都是从单一的节水灌溉技术出发，把实施节水灌溉措施后的毛灌溉用水量与实施节水措施前的毛灌溉用水量的差值，作为节水量的估计值，进而计算节水潜力。这种传统的方法其理论上的节水量来源于两个方面：一是净灌溉用水量的减少；二是灌溉水利用系数的提高。计算公式如下：

$$\Delta W_S = W_{gb} - W_{ga} = \left(\frac{W_n}{\eta_0}\right)_b - \left(\frac{W_n}{\eta_0}\right)_a \tag{3.1}$$

式中，ΔW_S 为毛灌溉用水量的节水量，即传统节水量，m^3；W_{gb}、W_{ga} 分别为采用节水措施前、后的毛灌溉用水量，m^3；W_n 为净灌溉需水量，一般由净灌溉定额与灌溉面积的乘积得到，m^3；η_0 为传统灌溉水利用系数；下标b、a分别表示实施节水灌溉措施前、后。

各地区的传统灌溉水利用系数及灌溉定额等参数的测算方法及资料都极为丰富，因此传统灌溉节水潜力计算方法在生产实践中较简便、易操作。

3.2 基于 ET 管理的节水潜力计算方法

1979 年美国跨部门合作组织注意到大型水利工程及流域中存在灌溉回归水的重复利用问题，即灌溉渗漏和流失的水量等换个地方或换一种方式仍可被开发再利用，未失去水资源的基本功能；而蒸发蒸腾消耗的水量难以采用经济易行的方法再回收利用。世界银行在其资助的项目中把降低农田水分消耗（即蒸发蒸腾量 ET）的节水称为“真实节水”，基于此，提出了 ET 管理或耗水管理的理念。所谓 ET 管理就是降低 ET 的各种工程的、农业的和管理的综合节水措施的总称。

裴源生等（2007）从水资源消耗角度出发提出耗水节水潜力的概念，即耗水节水潜力是在考虑各种可能节水措施情景下的耗水量与不采取节水措施的耗水量差值。认为耗水节水量才是农业真正意义上的资源节水量，也是可以转移给工业或生活的水量。根据耗水节水潜力的定义及已有的研究成果可知，耗水节水量的计算公式为

$$\Delta W_{ET}=10(ET_b-ET_a)A \tag{3.2}$$

式中，ΔW_{ET} 为耗水节水量，m^3；ET_b 为未实施节水措施前作物（或整个区域）的 ET，mm；ET_a 为实施节水措施后作物（或整个区域）的 ET，mm；A 为研究区域作物种植（或整个区域）面积，hm^2。

耗水节水潜力计算在生产实践中有以下几个难点：①如何计算大尺度（流域或灌区尺度）的 ET；②如何区分有效 ET 和无效 ET、可控 ET 和非可控 ET。甚至有的专家认为在可操作层面上，基于 ET 的水资源管理是不可行的（谢森传等，2010）。

王浩等（2007）将 ET 分为高效消耗、低效消耗和无效消耗。田园等（2010）将水分消耗量分为单一作物蒸发蒸腾耗水量，耕地多种作物平均蒸发蒸腾耗水量，耕地和非耕地综合蒸发蒸腾耗水量。王建鹏（2011）将 ET 分为有益消耗和无益消耗，并从可控角度分为可控 ET 和不可控 ET。这些研究为耗水节水潜力的计算提供了理论基础。

遥感技术和反演模型的进一步发展，对蒸发蒸腾的反演精度的改善有较大促进作用（Hunsaker et al.，2003；Chen et al.，2005）。同时，新发展起来的分布式水文模拟技术，特别是分布式物理水文模型，能克服遥感反演蒸发蒸腾量不能描述水循环过程的缺陷。因此，3S 技术和分布式水文模型的发展为耗水节水潜力的计算提供了技术支持。

3.3　新水源节水潜力计算方法

真实节水潜力应该包括研究区域的不可回收水量和回归水中没有被利用的水量。对于回归水重复利用率高的区域，由于回归水中没有被重复利用的水量很小，因此用耗水节水量作为真实节水潜力是可行的；但是对于回归水重复利用率较低，或者回归水的重复利用需要的时间较长而失去了农业用水的时效性的灌区，用耗水节水潜力来评价灌区节水空间大小与实际不符，耗水节水潜力只是真实节水潜力的一部分，并不能完全代替真实节水潜力。

实际上，真实节水潜力是在考虑输水过程节水、田间灌水过程节水及多水源联合应用节水等多种工程及非工程节水措施下的综合节水量。因此真实节水潜力的计算必须从输水、耗水和回归水利用三个方面进行综合考虑，才能真实地了解区域农业用水状况，指导农业节水措施的实施。基于这种考虑，本书提出了考虑回归水重复利用的新水源节水潜力的新概念，并对其计算方法进行了推导。

考虑回归水重复利用的新水源节水潜力的定义为：在一定水平年、一定区域范围内，在保证作物产量的基础上，综合实施各种节水措施前后新水源毛灌溉用水量差值。

根据新水源节水潜力的定义及净灌溉效率，可以得到新水源节水潜力 $\Delta W_{S,N}$ 的计算公式，即

$$\Delta W_{S,N} = W_{gb} - W_{ga} = \left(\frac{W_n}{E_I}\right)_b - \left(\frac{W_n}{E_I}\right)_a \tag{3.3}$$

式中，$\Delta W_{S,N}$ 为新水源节水量（真实节水量），m^3；W_n 为田间需要的净灌溉需水量，m^3，E_I 为净灌溉效率；W_{gb}、W_{ga} 分别为实施节水灌溉措施前、后的新水源毛灌溉用水量，m^3；下标 b、a 分别表示实施节水灌溉措施前、后。

W_n 与式(2.38)中的 W_{FU} 含义不同，W_{FU} 为某次灌水后储存在根系层可被作物利用的灌溉水量，这里指灌溉水的一次利用，不包括灌溉回归水的利用，而 W_n 为田间需要的净灌溉需水量，它的来源包括灌溉水的一次利用，也包括灌溉水的回归利用，相当于式(2.38)中的 W_{FU} 与 $W'_{R,I}$ 之和。

可见新水源节水量关注的是实施节水灌溉措施前后，新水源取水量减少量。与传统灌溉取水节水量不同之处在于，它考虑了回归水在研究区域的重复利用，同时又避免了耗水节水量仅从水资源消耗角度分析，无法与实际灌溉取水过程关联的弊端，它是多种因素共同作用的结果，反映了灌区真实节水潜力，是灌区水资源管理及实施节水措施必要性的重要依据。

由 2.2 节的介绍可知，净灌溉效率的计算方法主要有两种：基于水量平衡的

计算方法(E_I)及基于回归水重复利用的计算方法($E_{I,1}$、$E_{I,2}$)。与此相对应，新水源节水潜力的计算方法有三种：基于水量平衡的新水源节水潜力(简称为新水源节水潜力)、基于回归水重复利用的新水源节水潜力(分别称为简化新水源节水潜力1、简化新水源节水潜力2)。简化新水源节水潜力计算方法比较简单，便于实际应用。

采用净灌溉效率简化指标2时，新水源节水量的计算公式可以转化为

$$\begin{aligned}\Delta W_{S,N} &= \left(\frac{W_n}{E_{I,2}}\right)_b - \left(\frac{W_n}{E_{I,2}}\right)_a \\ &= \left[\frac{W_n}{\eta_0}(1-\eta_I)\right]_b - \left[\frac{W_n}{\eta_0}(1-\eta_I)\right]_a \\ &= \left[\left(\frac{W_n}{\eta_0}\right)_b - \left(\frac{W_n}{\eta_0}\right)_a\right] - \left[\left(\frac{W_n}{\eta_0}\eta_I\right)_b - \left(\frac{W_n}{\eta_0}\eta_I\right)_a\right]\end{aligned} \tag{3.4}$$

由式(3.4)可见，新水源节水量是在传统节水量的基础上，减去由于回归水重复利用而引起的节水量的差值。如果其他条件保持不变，只提高灌溉水重复利用系数(η_I)，那么新水源节水量就大于传统节水量；如果其他条件保持不变，只降低作物净灌溉需水量(W_n)、只提高灌溉水利用系数(η_0)，或者同时采取这两种措施，那么新水源节水量就小于传统节水量；如果同时改变灌溉水重复利用系数和作物净需水量或灌溉水利用系数，那么新水源节水量和传统节水量的大小需要根据实际情况来进行计算，详见8.4节。

从新水源节水潜力的推导过程可以看出，新水源节水潜力的计算考虑了回归水的重复利用，但是回归水的重复利用不仅与空间尺度有关，也与时间尺度有关，考虑回归水重复利用的节水潜力具有复杂性，在此有必要对本书提出的新水源节水潜力的内涵作进一步的说明。如图3.1所示(空间尺度为例)，在小尺度上产生的回归水会在大尺度上被利用，同样在大尺度上也会产生回归水被更大尺度上利用，由此不断向更大尺度上扩展。但实际上，回归水的重复利用可以分为尺度内回归水重复利用和尺度外回归水重复利用。本书提出的新水源节水潜力计算方法中认为尺度内回归水重复利用的水量才属于该研究尺度内的有效利用，而流出某尺度外被下游重复利用的水量并不属于研究尺度的有效利用。以灌区或流域尺度为例，当采用本书提出的计算方法计算节水潜力时，流出灌区的回归水视为损失水量，因此减少流出研究区域的回归水也属于节水范畴，但当上游灌区或流域流出的回归水影响到下游区域用水或生态需水时，此时水量平衡方程中还需要考虑下游用水的情况，增加相关的变量或约束条件，利用本书的原理重新推求新水源节水潜力。

通过分析可知，新水源节水潜力是多种因素共同作用的结果，反映了灌区真实节水潜力，是灌区制定水资源管理策略和实施节水措施的重要依据。

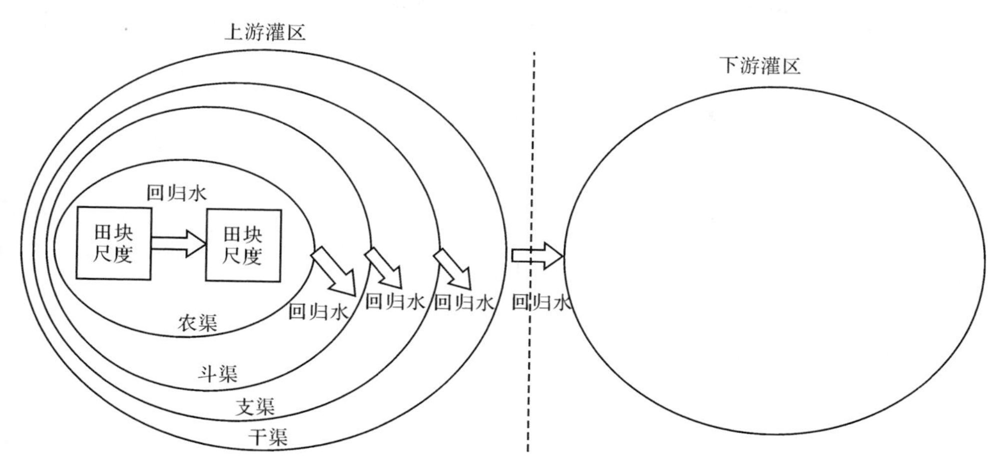

图3.1 不同尺度回归水重复利用

3.4 基于排水重复利用的节水潜力计算方法

针对某一区域，排水出流如不能回归到本区域，则对本区域而言是无效损失和节水对象，而这部分排水出流是可控的，可通过一定的有效拦截措施进行重复利用，因此可将其作为评价区域节水潜力的指标。

可采用排水出流水量占毛入流水量的比例 D_g 的大小进行评价，即

$$D_g = \frac{W_{out}}{W_{gross}} \tag{3.5}$$

式中，D_g 为排水出流水量占毛入流水量的比例；W_{out} 为某区域的排水出流水量，m^3；W_{gross} 为某一区域的毛入流水量，m^3。

毛入流水量包括降水及灌溉水量。通过节水前后 D_g 及 W_{out} 的变化或灌溉取水量的减少计算节水量。例如，采取某一节水措施后，W_{out} 减少，即有更多的排水被重复利用，相应的灌溉取水量也减少，则排水的减少量或相应灌溉取水量的减少量为节水潜力。详见9.3节的分析。

3.5 本章小结

本章对传统节水潜力及基于ET管理的耗水节水潜力的计算方法进行了总结归纳，提出了考虑回归水重复利用的新水源节水潜力的定义及其计算公式，并基于净灌溉效率的不同计算方法，推导了新水源节水潜力的计算过程。由于新水源节水潜力考虑了输水、耗水和回归水等因素，考虑因素全面，能够反映灌区真实节

水潜力的大小。最后，从排水角度提出排水重复利用的节水潜力计算方法。不同节水潜力计算方法汇总见表 3.1。

表 3.1 节水潜力计算方法

方法	定义	计算公式
传统节水潜力	采取减少净灌溉用水量和提高灌溉用水效率这两种节水措施之后的毛灌溉用水量与采取节水措施之前的毛灌溉用水量的差值	$\Delta W_{S}=W_{gb}-W_{ga}=\left(\frac{W_{n}}{\eta_{0}}\right)_{b}-\left(\frac{W_{n}}{\eta_{0}}\right)_{a}$
基于ET管理的节水潜力	考虑各种可能节水措施情景下的蒸发蒸腾量与不采取节水措施时蒸发蒸腾量的差值	$\Delta W_{ET}=10(ET_{b}-ET_{a})A$
考虑回归水利用的新水源节水潜力	考虑回归水利用的前提下，一定水平年、一定区域范围内，在保证作物产量的基础上，综合实施各种节水措施前后新水源毛灌溉用水量的差值	$\Delta W_{S,N}=W_{gb}-W_{ga}=\left(\frac{W_{n}}{E_{I}}\right)_{b}-\left(\frac{W_{n}}{E_{I}}\right)_{a}$
考虑回归水利用的新水源节水潜力简化方法 2	将基于回归水重复利用的净灌溉效率简化指标 2 代入新水源节水潜力计算式获得的新水源节水潜力简化方法	$\Delta W_{S,N}=\left(\frac{W_{n}}{E_{I,2}}\right)_{b}-\left(\frac{W_{n}}{E_{I,2}}\right)_{a}=\left[\frac{W_{n}}{\eta_{0}}(1-\eta_{I})\right]_{b}-\left[\frac{W_{n}}{\eta_{0}}(1-\eta_{I})\right]_{a}=\left[\left(\frac{W_{n}}{\eta_{0}}\right)_{b}-\left(\frac{W_{n}}{\eta_{0}}\right)_{a}\right]-\left[\left(\frac{W_{n}}{\eta_{0}}\eta_{I}\right)_{b}-\left(\frac{W_{n}}{\eta_{0}}\eta_{I}\right)_{a}\right]$

第4章　灌溉标准和地下水位控制标准模拟

灌溉标准是指确定适宜的灌溉水分上下限,从而根据其确定何时灌溉和每次的灌水量。正常情况下,灌区采取节水措施应不影响作物产量,因此,灌溉标准是制定节水方案、确定节水潜力及其阈值的依据。本章以河南省柳园口灌区为例,针对灌区主要作物,分析其灌溉标准,为后面章节制定节水方案和分析节水潜力提供依据。

在SWAP模型中,灌溉标准包括灌溉时间控制标准和灌水水深控制标准两个方面,是确定合理灌溉制度的基础。合理的灌溉标准不仅满足灌溉水量较少,而且要保证作物产量。本章以柳园口灌区为例,利用SWAP模型模拟了不同灌溉标准条件下冬小麦和夏玉米的产量和灌溉制度,以保证作物不减产及减少灌水量为判别准则,分析确定了柳园口灌区旱作物适宜的灌溉标准。另外,对于引黄灌区来讲,地下水位的变化对灌区水管理产生较大影响。地下水位较高,则存在着大量无效潜水蒸发,甚至导致土壤盐碱化;地下水位较低则会出现地下水漏斗区,提高开采成本。同时地下水可以直接补给土壤水,因此地下水埋深对作物产量也产生影响。利用SWAP模型对不同地下水位的灌溉制度及作物产量模拟的基础上,综合考虑作物产量、灌水量及潜水蒸发损失等因素确定了柳园口灌区适宜的地下水位控制标准,为不同水管理措施下地下水位调控效果的评价提供了依据。

4.1　SWAP模型概述

4.1.1　SWAP模型发展历程

SWAP模型由荷兰瓦赫宁根大学(Wageningen University and Research Center)的van Dam等于1997年集成当时SPAC系统水分运移的最新研究成果研制开发。SWAP模型最早版本是Feddes等开发的非均匀土壤条件下描述水分从土壤到根系的运动模型(soil water actual transpiration rate,SWATR)。此后,Belmans增加了更多的模型边界条件;Kabat添加了作物生长模拟模块;Oostindie和Bronswijk等进一步考虑了土壤膨胀收缩效应对土壤水分运动的影响;van den Broek等增加了溶质运移模块。直至1997年形成了现在被广泛应用的SWAP2.0版本模型(Kroes et al.,2008)。

SWAP模型主要由土壤水运移、溶质迁移、热量传输、土壤蒸发、植物蒸腾、作物生长等子模块组成。SWAP 模型所描述的水文过程如图 4.1 所示(Kroes et al.,2008)。SWAP 模型上边界位于作物冠层顶部,下边界位于非饱和带或饱和带的顶部,也可位于饱和带之中或不透水层及弱透水层的顶部,并且分别考虑了大气环境因素和地下水动态变化的影响。在非饱和带,上下两个边界之间的水流运动的主方向是垂直方向,采用一维水盐运移模型,将垂向土柱划分为不同的单元,在每个单元上求解水分、溶质及热量运移方程。当下边界位于饱和带时,由于饱和带中存在二维或三维的水流运动,因此需要进行二维或三维饱和与一维非饱和的水流计算。在求解过程中可以考虑土壤的涨缩性、滞后性及空间变异性的影响。同时也可以计算土壤水分与侧向不同级别的排水沟道和灌溉渠道的水量交换,考虑灌溉渠道及排水沟的水管理对土壤水流的影响。SWAP 模型的初始条件包括初始时刻土层剖面的含水率、含盐率分布。若是缺乏土壤剖面含水率资料,也可在模型中输入初始时刻剖面上各测点的土壤水头或地下水埋深,SWAP 模型则根据土壤水分特征曲线自动计算土壤剖面的含水率分布。

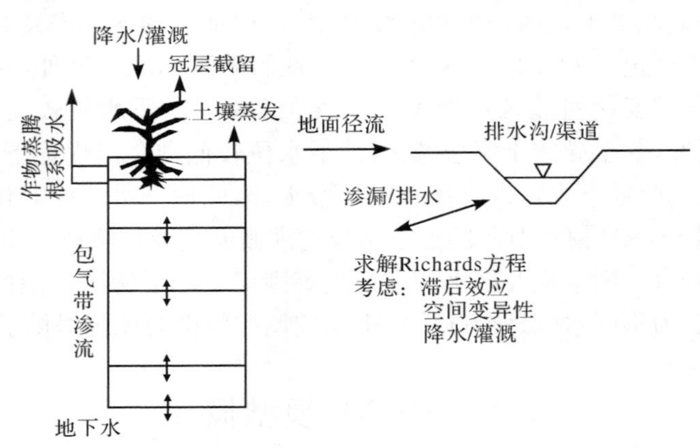

图 4.1　SWAP 模型各水量平衡要素概化图(Kroes et al.,2008)

4.1.2　SWAP 模型功能模块

1) 土壤水流

SWAP 模型采用 Richards 方程模拟计算土壤水分运动,并通过隐式有限差分法进行求解(Kroes et al.,2008)。SWAP 模型根据土壤水分特征曲线、初始条件和边界条件求解方程,得到土壤剖面上的水分分布及作物根系吸水量。土壤水分特征曲线可以通过田间直接量测或通过模型自带的基本土壤数据库获得,也可采用 van Genuchten 和 Mualtem 公式进行计算。

2) 溶质运移

在 SWAP 模型中,溶质运移主要有分子扩散、对流及机械弥散三种基本途径。

溶质运移按扩散—对流—弥散方程进行计算,本书没有对溶质进行模拟,因此不再详述。

3) 作物蒸腾与土壤蒸发

SWAP 模型运用 Penman-Monteith 公式计算逐日潜在蒸发蒸腾量 ET_P。根据作物叶面积指数(leaf area index,LAI)或者土壤覆盖率(SC),SWAP 模型将计算的潜在蒸发蒸腾量 ET_P 划分为作物潜在蒸腾 T_P 和土壤潜在蒸发 E_P,然后根据土壤实际含水量计算作物实际蒸腾 T_a 及土壤实际蒸发 E_a。同时还考虑了盐分胁迫对作物实际蒸腾的影响。

4) 作物生长模块

SWAP 模型的作物生长模块包括详细作物生长模块和简单作物生长模块两种。详细作物生长模块可以模拟详细的作物生长过程,包括干物质量的积累、存储器官的生长、叶面积指数和根系生长等。详细作物生长模块需要详细的气象、土壤及作物生长状况等观测资料。简单作物生长模块只能模拟作物的相对产量,需要叶面积指数、作物根长、作物高度与生长阶段的观测资料。

5) 灌溉制度

SWAP 模型中作物灌溉制度可以采用固定灌溉制度或制定灌溉制度两种形式。当选用固定灌溉制度时,需要在模型中预先给定灌溉时间和灌水量。若采用制定灌溉制度,模型将按照灌溉时间标准和灌水水深标准计算灌溉时间和灌水量,因此采用制定灌溉制度可以模拟最优灌溉制度。

SWAP 模型提供了 5 种灌溉时间控制标准:①容许日水分胁迫,即当作物的实际蒸腾与潜在蒸腾的比例小于某一预定比例系数时进行灌溉;②容许根系层有效水消耗量,即当根系层耗水量与根系层有效水量(田间持水量与作物刚受水分胁迫时的土壤含水量之差)的比例大于某一预定比例系数时进行灌溉;③容许根系层的总有效水消耗量,即当根系层耗水量与根系层总有效水量(田间持水量与凋萎点的含水量之差)的比例大于某一预定比例系数时进行灌溉;④容许根系层水分消耗量,即当根系层耗水量大于预先规定的耗水量时进行灌溉;⑤根系层一定深度的临界土壤含水率或临界土壤水压力水头。

SWAP 模型中灌水水深控制标准包括:①灌水使根系层土壤含水率达到田间持水率;②灌水采用固定灌水深度。

4.2　SWAP 模型建模

4.2.1　SWAP 模型建立

根据柳园口灌区有关资料,建立夏玉米及冬小麦生产模拟的 SWAP 模型。根据作物根系层深度及土壤的质地确定模拟的土层深度为 2m,根据土壤的机械组成将土壤层分为四层,每一层描述分层土壤水力特性的 VG 模型参数由土壤数据库初步确定。同时输入气象资料、作物资料、灌溉资料、初始地下水位、下边界条件,灌溉排水控制条件,建立模型。SWAP 模型中作物的生长阶段用 0～2 来表示,其中 0～1 阶段为营养生长阶段,1～2 阶段为生殖生长阶段。具体的作物生长资料见表 4.1 和表 4.2。

表 4.1 冬小麦生长实测资料

生长阶段	株高/cm	生长阶段	根深/cm
0	0	0	0
0.4	20.0	0.5	65
1.0	24.1	1.0	65
1.2	55.2	1.5	65
1.3	70.1	1.7	70
2.0	69.0	1.9	93
		2.0	69

表 4.2 玉米生长实测资料

生长阶段	株高/cm	生长阶段	根深/cm
0	0	0	5
0.3	41.2	0.5	26
0.6	67.7	1.0	48
0.8	119.8	1.4	60
1.0	176.4	1.6	64
1.3	217.0	2.0	65
1.5	216.6		
1.7	212.8		
2.0	212.8		

SWAP 模型中需要率定的参数主要包括土壤水分参数和作物生长参数。

(1) 土壤水分参数包括土壤残余含水率 Q_{res}、土壤饱和含水率 Q_{sat}、饱和导水率 K_{sat} 及形状参数 α、λ、n。

(2) 作物生长参数包括根系吸水压力参数(根系可从土壤吸水时的土壤压力上限 h_1、根系吸水不受水应力影响的土壤水压力上限 h_2、高大气压下根系吸水不受水应力影响的土壤水压力下限 h_3^h、低大气压下根系吸水不受水应力影响的土壤水压力下限 h_3^l、根系不再吸水的土壤水压力 h_4)、最小冠层阻力、消光系数、维持呼

吸转换因子 $C_{m,i}$、同化转换因子 $C_{e,i}$等。

4.2.2 SWAP 模型率定

利用位于柳园口灌区的惠北灌溉试验站 2006～2007 年在试验小区开展的夏玉米和冬小麦不同灌溉制度试验结果，基于土壤含水率观测值对土壤水分参数进行率定。土壤含水率的模拟值与观测值的吻合程度用均方误差 RMSE 定量表示，即

$$\text{RMSE} = \left[\frac{\sum_{i=1}^{n}(M_i - S_i)^2}{n}\right]^{1/2} \tag{4.1}$$

式中，M 为观测值；S 为计算值；i 为观测次数序号；n 为总观测次数。

SWAP 模型率定后的土壤水分参数见表 4.3，率定期土壤含水率模拟值与观测值的对比如图 4.2 所示，率定期 RMSE 的计算结果见表 4.4。由图 4.2 可知，不同土壤层土壤体积含水率的模拟值和观测值吻合较好，由表 4.4 可知，率定期 RMSE 计算结果都在 7%以内，这表明模拟的各层土壤含水率与观测值相差较小，在允许的范围之内。

表 4.3 SWAP 模型率定后的土壤水分参数

土壤分层	深度/cm	Q_{res} /(cm³/cm³)	Q_{sat} /(cm³/cm³)	K_{sat} /(cm/d)	a_{sat}/cm	λ	n
Ⅰ	0～20	0	0.40	5	0.0096	−2.733	1.284
Ⅱ	20～50	0	0.45	5	0.0107	−2.123	1.280
Ⅲ	50～80	0	0.47	20	0.0136	−0.803	1.342
Ⅳ	80～200	0	0.46	5	0.0094	−1.382	1.400

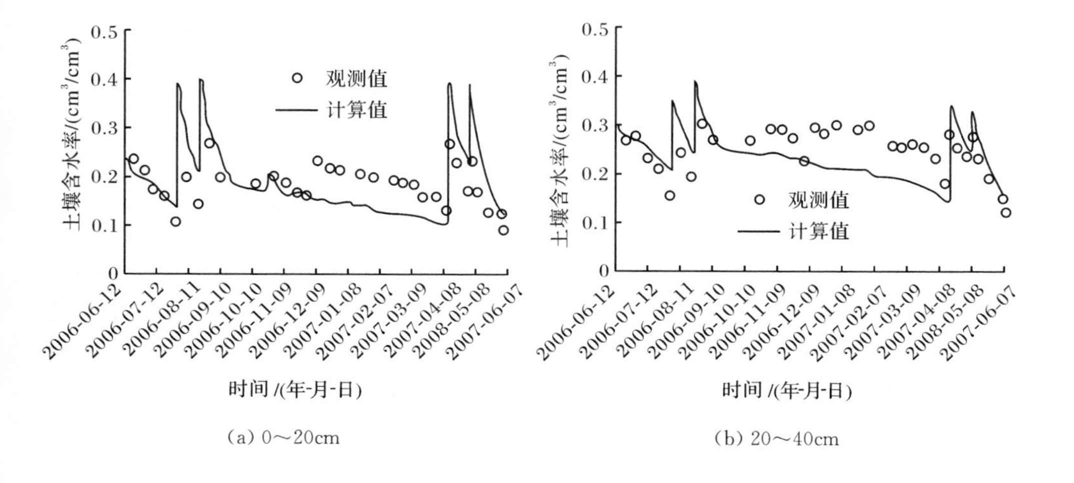

(a) 0～20cm (b) 20～40cm

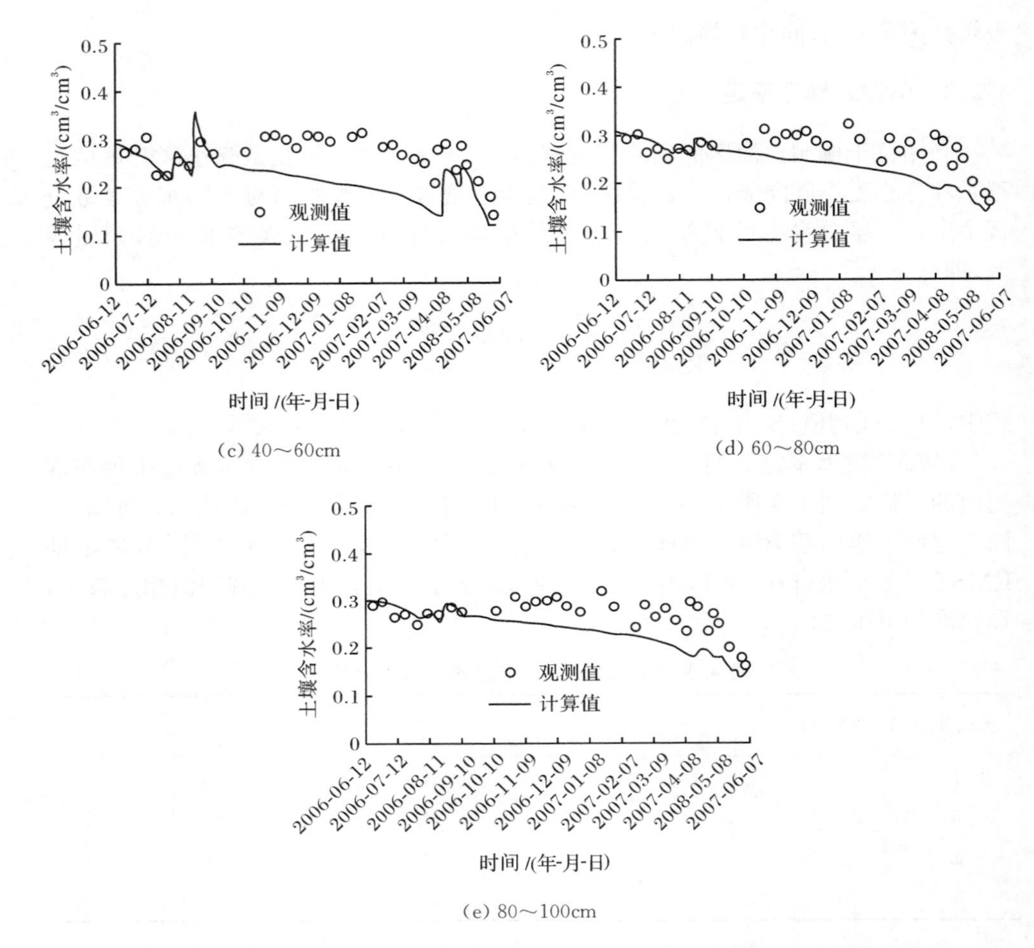

图 4.2 率定期不同土层深土壤体积含水率 SWAP 模型计算值与观测值对比结果

表 4.4 SWAP 模型模拟的不同土层深土壤含水率 RMSE 计算结果

土层深度/cm	0～20	20～40	40～60	60～80	80～100
计算结果	5.5	5.0	6.8	5.1	4.9

利用 2006～2007 年夏玉米和冬小麦的叶面积指数和产量资料对详细作物生长模型进行率定。作物生长参数率定结果见表 4.5 和表 4.6，夏玉米和冬小麦的叶面积指数的模拟结果如图 4.3 和图 4.4 所示，夏玉米和冬小麦的干物质量的模拟结果见表 4.7。由图 4.3 和图 4.4 可知，率定期的夏玉米和冬小麦的叶面积指数的模拟值和实测值比较吻合。由表 4.7 可知，率定期夏玉米和冬小麦总干物质产量及谷粒产量的模拟值和实测值的相对误差基本都控制在 13%以内，相对误差

较小，在允许范围之内。

表 4.5 作物生长基本参数

作物	漫射光消光系数	直射光消光系数	最小冠层阻力系数/(s/m)	h_1	h_2	h_3^h	h_3^l	h_4
夏玉米	0.65	0.75	70	0	−1	−325	−600	−10000
冬小麦	0.72	0.80	70	0	−1	−500	−900	−16000

表 4.6 作物生长转换因子

作物	维持呼吸转换因子/[kg(CH_2O)/(kg·d)]				同化转换因子/(kg/kg)			
	叶	茎	谷粒	根	叶	茎	谷粒	根
夏玉米	0.030	0.015	0.015	0.020	0.70	0.70	0.65	0.70
冬小麦	0.030	0.015	0.010	0.020	0.69	0.66	0.71	0.69

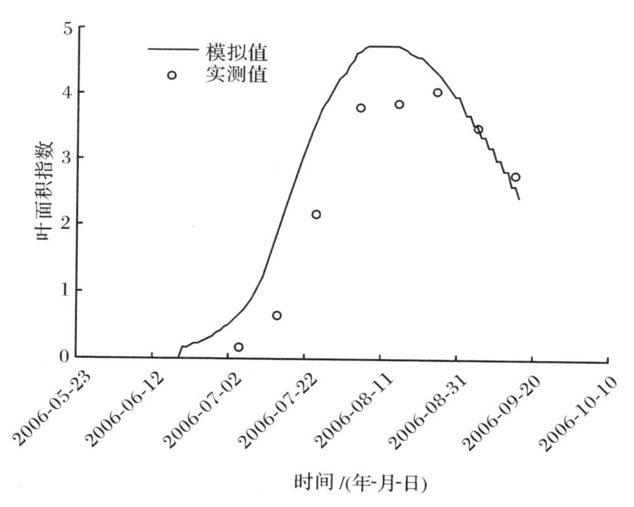

图 4.3 率定期夏玉米叶面积指数模拟值与实测值对比结果

表 4.7 率定期夏玉米和冬小麦产量模拟值与实测值对比

作物种类	产量指标	实测值/(kg/hm²)	模拟值/(kg/hm²)	相对误差/%
夏玉米	总干物质量	15139	16004	−5.40
	谷粒干物质量	6650	5902	12.67
冬小麦	总干物质量	15552	16643	−6.56
	谷粒干物质量	6126	6425	−4.65

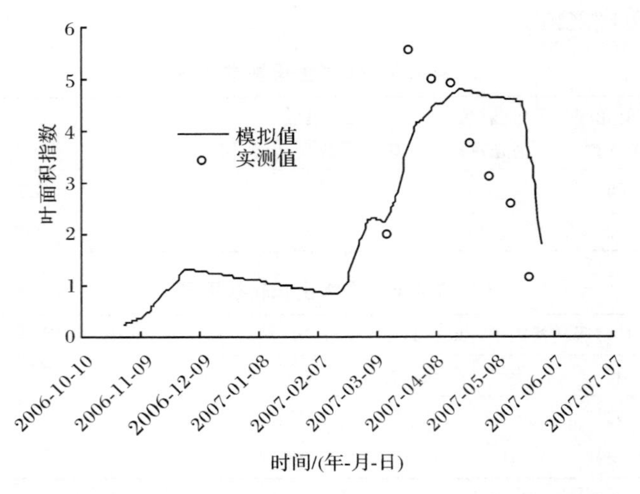

图 4.4 率定期冬小麦叶面积指数模拟值与实测值对比结果

4.2.3 SWAP 模型验证

利用 2007～2008 年夏玉米和冬小麦的灌溉试验资料对 SWAP 模型进行验证。验证期的土壤体积含水率模拟值与实测值的对比如图 4.5 所示，验证期土壤含水率的 RMSE 的计算成果见表 4.8。由图 4.5 可知，验证期各土壤层的土壤体积含水率的模拟值与实测值吻合较好，由表 4.8 可知，验证期土壤含水率的 RMSE 计算结果也都控制在 7%以内，这表明各土壤层土壤含水率的模拟值与实测值相差较小，在允许的范围之内，土壤水分参数率定合理，构建的 SWAP 模型可以用于对土壤水分状况的模拟和预测。

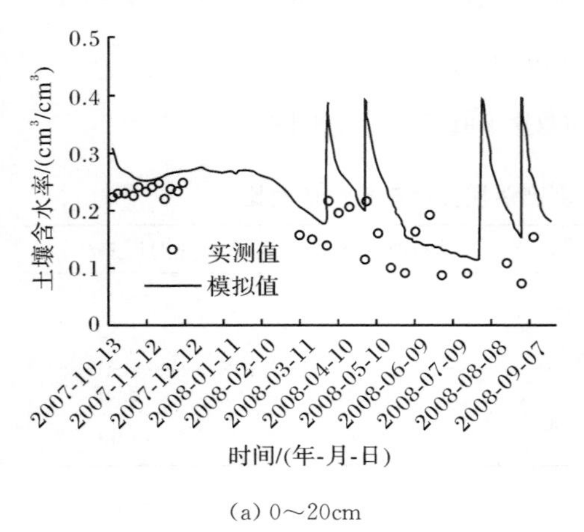

(a) 0～20cm

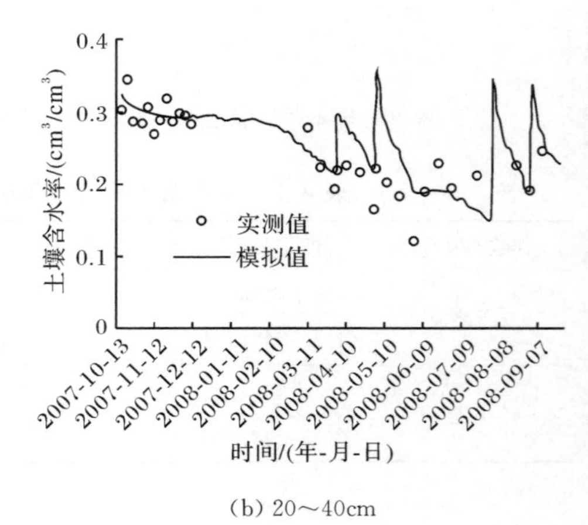

(b) 20～40cm

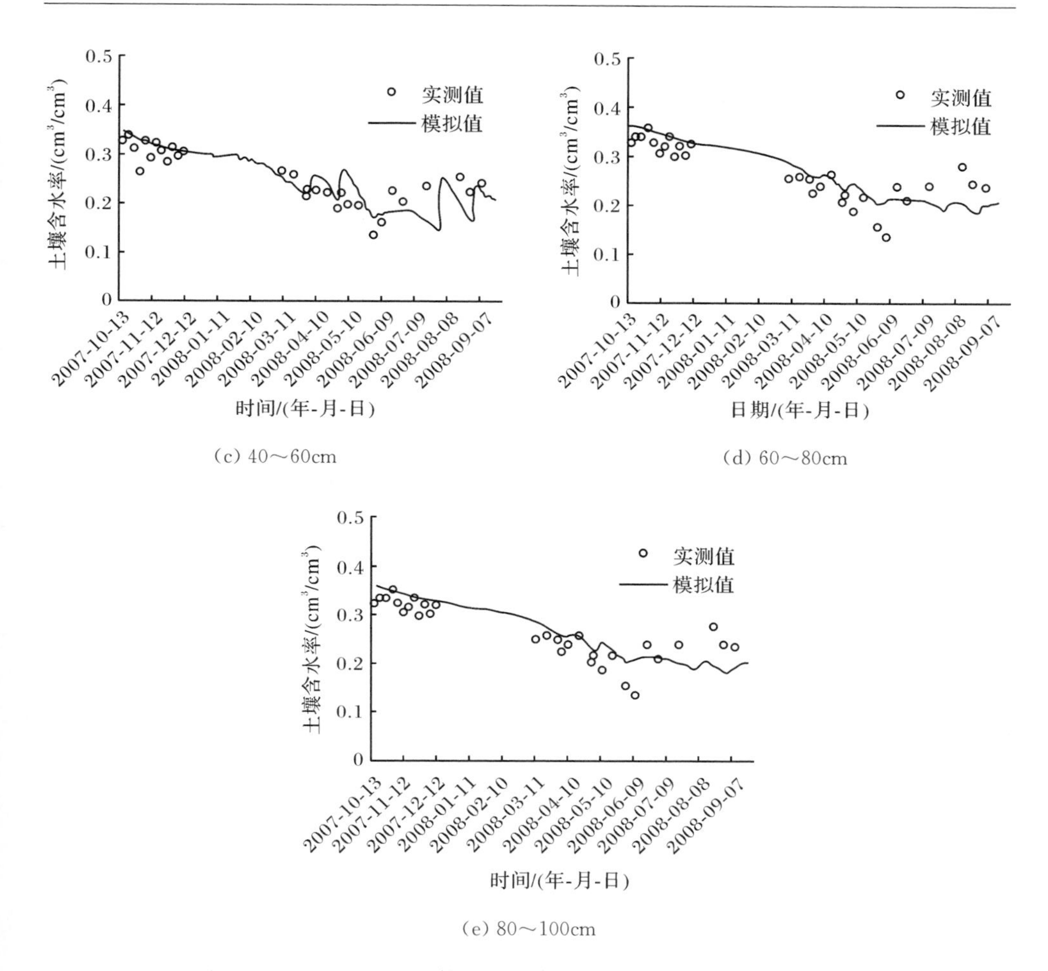

图 4.5　验证期不同土层深土壤体积含水率 SWAP 模型模拟值与实测值对比结果

表 4.8　验证期 SWAP 模型模拟的不同土层深土壤含水率 RMSE 计算结果

土层深度/cm	0～20	20～40	40～60	60～80	80～100
计算结果	6.6	5.1	5.3	5.8	6.2

利用惠北灌溉试验站 2007～2008 年夏玉米和冬小麦的叶面积指数和产量资料对详细作物生长模型进行验证。验证期夏玉米和冬小麦叶面积指数模拟结果如图 4.6 和图 4.7 所示，夏玉米和冬小麦的干物质量的模拟结果见表 4.9。由图 4.6和图 4.7 可知，验证期夏玉米和冬小麦叶面积指数的模拟值和实测值比较吻合。由表 4.9 可见，验证期夏玉米和冬小麦总干物质产量及谷粒产量模拟值和实测值的相对误差基本控制在 22%以内，这表明 SWAP 模型作物生长参数率定

合理，可用于冬小麦和夏玉米的产量模拟。

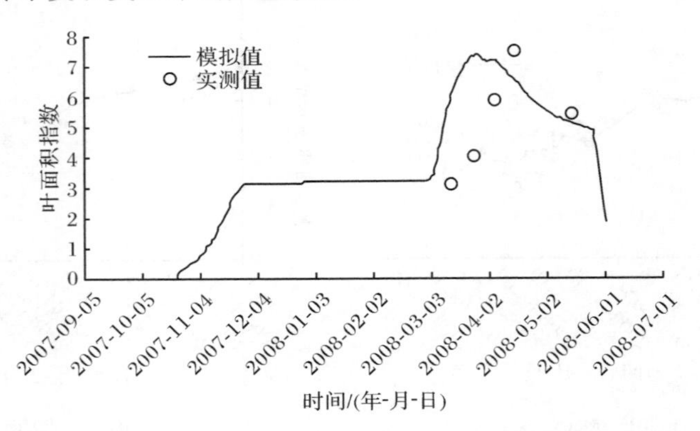

图 4.6　验证期冬小麦叶面积指数模拟值与实测值对比结果

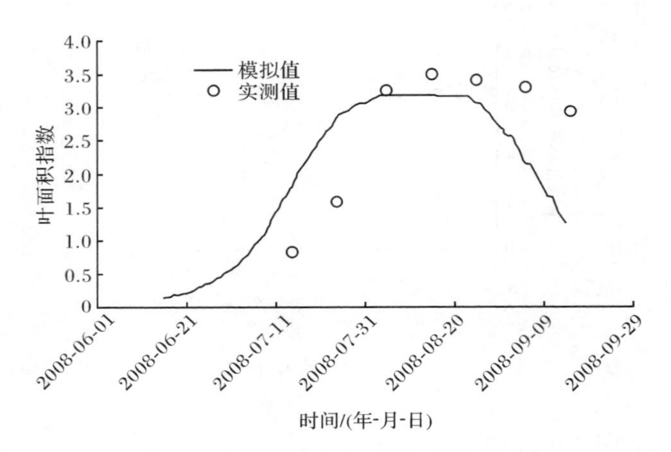

图 4.7　验证期夏玉米叶面积指数模拟值与实测值对比结果

表 4.9　验证期夏玉米和冬小麦产量模拟值与实测值对比

作物种类	产量指标	实测值/(kg/hm^2)	模拟值/(kg/hm^2)	相对误差/%
夏玉米	总干物质量	12083	14855	−18.66
	谷粒干物质量	5931	6622	−10.43
冬小麦	总干物质量	20029	16468	21.62
	谷粒干物质量	6849	5824	17.60

4.3 SWAP模型模拟灌溉标准

1. 灌溉控制标准选择

利用SWAP模型模拟2006年6月11日～2007年6月4日夏玉米和冬小麦的灌溉制度，初始地下水埋深采用实测的地下水埋深。灌溉时间控制标准选择容许日水分胁迫，即当作物的实际蒸腾与潜在蒸腾的比值小于某一预定比例系数时进行灌溉，其表达式为

$$T_a \leqslant \beta T_P \tag{4.2}$$

式中，T_a 为作物实际蒸腾量，mm；T_P 为作物潜在蒸腾量，mm；β 为预先给定的比例系数。

灌水水深标准选择为每次灌水使根系层土壤含水率达到田间持水率。由于模拟的灌溉制度不仅受灌溉控制标准的影响，而且受到降水的影响，因此为了防止降水的影响，将模拟期内的降水量都设置为0。夏玉米和冬小麦的灌溉制度及相对产量的模拟值见表4.10。由表4.10可知，随着比例系数 β 的增加，夏玉米和冬小麦的相对产量均呈增加趋势，同时灌水量在总体上也有增加的趋势。当 β 小于0.85，夏玉米产量较低，相对产量小于90%；当 β=0.85，夏玉米和冬小麦的相对产量都大于92%，并且灌水量较低。综合考虑灌水量和作物相对产量，选择比例系数 β 小于0.85时灌水到田间持水量为适宜的灌溉下限控制标准。

表4.10 SWAP模拟2006～2007年夏玉米和冬小麦的灌溉水量及相对产量

β	总灌水量/mm	夏玉米蒸发蒸腾量/mm	冬小麦蒸发蒸腾量/mm	夏玉米干物质量/(kg/hm²)	冬小麦干物质量/(kg/hm²)	夏玉米相对产量	冬小麦相对产量
0.75	494	255.1	436.6	14367	17616	0.867	0.922
0.80	726	285.9	451.5	14827	17804	0.895	0.932
0.85	589	322.5	461.0	15342	18207	0.926	0.953
0.90	775	310.3	457.1	16059	18288	0.969	0.957
0.95	821	327.1	467.4	16126	18614	0.973	0.975

2. 多年灌溉方案模拟

采用模拟得到的适宜灌溉控制标准对1986～2008年夏玉米和冬小麦各年的灌水量和相对产量进行模拟。将冬小麦播种起始日期到下一年的冬小麦播种日期作为一个冬小麦—夏玉米轮作期(也称为农业年)，统计各轮作期的降水总量并

进行排频，根据降水排频结果将模拟期分为丰水年组、平水年组和枯水年组。轮作期的降水排频结果见表 4.11，各轮作期的灌水量和作物相对产量具体模拟结果见表 4.12。

表 4.11　柳园口灌区各轮作期的降水排频

年份	降水量/mm	序号	频率/%	水平年组
2003	839.40	1	4.3	丰水年
1992	804.50	2	8.7	
2004	802.20	3	13.0	
2005	783.22	4	17.4	
2006	776.40	5	21.7	
1995	724.60	6	26.1	
1989	711.10	7	30.4	平水年
2007	703.60	8	34.8	
1990	667.00	9	39.1	
2001	625.15	10	43.5	
2000	609.10	11	47.8	
1998	591.05	12	52.2	
2002	583.70	13	56.5	
1999	528.15	14	60.9	
1994	522.00	15	65.2	
1996	505.50	16	69.6	
1993	498.05	17	73.9	
1987	476.10	18	78.3	
1997	463.00	19	82.6	枯水年
1991	436.20	20	87.0	
1988	433.00	21	91.3	
1986	403.50	22	95.7	

表 4.12　1986～2008 年灌水量及夏玉米和冬小麦相对产量

水平年组	时间	灌水量/mm	夏玉米相对产量	冬小麦相对产量
丰水年组	2003～2004 年	238	0.977	0.919
	1992～1993 年	59	0.981	0.988
	2004～2005 年	269	0.983	0.948

续表

水平年组	时间	灌水量/mm	夏玉米相对产量	冬小麦相对产量
丰水年组	2005～2006 年	238	0.969	0.930
	2006～2007 年	207	0.989	0.974
	1995～1996 年	33	0.987	0.966
平水年组	1989～1990 年	44	0.986	0.988
	2007～2008 年	0	0.987	0.979
	1990～1991 年	108	0.990	0.975
	2001～2002 年	199	0.975	0.952
	2000～2001 年	220	0.990	0.952
	1998～1999 年	327	0.980	0.949
	2002～2003 年	181	0.975	0.974
	1999～2000 年	299	0.982	0.958
	1994～1995 年	389	0.993	0.950
	1996～1997 年	250	0.995	0.961
	1993～1994 年	163	0.992	0.953
	1987～1988 年	497	0.956	0.967
枯水年组	1997～1998 年	323	0.929	0.986
	1991～1992 年	388	0.992	0.945
	1988～1989 年	449	0.982	0.920
	1986～1987 年	561	0.952	0.930

由表 4.12 可知，丰水年组、平水年组和枯水年组的年平均灌水量分别为 174mm、243mm 和 430mm，并且夏玉米和冬小麦的相对产量均较高，这表明灌溉控制标准的合理性，该标准对柳园口灌区灌溉管理具有较好的指导作用。

4.4　SWAP 模型模拟地下水埋深控制标准

根据 4.3 节中得到的适宜灌溉控制标准，利用 SWAP 模型对 2006～2007 年不同地下水埋深条件下夏玉米和冬小麦的灌水量和相对产量进行模拟，具体模拟结果如图 4.8 和图 4.9 所示。

由图 4.8 可知，当地下水埋深在 2m 以内时，随着地下水埋深的增加灌水量(包括冬小麦和夏玉米)有增加趋势，且变化趋势比较明显；当地下水埋深在 3～5m 时，灌水量的增加趋势不明显。这主要是因为地下水位埋深较浅时(小于 2m)，地下水对根系层的补给较大，灌水量较小，随着地下水埋深的增大，地下水对

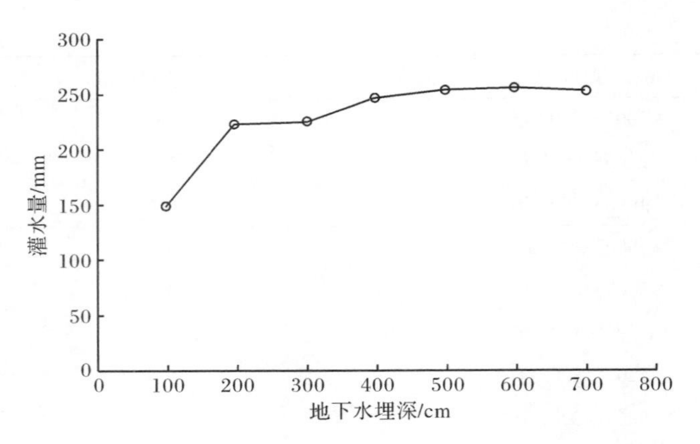

图 4.8　不同地下水埋深下的灌水量

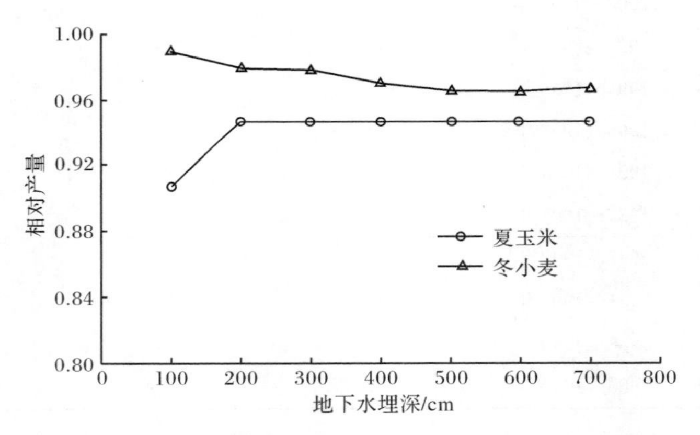

图 4.9　不同地下水埋深下夏玉米和冬小麦相对产量

作物根系层的补给量减少，从而使灌水量增大。

由图 4.9 可知，当地下水埋深大于 2m 时，随着地下水埋深的增加，夏玉米和冬小麦的相对产量在总体上均有递减的趋势，但夏玉米的下降趋势并不明显，这是因为在同一灌溉控制标准下地下水埋深增加，虽然减少了地下水对作物根系层的补给，但同时增加了灌水量。当地下水埋深为 1m 时，夏玉米的相对产量较低，这主要是因为地下水位埋深过浅及夏玉米生育期内的降水较多而导致夏玉米受渍。

根据惠北灌溉试验站的潜水蒸发试验，对不同地下水埋深下的轻壤土和砂壤土有无种植作物的多年平均潜水蒸发进行了统计分析，具体统计结果如图4.10所示。

由图 4.10 可知，不同土壤类型条件下多年平均潜水蒸发量均随地下水埋深

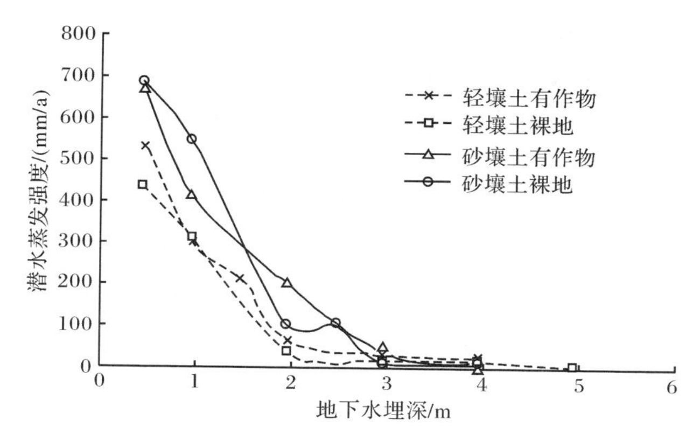

图4.10 潜水蒸发强度与地下水埋深的关系

的增加而减少。轻壤土条件下，潜水蒸发极限埋深约为2m；砂壤土条件下，潜水蒸发极限埋深约为3m。另外，当地下水埋深在一定的范围(小于3m)时，砂壤土的潜水蒸发明显大于轻壤土的潜水蒸发，超过一定的范围该规律并不明显。

综上所述，当地下水埋深在2～5m时，夏玉米和冬小麦相对产量均维持在较高水平，而灌溉水量的增加幅度较小。当地下水埋深大于3m时，砂壤土和轻壤土有无种植作物的潜水蒸发均较小。罗玉峰(2006)认为柳园口灌区地下水埋深在3～10m时比较适宜，地下水埋深过浅则会产生大量潜水蒸发损失，并进一步导致土壤次生盐碱化；地下水埋深过深则增加了抽水电费，甚至会导致机井报废。基于上述分析，综合考虑作物产量、灌水量及潜水蒸发损失等因素，认为柳园口灌区地下水埋深适宜范围为3～5m。

4.5 本章小结

本章基于惠北灌溉试验站开展的夏玉米和冬小麦的灌溉试验资料，利用SWAP模型构建了田间土壤水分及作物产量模型，并对SWAP模型进行了率定和验证。基于构建的SWAP模型模拟分析了柳园口灌区适宜的灌溉控制标准和适宜的地下水埋深控制范围。

(1) 利用SWAP模型构建了田块尺度的土壤水分模型和作物生长模型(夏玉米和冬小麦)。利用2006～2007年的土壤水分和作物产量实测资料对SWAP模型进行了率定，采用2007～2008年的实测资料进行了验证。率定期和验证期土壤水分及作物产量模拟精度均能满足要求，表明构建的SWAP模型可用于土壤水分及作物产量的模拟与预测。

(2) 利用构建的SWAP模型，对2006～2007年不同灌溉控制标准条件下夏玉米和冬小麦的灌水量和作物相对产量进行模拟，分析得到柳园口灌区夏玉米和冬小麦适宜的灌溉控制标准，即实际蒸腾与潜在蒸腾的比例系数$\beta=0.85$时灌水到田间持水量。利用得到的灌溉标准对1986～2008年的夏玉米和冬小麦的灌水量和相对产量进行模拟，验证了灌溉标准的合理性。

(3) 根据得到灌溉控制标准，利用SWAP模型对2006～2007年不同地下水埋深条件下的夏玉米和冬小麦的灌溉水量及相对产量进行模拟。综合考虑地下水埋深对灌水量、作物相对产量和潜水蒸发损失的影响，得到柳园口灌区地下水埋深适宜范围为3～5m。

第5章　灌区地表水-地下水耦合模型构建

灌区水文循环过程不仅受降水、蒸发、入渗和径流等自然流域水量平衡要素的影响，而且还受灌排和蓄水等人类活动的影响，灌区水分循环过程具有复杂性。灌区大尺度(灌区或干渠尺度)的水文过程及尺度特征的研究需要借助于水文模型进行数值模拟，而目前水文模型主要面向自然流域开发，并不能直接应用于灌区。另外，目前存在的水文模型中，地表水模型的研究也涉及地下水部分，但大多用近似于黑箱子模型的处理方法，很少实质性地进行地下水运动过程的模拟。地下水模型中也包括一些简单的河流信息处理，但无法处理复杂的降水空间信息和地表径流信息，而将二者进行耦合或整合的研究不足。基于上述考虑，本章针对灌区的特点，首先对SWAT模型进行了改进，使其更加适合于灌区水量转换的模拟，然后探讨了改进SWAT模型和MODFLOW模型耦合的难点及关键技术，实现了改进SWAT模型和MODFLOW模型的松散耦合，构建了灌区地表水-地下水耦合模型。

5.1　SWAT模型概述

5.1.1　SWAT模型发展历程

SWAT模型是在EPIC模型(Williams et al.,1984)和GLEAMS模型(Leonard et al.,1987)的基础上进行开发的，是一个数学物理水文模型，并作为一个扩展模块集成于ArcView软件中。

20世纪70年代，美国农业部农业研究局(USDA-ARS)开发了基于物理基础的模拟土地利用措施对田间水分、泥沙、农业化学物质流失影响的田间尺度面源污染模型CREAMS。随后，在CREAMS模型的基础上又开发了评价农场尺度的管理决策对水质影响的GLEAMS模型(Knisel,1980)、土壤侵蚀和生产力估算的EPIC模型(Williams et al.,1984)、单次暴雨面源污染的AGNPS模型和评价农村流域水资源的SWRRB模型。20世纪90年代，Arnold等(1998)在吸收了CREAMS、GLEAMS、EPIC、SWRRB等模型优点的基础上，将SWRRB模型和ROTO模型整合，开发了SWAT模型。该模型可用于模拟地表水与地下水的水质和水量，预测土地管理措施对不同土壤类型、土地利用方式和农业管理措施条件下的大尺度复杂流域的水文、泥沙和溶质运移的影响。

SWAT 模型功能强大，模拟精度较高，已经成为水资源管理规划中不可或缺的工具，在国内外得到广泛应用（Gosain et al.，2005；郝芳华等，2006；代俊峰，2007）。

5.1.2　SWAT 模型水文结构

SWAT 模型采用子流域法对研究区域进行空间离散，并采用 TOPOAZ（topog-raphic parameterization）模型自动进行数字地形分析，基于最陡坡度法和最小集水面积阈值对 DEM 进行处理，提取研究区域范围并划分子流域，进而确定河网结构和计算子流域参数。

各子流域具有不同的水文气象、土壤类型、作物结构和农业管理措施等，根据土地利用类型和土壤类型，将子流域中同种土地利用类型和土壤类型划分为一个水文响应单元 HRU（hydrologic response unit）。HRU 是 SWAT 模型描述陆地水文循环过程及水量平衡计算的最小计算单元。每个 HRU 在垂直方向上分为植物冠层、根系层、渗流层、浅层地下水、不透水层和承压地下水，并且独立计算水分循环的各个水量平衡要素及其定量的转化关系（图 5.1），然后进行汇总演算，最后求得流域的水量平衡关系，同时也对水中泥沙、养分、农药等溶质的运移转化进行计算。SWAT 模型结构简单，计算方便，并具有较好的物理基础，能够对水量平衡做出合理的物理解释，因此可用于不同尺度流域水量和水质的模拟和计算。

5.1.3　SWAT 模型主要功能模块

SWAT 模型主要功能模块包括水文过程子模型、土壤侵蚀子模型和污染负荷子模型。本书只对水文循环过程进行了模拟，因此重点介绍水文过程子模型，具体包括以下 8 个子模块。

（1）气象模块。SWAT 模型中需要输入的气象资料可以读取实测的气象数据，也可以由 WXGEN 气象生成模块根据多年的气象统计数据模拟生成。SWAT 模型允许输入多个气象站点的气象数据。

（2）蒸发蒸腾模块。SWAT 模型将蒸发蒸腾分为水面蒸发、土壤蒸发和植株（作物）蒸腾三个部分。模型可选用三种方法来计算潜在蒸发蒸腾 ET_0，即 Penman-Monteith 方程（Monteith，1965）、Priestley-Taylor 方法（Priestley et al.，1972）和 Hargreaves-Method 方法（Hargreaves et al.，1985）。以 ET_0 为基准，将土壤水蒸发和植株蒸腾分开模拟，考虑植物生长情势和土壤水分变化状况计算实际蒸发蒸腾 ET_a。

（3）产流模块。SWAT 模型可以选用修正的 SCS 径流曲线数值方程和 Green-Ampt 入渗方程两种方法进行径流模拟。土壤水的再分配采用蓄满产流机制，壤中流计算采用动态储存模型，基流的模拟采用 Arnold 等（1998）提出的地下

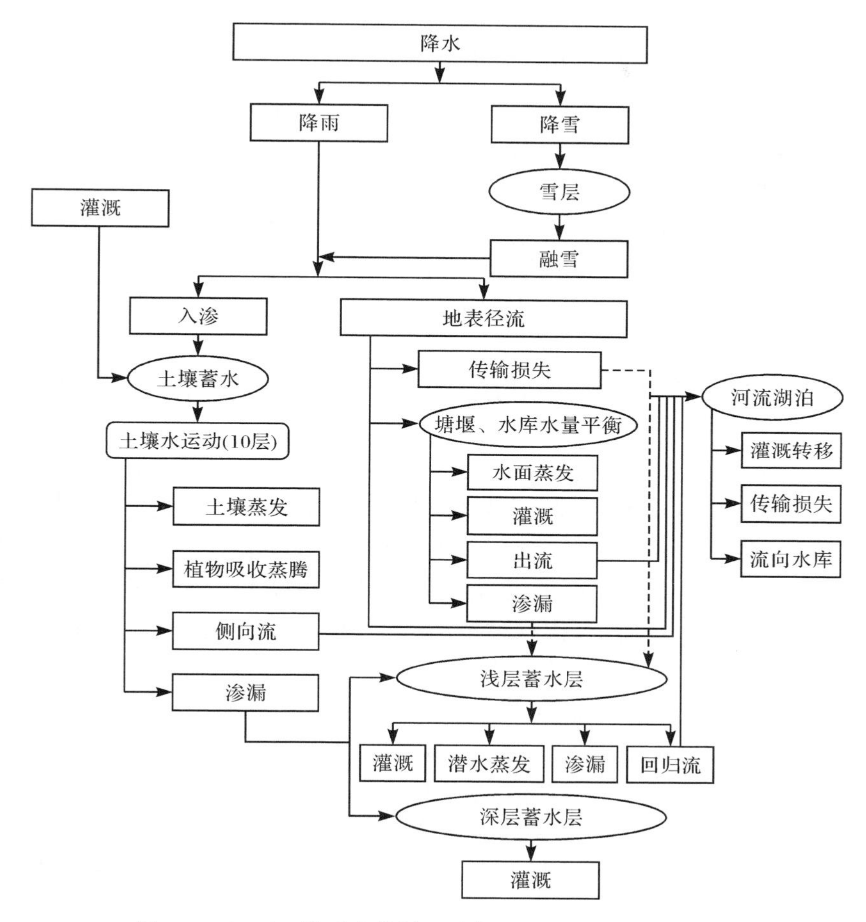

图 5.1　SWAT模型水分循环示意图(Arnold et al.,1998)

水分层理论。当土壤含水量超过田间持水量时,产生垂向流和侧向流,模型考虑到水力传导度、坡度和土壤水量的时空变化,结合相对饱和区厚度、达西定律等理论,计算土壤侧向流。

(4) 汇流模块。SWAT模型中河道水流演算可以采用动态存储系数法(variable storage coefficient method)或马斯京根(Muskingum)法。

(5) 水体模块。SWAT模型中水体包含塘堰、湿地、凹坑和水库等。塘堰、湿地和凹坑作为陆面水文循环过程计算,而水库作为主河道的一部分。水库的泥沙平衡由出库和入库的泥沙含量及泥沙沉积量决定,化学物质运移的模拟采用质量平衡模型。

(6) 作物生长模块。SWAT模型对EPIC模型的作物生长模型进行简化,利用日热量累积模拟作物的潜在生长量,而实际生长量因受到环境因素的限制,故模型内置了由水分、养分、温度造成的环境胁迫的计算公式。

(7) 农业管理模块。管理措施包括作物生长季节、肥料施用、农药施用、耕作方式及时间和灌溉行为等。用户可根据实际情况设定各 HRU 内的管理措施。同时 SWAT 模型还可以模拟放牧、自动施肥、灌溉、暗管排水、点源排放等管理措施,也可以计算城镇排放污水中的泥沙和化学物质含量。

(8) 农业化学物质及泥沙运动模块。模型模拟了氮(N)、磷(P)、农药在流域迁移转化中的多种存在形态,并建立了各种形态之间的转化关系。土壤侵蚀和产沙量则通过修正的通用土壤流失方程进行计算。

5.2 基于 SWAT 的灌区分布式地表水模型构建

灌区水管理措施、灌排工程设施及不同的作物种植结构等农业活动使灌区水文循环过程相对于自然流域水文循环过程更加复杂和难以描述。田间尺度因种植结构单一,水管理措施简单,通过田间试验可以对各水量平衡要素进行观测和分析。但由于水文变量的尺度效应,并不能将田间尺度上的水循环规律直接应用于灌区大尺度。在大尺度上,作物种植结构复杂,作物的灌溉模式及灌溉水源类型并不一定相同,因此大尺度水文循环过程具有时空变异性,传统的方法难以描述和研究其水量平衡要素及转化过程。灌区水文循环过程及水量平衡要素的定量描述是研究分析灌区灌溉用水评价、节水潜力、灌溉尺度效应及节水型生态灌区建设等问题的关键所在,而这种定量描述可行并有效的方法是构建分布式水文模型。目前分布式水文模型主要针对自然流域开发,对灌区特性考虑较少,因此结合灌区特征构建灌区分布式水文模型显得尤为重要,这也是研究灌区水量平衡及其转化关系的关键。

SWAT 模型是一个具有物理基础的分布式水文模型(Arnold et al.,1998)。该模型可模拟和预测流域内不同土壤类型、不同土地利用和管理条件下水量、泥沙和水质的变化规律。同时模型简单整合了稻田、塘堰等灌区特征模拟,允许用户添加农田耕作措施,因而被应用于灌区水分和养分循环等方面的模拟研究(Neitsch et al.,2002;焦锋等,2003;刘博等,2011)。由于 SWAT 模型采用模块化结构且源代码对外开放,很多学者为了使 SWAT 模型更合理地体现灌区特征,完善模型功能和提高模拟精度,对 SWAT 模型进行了改进。胡远安等(2003)、Kang 等(2006)改进了稻田蓄水、排水的模拟过程;Zheng 等(2010)改进了水稻蒸发蒸腾量的模拟;郑捷等(2011)针对平原灌区的特点,对 SWAT 模型的河网提取、子流域的划分和作物耗水模块进行了改进。

为了拓宽模型在灌区水分循环模拟的应用范围,本研究小组在使用 SWAT 模型、分析模型在灌区的应用前景、对其进行初步修改和验证的基础上,以

SWAT2000模型为平台,改进和增添了模型的部分功能模块,进一步完善了构建的灌区分布式水文模型(代俊峰等,2009a,2009b;王建鹏等,2011;Xie et al.,2011)。代俊峰(2007)在改变SWAT2000模型陆面水文过程计算结构的基础上,改进了灌溉水分运动模块、稻田水量平衡要素(降水、蒸发、下渗、灌排、侧渗)模拟、沟道渗漏和水稻产量模拟模块,添加了渠系渗漏及其对地下水的补给作用的模拟和塘堰水灌溉功能模拟。谢先红(2008)针对稻田模拟改进了蒸发蒸腾量模拟、下渗模拟、稻田灌排模式和水稻产量模拟,增加了塘堰水自动灌溉功能。王建鹏(2011)在代俊峰和谢先红修改模型的基础上进行整合和改进,优化了稻田水循环过程及其算法,完全独立稻田模拟模块,增加稻田非蓄水期产流和下渗模拟,以耕作层含水量控制灌溉,优化灌溉渠道渗漏模拟。但他们的研究都是针对南方丘陵水稻灌区,对于平原灌区特征及旱作物考虑较少。本书在已有研究的基础上,针对柳园口灌区的特点,对稻田模拟模块、渠道渗漏模块、旱作物模拟模块、作物蒸发蒸腾量模拟模块、自动灌溉模块和灌溉水源模块等进行了改进或增添(刘路广等,2012;Liu et al.,2013)。

5.2.1 SWAT模型计算结构改进

SWAT模型中,针对水稻田,用户通过将其所在HRU定义为"Pothole"(Neitsch et al.,2002)(凹地、洼地),并通过设定灌溉和蓄放水操作来实现水稻田的灌排和水量平衡模拟。"Pothole"的模拟顺序在地表径流、入渗、蒸发蒸腾量、地下水运动模拟之后[图5.2(a)],这无法充分体现稻田对水文过程和水量平衡的影响。代俊峰(2007)调整了"Pothole"的模拟顺序[图5.2(b)],使其模拟级别与其他土地利用类型相同,同时模拟水稻和旱作物径流、入渗过程,但水稻生育期的非蓄水阶段(晒田阶段)仍以旱作模式进行模拟,这显然不合理。水稻非蓄水阶段虽无田面水层,但仍与旱地不同,特别是稻田犁底层仍影响着水分的下渗。王建鹏(2011)将水稻生育期蓄水阶段和非蓄水阶段的模拟[图5.2(c)]都在稻田模拟模块下进行,提高了稻田模拟的合理性和准确性,本书予以采用。

5.2.2 稻田模拟模块改进

SWAT模型将稻田概化为锥形体,其表面积是地形坡度和水体体积的函数,该方法对于洼地或坑洞的模拟是合理的,却无法准确地描述稻田的蓄水体积和水量平衡要素。代俊峰、谢先红和王建鹏都将稻田表面面积设置为稻田HRU的面积。稻田表面面积改进后,降落在稻田的降水量也随之发生变化,考虑田埂的影响,代俊峰和王建鹏将稻田实际存储的降水量修改为直接降落到田间的降水量与降落在田埂后流入田间的降水量之和。这与实际比较相符,本书予以采用。另外,SWAT原模型对稻田的灌排模式处理是蓄水期间当蓄水量超过最大蓄水深度

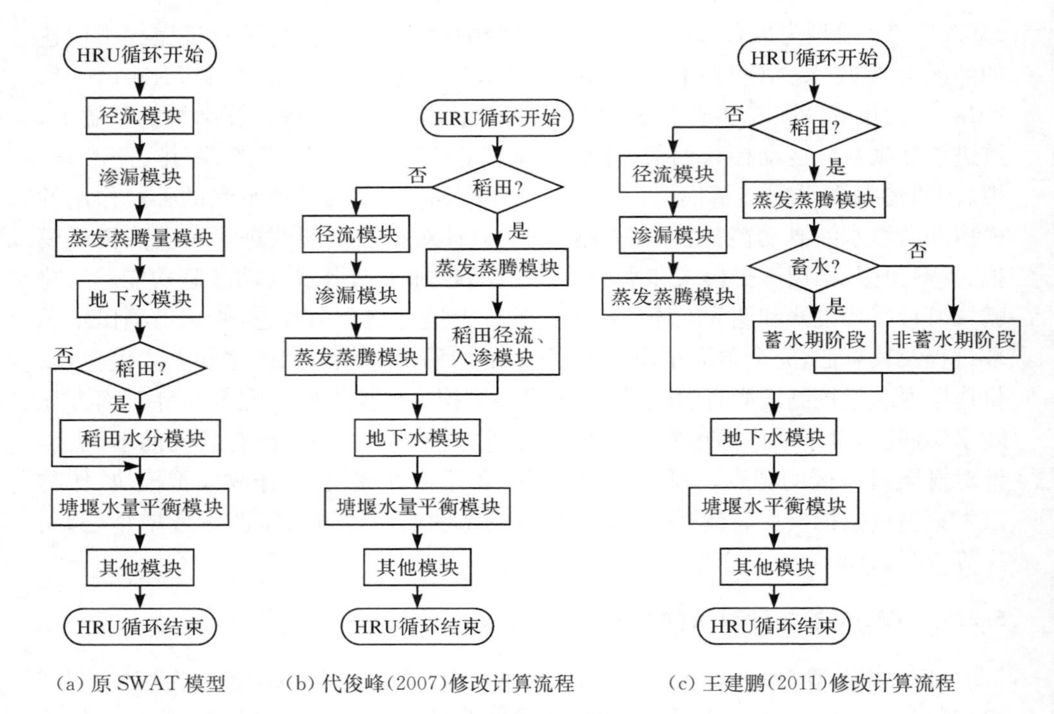

(a) 原 SWAT 模型　(b) 代俊峰(2007)修改计算流程　(c) 王建鹏(2011)修改计算流程

图 5.2　SWAT 模型计算流程改进

(最大蓄水容积)时产生漫流进行排水,难以反映田间节水灌溉模式对不同生育阶段蓄水深度的控制。代俊峰用不同生育阶段最大蓄水深度来控制稻田排水。谢先红设置了水稻不同生育期的适宜水层上、下限深度和降水后最大蓄水深度 3 个控制水层来模拟稻田的灌溉排水模式。本书采用 3 个蓄水深度来控制稻田灌排模式。

SWAT 原模型对稻田渗漏的处理过程如图 5.3 所示,入渗量的计算公式见式(5.1)和式(5.2)。总入渗量 P_1 通过参数 yy 进行调节,当土壤层的土壤含水量大于土壤饱和含水量时,会下渗到下一层,渗漏出最后一层的水量并未加到地下水中,也没有考虑犁底层对稻田渗漏的影响。代俊峰结合漳河灌区试验成果,规定漳河灌区犁底层最大渗漏量为 2mm/d 作为限制条件。

$$P_1=\mathrm{yy}\times K\times A\times 240 \tag{5.1}$$

$$\mathrm{yy}=\begin{cases}1, & \dfrac{\theta_a}{\theta_f}<0.5\\ 1-\dfrac{\theta_a}{\theta_f}, & 0.5\leqslant\dfrac{\theta_a}{\theta_f}<1\\ 0, & \dfrac{\theta_a}{\theta_f}>1\end{cases} \tag{5.2}$$

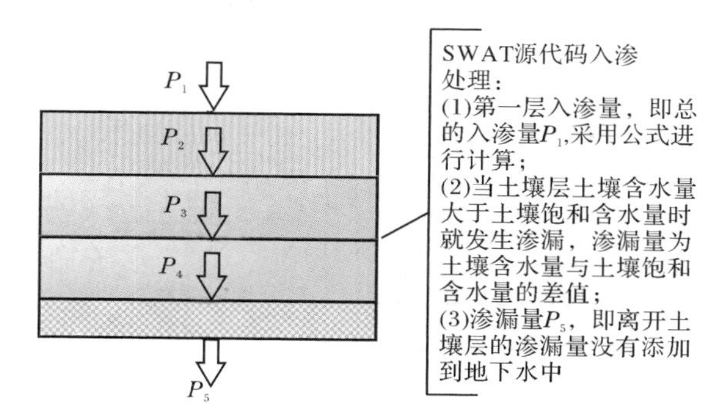

图 5.3　SWAT 原模型中稻田渗漏的处理过程

式中，P_1 为总入渗量，m^3；yy 为参数；K 为第一层的土壤渗透系数，mm/h；A 为稻田水层的表面积，hm^2；θ_a 为土壤实际含水量，mm；θ_f 为土壤田间持水量，mm。

实际分析表明，当稻田蓄水时土壤含水量比较大，此时参数 yy 计算值偏小。因此对 yy 参数的计算公式进行了改进，将式(5.2)中的田间持水量修改为饱和含水量，具体见式(5.3)。

$$yy=\begin{cases}1, & \dfrac{\theta_a}{\theta_s}<5 \\ 1-\dfrac{\theta_a}{\theta_s}, & 0.5\leqslant\dfrac{\theta_a}{\theta_s}<1 \\ 0, & \dfrac{\theta_a}{\theta_s}>1\end{cases} \tag{5.3}$$

式中，θ_s 为土壤饱和含水率，mm；其他变量含义同式(5.2)。

同时对稻田入渗规则进行了改进，犁底层以上的土壤层，当土壤含水量超过饱和含水量时就下渗到下一层；犁底层以下土壤层，当土壤含水量超过田间持水量时下渗到下一层；最后一层的渗漏添加到地下水中。对犁底层最大入渗量 P_{max} 进行控制，计算公式见式(5.4)。

$$P_{max}=240K_iA \tag{5.4}$$

式中，P_{max}为犁底层最大入渗量，m^3；K_i 为犁底层饱和水力传导度，mm/h；A 为稻田水层的表面积，hm^2。

犁底层实际入渗量为犁底层的上一层土壤渗漏量 P_{i-1} 和犁底层最大入渗量 P_{max}的较小值，即当 $P_{i-1}\leqslant P_{max}$时，取 P_{i-1}为犁底层实际入渗量；当 $P_{i-1}>P_{max}$时，取 P_{max}为犁底层实际入渗量，并将 P_{i-1}和 P_{max}的差值重新添加到稻田水层中。改进 SWAT 模型中稻田渗漏计算过程如图 5.4 所示。

另外，SWAT 原模型中只考虑了旱作物对降水的截留作用，而忽略了水稻对降水的截留作用，本书添加了水稻对降水的截留计算。

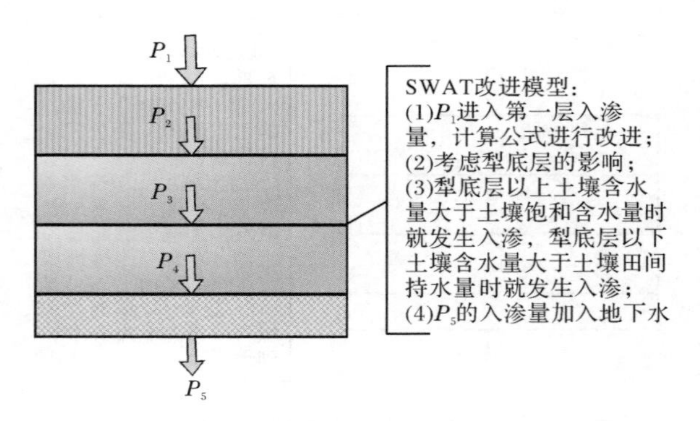

图 5.4　改进 SWAT 模型中稻田渗漏的计算过程

5.2.3　灌溉渠道渗漏改进

SWAT 原模型没有考虑灌区内灌溉渠道的输配水渗漏损失对水分循环的影响。在丘陵地区，渠道与提取的子流域边界吻合较好，代俊峰根据灌溉渠道输配水功能及其分布将研究区域内的灌溉渠系分为输水渠系和配水渠系，利用渠系水利用系数法计算渠系渗漏损失。在平原灌区，渠道的位置并不与子流域的边界重合，很难对渠道进行分类，渠道渗漏损失只能进行概化。本书不考虑渠道输配水流量大小对输配水损失量的影响，利用渠系水利用系数法计算区域渠系损失量，考虑渠系损失是由蒸发损失、管理损失和渗漏损失等几个部分组成，因此渠系渗漏损失量为渠系损失总量乘渠系渗漏系数，并将其添加到需要灌溉的 HRU 的地下水中。具体计算见式(5.5)。

$$V_{渠系渗漏} = V_{渠系损失}\beta_{渗漏} = \frac{V_{SWAT输入}(1-\eta)}{\eta} \times \beta_{渗漏} \tag{5.5}$$

式中，$V_{渠系渗漏}$ 为渠系渗漏量，mm；$V_{渠系损失}$ 为渠系损失量，mm；$\beta_{渗漏}$ 为渠系渗漏系数；$V_{SWAT输入}$ 为 SWAT 界面中输入的灌水量(田间毛灌水定额)，mm；η 为渠系水利用系数。

渠系渗漏系数为渠系中渗漏到地下水中的那部分损失水量占总的渠系损失水量的比例，用户可以根据灌区渠道长度、渠道衬砌情况及土壤类型进行初步确定，再根据模型模拟效果对其进行率定。

5.2.4　旱作物模拟模块改进

SWAT 原模型不能对跨年作物(冬小麦)的叶面积指数和实际作物蒸腾量进行模拟，主要原因是 SWAT 原模型只能对一年内种植并收获的作物生长进行模拟，而对于跨年作物模拟时就会出现错误，本书对作物种植操作模块进行了改进。对作物种植日期参数(ipl)和作物生长日期控制参数(icr)进行了调整，实现了对跨年作物的生长和实际蒸腾的模拟。

SWAT 原模型认为旱作物的灌水上限为田间持水量，不产生深层渗漏。而实际中由于局部超额灌水可能会使土壤含水率短时间超过田间持水量，并产生深层渗漏。因此去掉了灌水上限为田间持水量的限制，并将旱作物灌溉产生的深层渗漏添加到地下水中。

5.2.5　蒸发蒸腾量计算改进

SWAT 原模型对作物蒸腾和土壤蒸发是分开计算的，实际作物蒸腾量的计算是以作物最大蒸腾量为基础的。当潜在作物蒸发蒸腾量选择 Penman 公式以外的方法计算时，则作物最大蒸腾量的计算采用线性公式，即

$$E_t=\begin{cases}\dfrac{E_o'\times \mathrm{LAI}}{3.0}, & 0\leqslant \mathrm{LAI}\leqslant 3\\ E_o', & \mathrm{LAI}>3\end{cases} \tag{5.6}$$

式中，E_t 为作物最大蒸腾量，mm；E_o' 为扣除冠层截流后的潜在蒸发蒸腾，mm；LAI 为叶面积指数。

由于自然流域中植物叶面积指数相对较小，因此该公式在自然流域中是合理的，但在灌区中，一般作物的叶面积指数较大，当叶面积指数大于 3 时，土壤最大蒸发为零，这与实际不符。因此引用 SWAP 模型中指数模型计算作物最大蒸腾量(Kroes et al.，2008)，计算公式为

$$E_t=E_o'(1-e^{-k_r\times \mathrm{LAI}}) \tag{5.7}$$

式中，k_r 为消光系数；其他参数同式(5.6)。

5.2.6　自动灌溉模块改进

SWAT 原模型中的农业管理措施中有自动灌溉的功能。当用户选择了自动灌溉功能，需要指定作物水分胁迫阈值，当作物水分胁迫因子 β 大于该阈值时就会自动灌溉并灌水至田间持水量。作物水分胁迫因子 β 的计算公式为

$$\beta=\frac{T_a}{T_{max}} \tag{5.8}$$

式中，β 为作物水分胁迫因子；T_a 为实际蒸腾量，mm；T_{max} 为作物最大蒸腾量，也即式(4.2)中的作物潜在蒸腾量，mm。

作物最大蒸腾量的计算公式见式(5.7)，实际蒸腾量是以最大蒸腾量为基础，逐层计算作物根系吸水量。而实际吸水量则是最大吸水量和土壤含水量的函数，即

$$w_{i,\text{act-up}}=\begin{cases} w_{i,\text{up}}\exp\left[5\left(\dfrac{\text{SW}_i}{0.25\text{AWC}_i}-1\right)\right], & \text{SW}_i<\dfrac{1}{4}\text{AWC}_j \\ w_{i,\text{up}}, & \text{SW}_i\geqslant\dfrac{1}{4}\text{AWC}_j \end{cases} \tag{5.9}$$

$$T_{\text{a}}=W_{\text{act-up}}=\sum_{i=1}^{n}w_{i,\text{act-up}} \tag{5.10}$$

式中，$w_{i,\text{act-up}}$和 $w_{i,\text{up}}$分别为第 i 层根系实际吸水量和最大可能吸水量，mm；SW_i 为第 i 层土壤含水量，mm；AWC_i 为第 i 层可利用土壤含水量，mm；$W_{\text{act-up}}$为根系层总吸水量，mm；n 为总的土壤分层。

由于作物水分胁迫因子 β 是由作物实际蒸腾量来决定的，而实际作物蒸腾量跟土壤水分状况有直接关系，当作物产生水分胁迫时自动灌水至田间持水率，该方法对于旱作物的自动灌溉模拟是可行的。但是对水稻来讲，水稻生育期内土壤水分几乎是饱和的，并不存在作物吸水的水分胁迫问题，因此自动灌溉模式对于水稻的灌溉模拟是不合理的。

本书选用稻田的 3 个控制水层深来实现水稻自动灌溉的模拟。当稻田实际水层深度低于水稻适宜水层下限时进行灌溉，灌水量为水稻适宜水层上限与实际水稻水层深度的差值。

5.2.7 灌溉水源改进

SWAT 原模型提供了 5 种水源：河流、水库、浅层地下水、深层地下水和研究区域以外的水源。SWAT 原模型考虑的水源种类齐全，可以满足各种不同水源类型灌区的灌溉要求，但是 SWAT 原模型在一次模拟中，每个计算单元只能选择一种水源进行灌溉，这对于多水源联合应用的灌区并不适用。本书对其进行了修改，增添了多种水源联合灌溉模式。

5.3 MODFLOW 模型概述

MODFLOW 模型是模块化三维有限差分地下水模型的简称。该模型是美国地质调查局在 20 世纪 80 年代开发的，主要用于孔隙介质中地下水流动数值模拟(McDonald et al.,1988)。目前已经在全世界范围内的科研、生产、工业、环境保护、城乡发展规划、水资源利用等许多行业和部门得到了广泛应用，是目前最为普及的地下水运动数值模拟模型(杨树青等，2007；高玉芳等，2010)。

VISUAL MODFLOW 是将 MODFLOW、MODPATH、MT3D 和 BUDGET 四个模型进行集成和可视化，主要用于三维地下水流动和污染物运移模拟。

(1) MODFLOW 模块。用于模拟地下水的运动状态。

(2) MT3D模块。用于模拟三维地下水流动系统中对流、弥散和化学反应的计算机模型。需要与MODFLOW模块联合运行。

(3) MODPATH模块。用于模拟模型中给定质点的运动轨迹,能够观察污染物的运移范围。需要与MODFLOW和MT3DMS联合运行。

(4) BUDGET模块。用于计算给定区域的总水量及其与周围区域的水量交换情况,对于分析特定的水量变化情况很实用。

MODFLOW模型结构框架如图5.5所示。

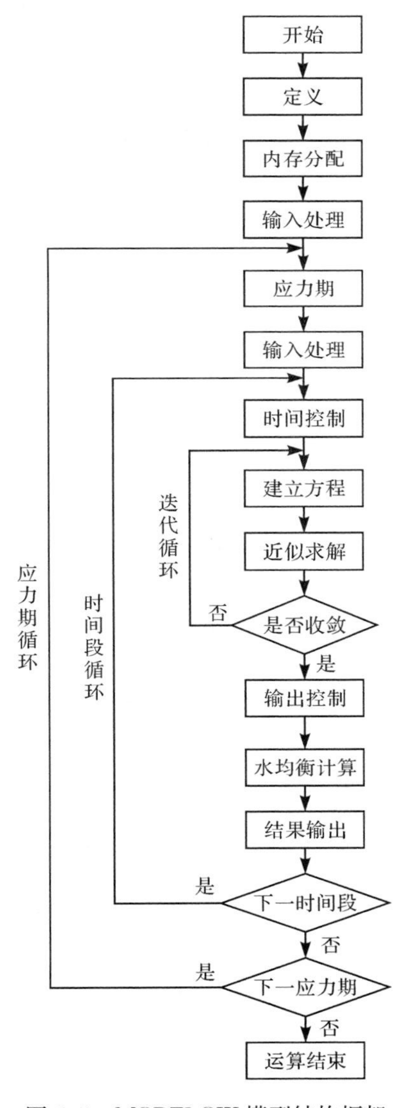

图5.5　MODFLOW模型结构框架

5.4　灌区地表水-地下水耦合模型关键技术

5.4.1　模型耦合难点

SWAT 模型和 MODFLOW 模型耦合的难点主要体现在以下两个方面。

1）两个模型的计算单元不同，存在计算单元的不匹配问题

SWAT 模型首先根据 DEM 划分子流域，在各子流域内根据土地利用类型和土壤类型划分 HRU 作为计算单元；而 MODFLOW 模型的计算单元是有限差分网格（cells）。另外，SWAT 模型在划分 HRU 时，土地利用类型和土壤类型的面积比例小于各自设定的阈值时被略去，其面积按照其他类型的土地利用类型或土壤类型的面积比例分别分配到相应的土地利用类型或土壤类型的面积上，这样 SWAT 模型中 HRU 只有面积等属性，却没有具体的空间位置。

2）两个模型计算单元如何进行关联

SWAT 模型的计算单元 HRU 的信息输入到 MODFLOW 模型中，必须将 HRU 的空间位置在 MODFLOW 模型中进行手工绘制，但 HRU 的数目很多，因此在 MODFLOW 模型中准确绘制 HRU 的空间位置几乎是不可能的。因此，如此之多的计算单元之间如何进行联系也是耦合的难点。

5.4.2　模型耦合关键技术

SWAT 模型在 HRU 划分时，将土地利用类型和土壤类型的阈值均设置为 0，虽然得到 HRU 的数目较多，但 HRU 具有实际的物理空间位置。HRU 划分过程如图 5.6 所示，图 5.6 中仅列举了水稻和其对应的土壤类型所产生的 HRU。

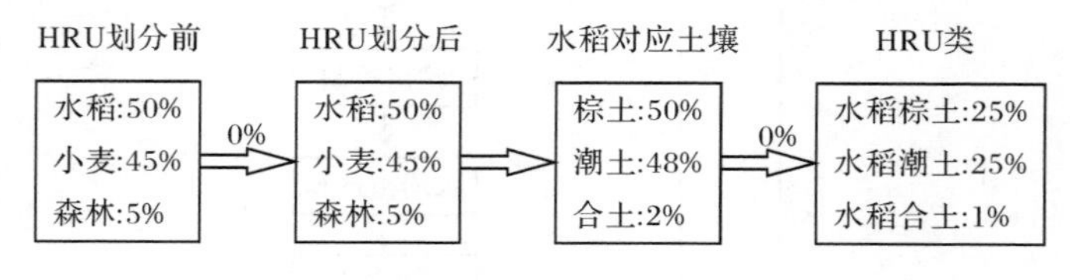

图 5.6　HRU 划分过程

根据 HRU 的定义，同一子流域内同种土壤类型和土地利用类型构成一个 HRU，利用 ARCGIS 软件将 SWAT 模型提取的子流域图、土地利用图和土壤类型图进行合并，从而得到 SWAT 模型中 HRU 的具体空间地理位置，如图 5.7 所示。

HRU 的空间位置确定后，HRU 与 MODFLOW 中网格对应方法则采用 Kim 等（2008）提出的方法。根据 HRU 的定义，同时由于各子流域、土地利用类型和土

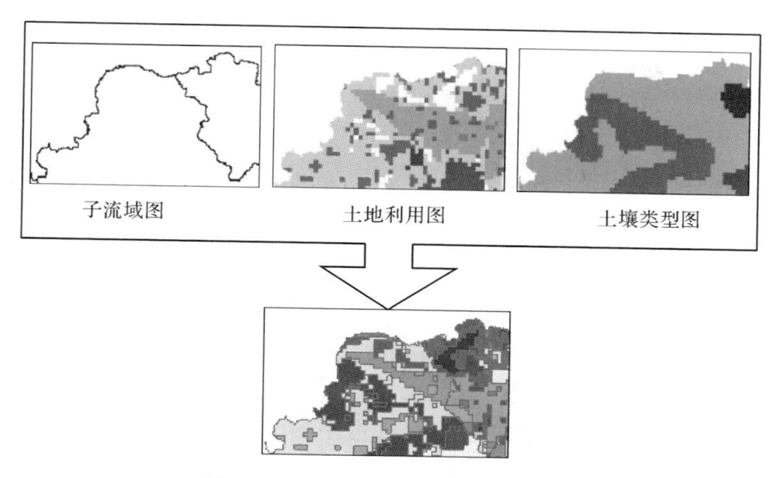

图 5.7 HRU 空间分布图生成过程

壤类型都有各自的编码，三者组合后得到每个 HRU 均有唯一的编码，因此 SWAT 模型中 HRU 的编号与 HRU 的空间位置可以建立一一对应关系。然后利用 FORTRAN 编程构建 HRU-cells 的交互界面，将 HRU 的编码和 MODFLOW 网格位置相对应，从而实现 SWAT 模型与 MODFLOW 模型计算单元的关联，如图 5.8 所示。根据用户选择，将 SWAT 模型模拟要素的逐日计算值或月均值的空间分布赋值于 MODFLOW 模型，实现 SWAT 模型和 MODFLOW 模型的耦合计算。

(a) SWAT 模型中 HRU

−9999	−9999	143	111	111
173	173	173	111	111
−9999	173	173	111	111
−9999	−9999	173	173	111
−9999	−9999	−9999	173	111
−9999	−9999	−9999	−9999	111

(b) MODFLOW 模型中网格

图 5.8 SWAT 模型和 MODFLOW 模型计算单元的对应关系

需要注意的是，为了使 SWAT 模型的 HRU 与 MODFLOW 模型中的计算单元 cells 相对应，SWAT 模型中的土地利用图和土壤类型图的分辨率要与 MODF-

LOW 中的网格大小相一致。

5.5 本章小结

对 SWAT 模型进行了总结和介绍，针对柳园口灌区的特点，对 SWAT 模型进行了改进。分析了改进 SWAT 模型和 MODFLOW 模型耦合的技术难点，提出了解决这些难点的方法，实现了改进 SWAT 模型和 MODFLOW 模型的耦合，构建了灌区地表水-地下水耦合模型。

(1) 在已有成果的基础上，针对引黄灌区的特点，对 SWAT 模型进行以下改进：①对稻田渗漏过程进行了改进，考虑犁底层对渗漏的影响，同时添加稻田对降水的截留作用；②添加了渠道在输配水过程中的渗漏损失；③对旱作物的灌溉上限、田间渗漏损失及旱作物耕作措施等进行了改进；④对作物最大蒸发蒸腾量的计算进行了改进；⑤添加了水稻自动灌溉模块；⑥增加了多水源灌溉模块。

(2) 提出了 SWAT 模型和 MODFLOW 模型耦合的难点：①两种模型计算单元不匹配，并且 SWAT 模型计算单元 HRU 没有具体的空间位置；②SWAT 模型中 HRU 数目较多，如何实现与 MODFLOW 计算单元 cells 的关联。针对耦合的难点，提出了 SWAT 模型和 MODFLOW 模型耦合的关键技术，确定了 SWAT 模型计算单元 HRU 的空间位置，构建了 HRU-cells 交互界面，实现了改进 SWAT 模型和 MODFLOW 模型的耦合，构建了灌区地表水-地下水耦合模型。

第 6 章　灌区地表水-地下水耦合模型适用性检验

本章以河南省柳园口灌区为例，构建了灌区地表水-地下水耦合模型，并对耦合模型进行适用性检验。

6.1　研究区域概况及资料搜集

6.1.1　研究区域介绍

柳园口灌区位于河南省开封市，东经 114°21′～114°47′，北纬 34°35′～34°53′，属淮河流域惠济河水系。灌区包括开封市、开封县及杞县的一部分，东至圈章河中支以西，西至开封市郊区，南至惠济河，北到黄河大堤，控制面积为 40724hm^2，耕地面积为 30900hm^2（图 6.1）。柳园口灌区以陇海铁路为界，分成南北两个部分。北部引黄区主要种植冬小麦和水稻，进行引黄灌溉，地下水位较高；南部井灌区主要种植冬小麦和夏玉米等旱作物，抽取地下水进行灌溉，地下水位较低。灌区地势平坦，地面比降为 1/2500～1/3000，土壤质地为壤土和砂壤土，土质良好，土层深厚，结构稳定，有利于各种作物的生长。灌区现有机井 7365 口，主要分布在南部旱作种植区，机井主要为 30cm 口径的浅水井，井深 15m 左右，并采用潜水泵抽水灌溉。

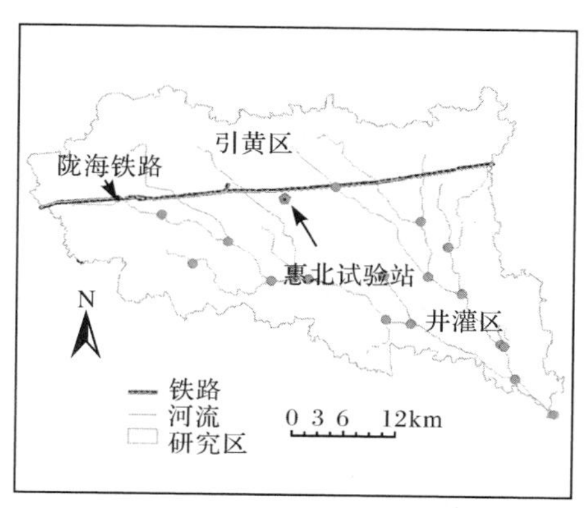

图 6.1　柳园口灌区示意图

灌区属半湿润半干旱气候带，为大陆性季风气候。根据灌区惠北灌溉试验站观测的1986～2010年日气象资料可知，灌区多年平均降水量为606mm，降水在年内及年际间分布不均，6～9月占年降水量的70%～80%。降水在地区上分布大体趋势是东部大于西部，北部大于南部。灌区多年平均蒸发量为1086mm，其中，4～8月为集中蒸发期，占年蒸发量的58%(图6.2)。年均气温为15.1℃，年内气温变化较大，最高气温为40.5℃，最低气温为-17.6℃。

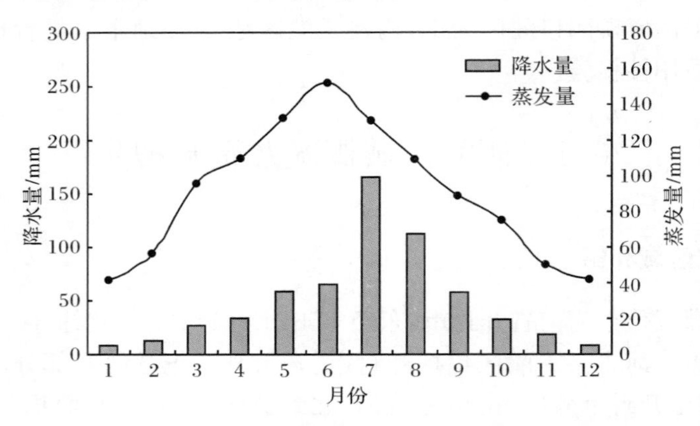

图6.2　柳园口灌区降水和蒸发多年月均值

6.1.2　研究区域基础资料

灌区地表水-地下水耦合模型的率定和验证需要大量的基础数据资料，主要包括反映灌区基本要素空间分布特征的矢量图(土地利用类型图、土壤类型图和DEM)、水文气象资料、土壤质地资料、作物资料、典型区域出口的流量资料、潜水蒸发试验资料、地下水位资料、抽水井及抽水资料、灌溉资料等观测资料。本章的水文资料及地下水位观测资料主要来源于河南省豫东水利工程管理局和开封市水文局，田间数据、潜水蒸发资料及气象资料等来自位于柳园口灌区的惠北灌溉试验站。

1) 空间信息

数字高程图DEM的网格大小为90m×90m，土地利用图和土壤类型图的网格大小均为300m×300m。

2) 气象资料

降水资料采用开封、曲兴、小庄、惠北、柿园、大王庙等水文站点及惠北灌溉试验站共7个站点1991～2007年的逐日观测资料。平均气温、日最高气温、日最低气温、辐射、风速、相对湿度等气象资料采用惠北灌溉试验站逐日观测资料。

3) 潜水蒸发及灌溉试验资料

不同土壤类型和作物类型的潜水蒸发试验资料、作物灌溉试验资料等均来自惠北灌溉试验站。

4）耦合模型率定及验证资料

灌区地表水模型选取控制整个研究区域出口（大王庙水文站）的流量资料进行率定和验证；灌区地下水模型选用研究区域内 49 口观测井地下水位资料进行率定和验证。

5）灌水资料

根据 1991～2007 年柳园口灌区的年总引黄水量、抽取地下水量的资料及气象资料等推算灌区的灌水资料。

6.2　改进 SWAT-MODFLOW 耦合模型建模

6.2.1　改进 SWAT 模型建模

1）空间离散

改进 SWAT 模型根据加载的 DEM（图 6.3），通过设定最小集水面积阈值和流域出口位置生成研究区域河网和划分子流域。经过多次尝试比较，最后设定最小集水面积阈值为 $3000hm^2$，并选择大王庙水文站为研究区域总出口，得到柳园口灌区河网分布，并且将研究区域划分为 37 个子流域，如图 6.4 所示。

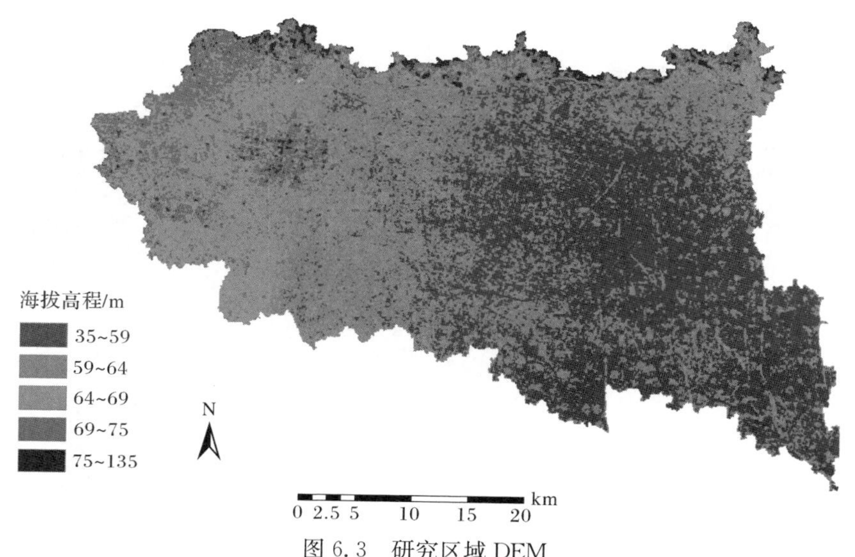

图 6.3　研究区域 DEM

图 6.4　研究区域子流域划分

2) HRU 划分

子流域划分结束后,模型根据土地利用类型图[图 6.5(a)]和土壤类型图[图 6.5(b)]进一步划分 HRU。

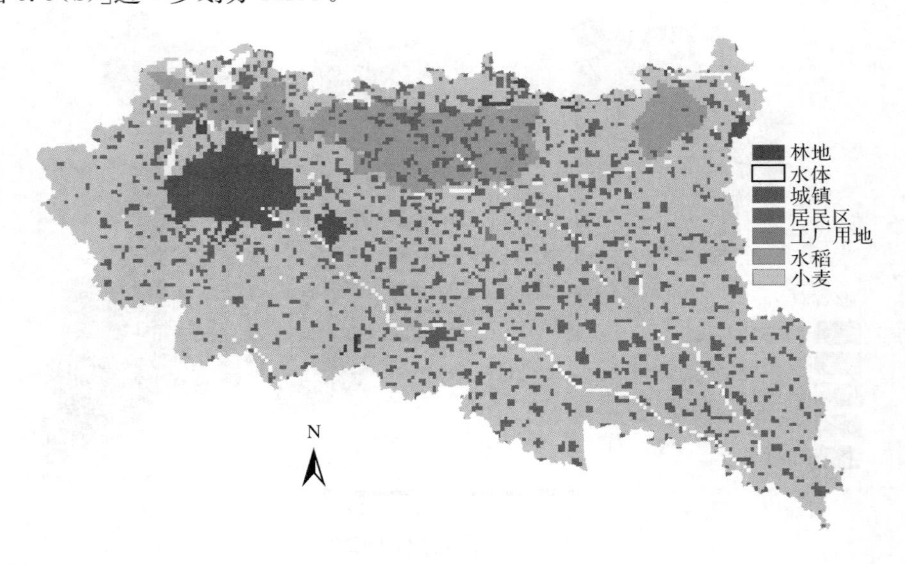

(a) 土地利用类型

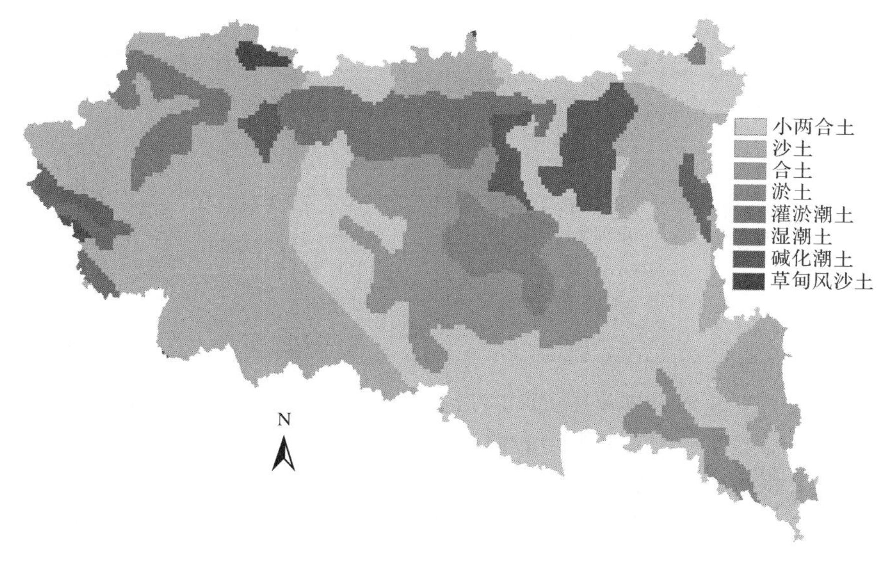

(b) 土壤类型

图 6.5　研究区域土地利用类型与土壤类型

从图 6.5、表 6.1 和表 6.2 中可以看出，研究区域内旱地(小麦)面积分布于各个区域，且所占比例最大，为 69.70%。其次是城镇、水稻和村庄，水体和林地等所占比例较小。由于研究区域是引黄灌区，因此沙土所占的面积比例最大，为 35.16%，主要分布在城镇区域。其次是小两合土和合土，该土壤适宜于作物的生长，主要分布在旱地种植区。水稻种植区的主要土壤是灌淤潮土，占 8.83%。

表 6.1　研究区域土地利用类型

代号	名称	面积/hm^2	面积比/%
WATR	水体	3391.7	2.08
UCOM	村庄	7351.2	4.52
FRST	林地	642.9	0.39
UIDU	工厂	500.0	0.31
RICE	水稻	14292.2	8.79
URML	城镇	23116.6	14.21
WWHT	小麦	113378.5	69.70

表 6.2　研究区域土壤分类

代号	名称	面积/hm^2	面积比/%
Jhchaotu	碱化潮土	9484.0	5.83

续表

代号	名称	面积/hm^2	面积比/%
Shatu	沙土	57205.6	35.16
Xiaohetu	小两合土	51707.5	31.79
Shchaotu	沙潮土	1531.2	0.94
Gychaotu	灌淤潮土	14357.8	8.83
Cdffchatu	草甸风沙土	945.7	0.58
Shuiyu	水域	188.9	0.12
Yutu	淤土	5163.3	3.17
Hetu	合土	22089.1	13.58

选择一子流域划分多个 HRU 的形式。设定阈值，则各子流域内部小于该阈值的土地利用类型和土壤类型被忽略，并将其按照一定的比例重新分配到其他主要土地利用类型和土壤类型。为了确定 HRU 的空间位置，在划分 HRU 时，设定土地利用类型和土壤类型的阈值均为 0，柳园口灌区被离散为 348 个 HRU。

6.2.2 HRU 空间位置确定

1）柳园口灌区 HRU 空间位置的确定

利用 ARCGIS 软件将柳园口灌区土地利用类型图（land use class）和土壤类型图（soil class）的分辨率均调整为 300m，然后再将子流域矢量图、土地利用图和土壤类型图进行叠加生成柳园口灌区 HRU 空间分布图，从而确定柳园口灌区 HRU 的空间位置，如图 6.6 所示。

图 6.6 柳园口灌区 HRU 空间分布图

2）柳园口灌区 HRU 编码的确定

SWAT 模型中 HRU 的位置确定后，对柳园口灌区 HRU 的相对编码进行确定，得到了柳园口灌区 HRU 空间位置的编码。柳园口灌区部分 HRU 对应的编码如图 6.7 所示。

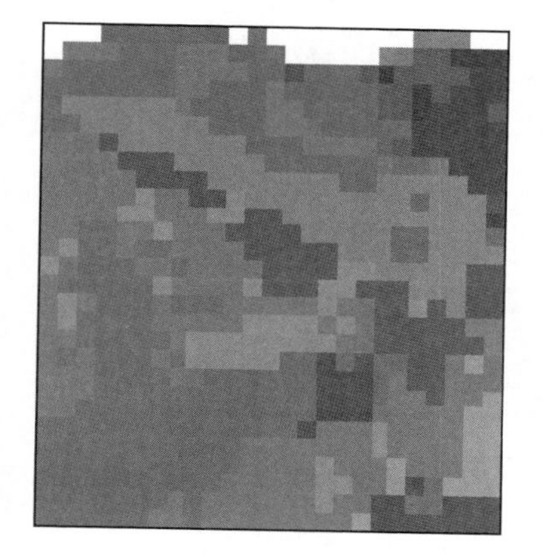

(a) 部分 HRU 的空间位置

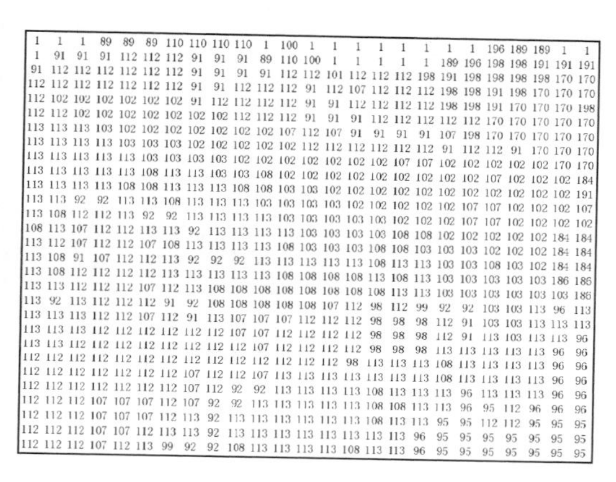

1	1	1	89	89	89	110	110	110	110	1	100	1	1	1	1	1	1	1	1	196	189	189	1	1
1	91	91	91	112	112	112	91	91	91	89	110	100	1	1	1	1	1	189	196	198	198	191	191	191
91	112	112	112	112	112	112	91	91	91	91	112	112	101	112	112	112	198	191	198	198	198	198	170	170
112	112	112	112	112	112	112	91	91	112	112	112	91	112	107	112	112	112	198	198	191	198	170	170	170
112	102	102	102	102	102	102	91	112	112	112	112	91	91	112	112	112	112	198	198	191	170	170	170	198
112	112	102	102	102	102	102	102	102	112	112	112	91	91	91	112	112	112	112	112	170	170	170	170	170
113	113	113	103	102	102	102	102	102	102	102	107	112	107	91	91	91	91	107	198	170	170	170	170	170
113	113	113	113	103	103	103	102	102	102	102	102	112	112	112	112	112	112	91	112	112	91	170	170	170
113	113	113	113	113	103	103	103	103	102	102	102	102	102	102	102	107	107	102	102	102	102	102	170	170
113	113	113	113	113	108	113	113	103	103	108	102	102	102	102	102	102	102	102	102	107	102	102	102	184
113	113	113	113	108	108	113	113	113	108	108	103	103	102	102	102	102	102	102	102	102	102	102	102	191
113	113	92	92	113	113	108	113	113	113	103	103	103	103	102	102	102	102	102	107	107	102	102	102	107
113	108	112	112	113	92	92	113	113	113	113	103	103	103	103	103	102	102	102	107	107	102	102	102	102
108	113	107	112	112	113	113	92	113	113	113	113	103	103	103	103	108	108	102	102	102	102	102	184	184
113	112	107	112	112	107	108	113	113	113	113	108	103	103	103	108	108	103	103	103	102	102	102	184	184
113	108	91	107	112	112	113	92	92	92	113	113	113	113	113	108	113	113	103	103	108	103	102	184	184
113	108	112	112	112	112	113	113	113	113	113	108	108	108	108	113	108	113	103	103	103	103	103	186	186
113	113	112	112	112	107	112	113	108	108	108	108	108	108	108	108	113	113	103	103	103	103	103	103	186
113	92	113	112	112	112	91	92	108	108	108	108	108	107	112	98	112	99	92	92	103	103	113	96	113
113	113	113	112	112	107	112	91	113	107	107	107	112	112	112	98	98	98	112	91	103	103	113	113	113
113	113	113	112	112	112	112	112	112	107	107	112	112	112	112	98	98	98	112	91	113	103	113	113	96
113	113	112	112	112	112	112	112	112	112	107	112	112	112	112	98	98	98	113	113	113	113	113	96	96
112	112	112	112	112	112	112	112	112	112	112	112	112	112	98	113	113	113	108	113	113	113	113	96	96
112	112	112	112	112	112	112	107	112	112	107	113	113	113	113	113	113	113	108	113	113	113	113	96	96
112	112	112	112	112	112	112	107	112	92	92	113	113	113	113	108	113	113	113	96	113	113	113	96	96
112	112	112	107	107	107	112	107	92	92	113	113	113	113	113	108	108	113	113	96	95	112	96	96	96
112	112	112	107	107	107	112	113	92	113	113	113	113	113	113	108	113	113	95	95	112	112	95	95	95
112	112	112	107	107	112	113	113	92	113	113	113	113	113	113	113	113	96	95	95	95	95	95	95	95
112	112	112	107	112	113	99	92	92	108	113	113	113	113	108	113	113	96	95	95	95	95	95	95	95

(b) HRU 对应的编码

图 6.7　研究区域部分 HRU 空间位置及对应编号

6.2.3　地下水模型建模

将改进 SWAT 模型提取的区域作为 MODFLOW 模型的研究区域，研究区域离散为 300m×300m 的正方形网格，共划分为 141 行，226 列，3 层，如图 6.8 所示。其中白色部分的网格为有效网格，其余部分为无效网格，MODFLOW 模型在计算时只考虑有效网格。根据地形地貌和水文地质等条件的不同将其划分为两个区：第一区为引黄区，主要受引黄灌溉和气象因素的影响；第二区为井灌区，主要受井灌和气象因素的影响。

1）边界条件

垂直方向上，柳园口灌区上边界为第一层的潜水位，下边界为不透水层。水平方向上，柳园口灌区北界为黄河大堤，受黄河强烈侧渗补给，为河流边界。西南和东部边界是改进 SWAT 模型提取的边界，地表径流和地下径流主要流向区域内部，可认为是无水流边界。

2）垂向出流

柳园口灌区垂向出流主要包括潜水蒸发和机井抽水。根据惠北灌溉试验站开展的潜水蒸发试验，对试验数据进行线性回归，得到不同时段的多年平均最大潜水蒸发强度和最大潜水蒸发深度，砂壤土最大潜水蒸发深度取 3m，轻壤土最大潜水蒸发深度取 2m。灌区抽水量和抽水日期采用改进 SWAT 模型中的取值，具

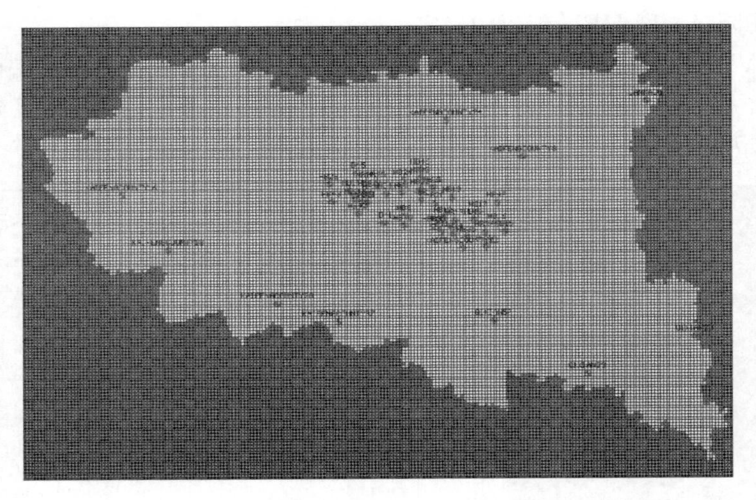

图 6.8　研究区域网格划分及观测井的位置

体根据作物的种植面积、作物生长日期、降水情况及典型调查资料综合确定。

3) 垂向补给

研究区域内的垂向补给主要包括降水入渗补给、灌溉渗漏补给和渠道渗漏补给。MODFLOW 模型中的地下水补给采用改进 SWAT 模型中各 HRU 的地下水补给计算值,利用 HRU-cells 交互界面将改进 SWAT 模型不同空间分布的地下水补给量模拟值输入 MODFLOW 模型中,得到柳园口灌区地下水补给空间分布,如图 6.9 所示。

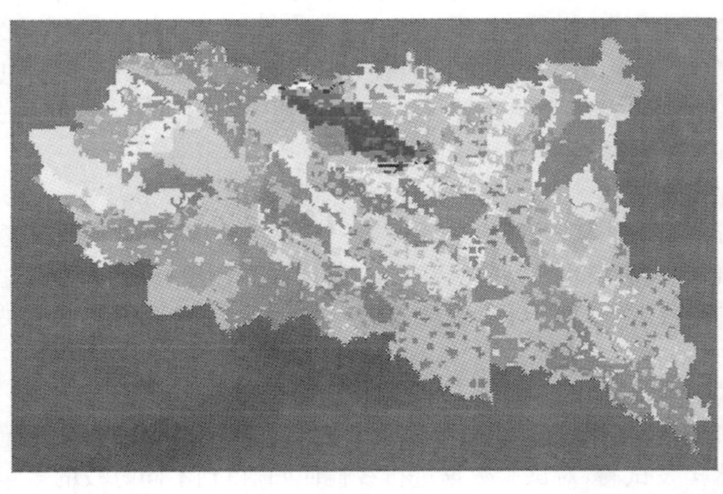

图 6.9　柳园口灌区地下水补给空间分布图(不同颜色代表不同的补给单元)

6.3　灌区地表水-地下水耦合模型适用性检验

6.3.1　耦合模型率定参数选取

1. 改进 SWAT 模型参数

水文模型中含有大量参数，尤其是分布式水文模型，因此分布式水文模型的参数敏感性分析和不确定性分析成为研究热点（熊立华等，2004）。许多学者对 SWAT 模型中的参数敏感性做了大量研究。Kannan 等（2007）针对 SWAT 模型的径流计算方法、蒸发计算方法和相应参数比较分析指出，采用 SCS 方法计算径流要优于 Green-Ampt 法，蒸发蒸腾量计算采用 Penman-Monteith 方法稍优于 Hargreaves 方法。Immerzeel 等（2008）选出土壤可利用水量（SOL-AWC）、土壤蒸发补偿系数（ESCO）、作物蒸腾补偿系数（EPCO）、最大冠层截流（CAN）、地下水再蒸发系数（REVAP）等 5 个敏感性参数率定模型。刘昌明等（2006）通过敏感性分析发现 SOL-AWC、ESCO 和径流曲线系数 CN_2 是最为敏感的因子。代俊峰（2007）也将 CN_2、ESCO、EPCO 和浅层地下水阈值 AWQMN 作为率定参数。

本节对径流模拟采用 SCS 法，蒸发蒸腾量模拟采用 Penman-Monteith 方法，汇流过程采用储蓄系数法。选定径流曲线系数 CN_2、土壤可利用水量 SOL-AWC、土壤蒸发补偿系数 ESCO、作物蒸腾补偿系数 EPCO、浅层地下水再蒸发系数 REVAP、基流 alpha 因子 ALPHA-BF、渠系渗漏系数 $\beta_{渗漏}$ 和水稻犁底层水力传导度 K_i 为率定参数。

（1）径流曲线系数 CN_2。是 SCS 径流模拟曲线系数。

（2）土壤可利用水量 SOL-AWC。指从土壤田间持水量到植物永久凋萎点时释放的、可被作物吸收利用的水量。该值反映了土壤的蓄水能力，变化范围为 0.05～0.30mm/mm。

（3）土壤蒸发补偿系数 ESCO。调整土壤中因为毛细作用、土壤裂隙等对各土层蒸发量的影响系数。该值越大，表明蒸发过程中能从下层获得更多的水分进行补偿，变化范围为 0.01～1.00。

（4）作物蒸腾补偿系数 EPCO。作物蒸腾补偿系数，类似于 ESCO，其值越小，则表明作物能从下层获得更多的水分用于蒸腾，变化范围为 0.01～1.00。

（5）地下水再蒸发系数 REVAP。主要决定潜水含水层中水分向上层相对非饱和土壤层的补给强度，一般是作物根系引起的蒸发导致浅层地下水变化，取值为 0.02～1.0。

（6）基流 alpha 因子 ALPHA-BF。是基流量计算的重要参数。

(7) 水稻犁底层水力传导度 K_i。它反映水稻犁底层对稻田渗漏的影响。

(8) 渠系渗漏系数 $\beta_{渗漏}$。它反映渠道损失中渗漏到地下水中的水量。

2. 地下水模型参数

地下水模型需要率定的水文地质参数主要包括含水层的水平水力传导度 K_h、垂直水力传导度 K_V、储水率 S_S 和给水度 S_y。

(1) 水力传导度是含水层传导地下水能力强弱的度量,反映含水层的透水特性。水力传导度的大小与介质岩性和流体本身有关,在流体密度一定的情况下,不同岩性介质水力传导度相差很大。

(2) 储水率是单位面积、单位厚度的含水层,当水头降低 1 个单位时由于岩层骨架和水的弹性形变,从单位体积含水层中所释放出的水量。

(3) 给水度是单位面积、单位厚度的含水层,当水头降低 1 个单位时由重力作用所释放出的水量。

6.3.2　耦合模型评价指标

1. 改进 SWAT 模型评价指标

目前常用来评价 SWAT 模型模拟结果优劣的指标主要包括判定系数 R^2、Nash-Sutcliffe 效率系数 E_{ns} 和相对误差 RE。

(1) 判定系数 R^2。衡量模拟值与实测值的相关程度的大小,范围为 0～1。$R^2=1$ 表示完全相关,模拟效率最好;$R^2=0$ 表示完全不相关,模拟效率最差。

(2) 相对误差 RE。相对误差越小表明模拟精度越高,计算公式为

$$\mathrm{RE}=\frac{\sum_{i=1}^{n}(M_i-O_i)}{\sum_{i=1}^{n}O_i}\times 100\% \tag{6.1}$$

式中,RE 为相对误差;M_i 和 O_i 分别为模拟值和观测值。

(3) Nash-Sutcliffe 效率系数 E_{ns}。取值范围为$(-\infty,1)$,其值越大表明模拟效率越好。

$$E_{ns}=1-\frac{\sum_{i=1}^{n}(M_i-O_i)^2}{\sum_{i=1}^{n}(O_i-\langle O_i\rangle)^2} \tag{6.2}$$

式中,$\langle O_i\rangle$ 为实测值的平均值;其他符号意义同式(6.1)。

对于一般模型,尤其是实测资料本身误差很大的情况,认为 $\mathrm{RE}<20\%$,$R^2>0.6$ 且 $E_{ns}>0.5$ 时,模拟效果可以接受,参数较可靠,可用于实际模拟应用。

2. 地下水模型评价指标

地下水模型模拟评价指标主要包括平均残差、平均绝对残差、标准误差、均方根、标准化均方根和相关系数。其中，相关系数越大，其他评价指标越小则表明模拟效果越好。各评价指标计算公式见表 6.3。

表 6.3　MODFLOW 模型评价指标计算公式

序号	评价指标	计算公式
1	估计残差	$R_i=M_i-O_i$
2	平均残差	$\bar{R}_i=\frac{1}{n}\sum_{i=1}^{n}R_i$
3	平均绝对残差	$\lvert\bar{R}\rvert=\frac{1}{n}\sum_{i=1}^{n}\lvert R_i\rvert$
4	标准误差估计	$\mathrm{SEE}=\sqrt{\frac{\frac{1}{n-1}\sum_{i=1}^{n}(R_i-\bar{R})^2}{n}}$
6	均方根	$\mathrm{RMS}=\sqrt{\frac{1}{n}\sum_{i=1}^{n}R_i^2}$
9	标准化均方根比例	$\mathrm{NRMS}=\frac{\mathrm{RMS}}{(O_i)_{\max}-(O_i)_{\min}}$
10	相关系数	$\mathrm{CC}=\frac{\sum_{i=1}^{n}(O_i-\langle O_i\rangle)(M_i-\langle M_i\rangle)}{\sqrt{\sum_{i=1}^{n}(O_i-\langle O_i\rangle)^2}\sqrt{\sum_{i=1}^{n}(M_i-\langle M_i\rangle)^2}}$

6.3.3　灌区地表水-地下水耦合模型率定

1. 改进 SWAT 模型率定

引黄区渠系水利用系数取 0.544，受渠道衬砌和地下水顶托作用的影响，渠系渗漏系数 $\beta_{渗漏}$ 取 0.5，率定后 $\beta_{渗漏}=0.2$；井灌区渠系水利用系数取 0.788，考虑渠系水利用系数较大及渠道衬砌，渠系渗漏系数 $\beta_{渗漏}$ 取 0.8，率定后 $\beta_{渗漏}=0.9$。这与以前的研究比较接近(Cui et al.，2002)。其他参数率定结果见表 6.4 和表 6.5。

表 6.4　改进 SWAT 模型土壤参数率定结果

土壤类型	SOL-AWC(第一层)	K_i/(mm/h)
小两合土	0.23	0.12
合土	0.23	0.12

续表

土壤类型	SOL-AWC(第一层)	K_i/(mm/h)
灌淤潮土	0.20	0.12
碱化潮土	0.16	0.12
沙土	0.12	0.20
淤土	0.20	0.12
湿潮土	0.15	0.12
草甸风沙土	0.07	0.20

表 6.5　改进 SWAT 模型不同土地利用类型参数率定结果

土地利用类型	CN_2	ESCO	EPCO	REVAP	ALPHA-BF
林地	60	0.2	0.8	0.1	0.5
水体	92	0.2	0.8	0.1	0.5
工厂用地	70	0.2	0.8	0.1	0.5
城镇	75	0.2	0.8	0.1	0.5
居民区	75	0.2	0.8	0.1	0.5
水稻	70	0.2	0.8	0.1	0.5
小麦	70	0.2	0.8	0.1	0.5

SWAT 模型是具有物理基础的分布式水文模型，不需要输入土壤水分状况作为初始条件，而是采用预热期进行初步模拟，模型稳定后进入模拟期。采用 1991～1999 年大王庙水文站的月径流数据对改进 SWAT 模型进行率定。为了对比改进 SWAT 模型的运行效果，也利用原 SWAT 模型进行了模拟。具体模拟结果如图 6.10 所示，评价指标计算结果见表 6.6。

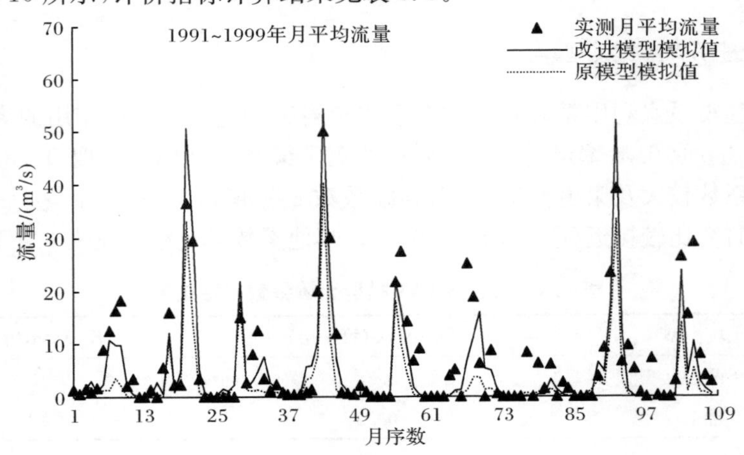

图 6.10　SWAT 模型率定期径流模拟值与实测值对比

表 6.6　率定期改进 SWAT 模型与原模型模拟效果评价指标

模型	判定系数 R^2	相对误差 RE/%	Nash-Sutcliffe 效率系数 E_{ns}
改进 SWAT 模型	0.88	−17	0.75
原 SWAT 模型	0.74	−56	0.54

由图 6.10 可知，改进 SWAT 模型率定期的径流过程模拟值与实测值吻合较好，基本上可以描述灌区的实际径流过程，而原 SWAT 模型模拟值明显偏小。由表 6.6 可知，改进 SWAT 模型率定期的判定系数为 0.88，相对误差为－17%，效率系数 E_{ns}为 0.75。改进 SWAT 模型率定期满足精度要求。而原 SWAT 模型率定期的判定系数为 0.74，相对误差为－56%，效率系数 E_{ns}为 0.54，原 SWAT 模型的判定系数和效率系数 E_{ns}都明显低于改进 SWAT 模型，而且相对误差较大。

2. 地下水模型率定

根据研究区域的地质资料及已有的研究成果初步拟定参数（罗玉峰，2006），利用 1991～1999 年灌区 49 口观测井的实测地下水位资料对水文地质参数进行率定，校正后的水文地质参数见表 6.7。

表 6.7　MODFLOW 模型率定后的水文地质参数

位置		水平渗透系数 K_h/(m/s)	垂直渗透系数 K_V/(m/s)	给水度 S_y	储水率 S_S	黄河水力传导系数/(m²/d)
引黄区	第一含水层	1×10^{-4}	1×10^{-5}	0.20	1×10^{-4}	50
	第二含水层	3×10^{-4}	1×10^{-5}	0.08	1×10^{-4}	
	第三含水层	1×10^{-9}	1×10^{-10}	0.08	1×10^{-4}	
井灌区	第一含水层	5×10^{-4}	1×10^{-5}	0.04	1×10^{-4}	—
	第二含水层	3×10^{-4}	1×10^{-5}	0.08	1×10^{-4}	
	第三含水层	1×10^{-9}	1×10^{-10}	0.08	1×10^{-4}	

1）地下水位比较

采用 1991～1999 年柳园口灌区 49 口观测井的地下水位观测值进行率定，观测井比较均匀地分布在整个灌区。地下水开采等资料按照实测资料进行输入，降水、灌溉等补给量由改进 SWAT 模型提供。限于篇幅，选择部分典型观测井（观测井的具体位置如图 6.8 所示）的地下水位模拟值和观测值进行比较，具体结果如图 6.11 所示。

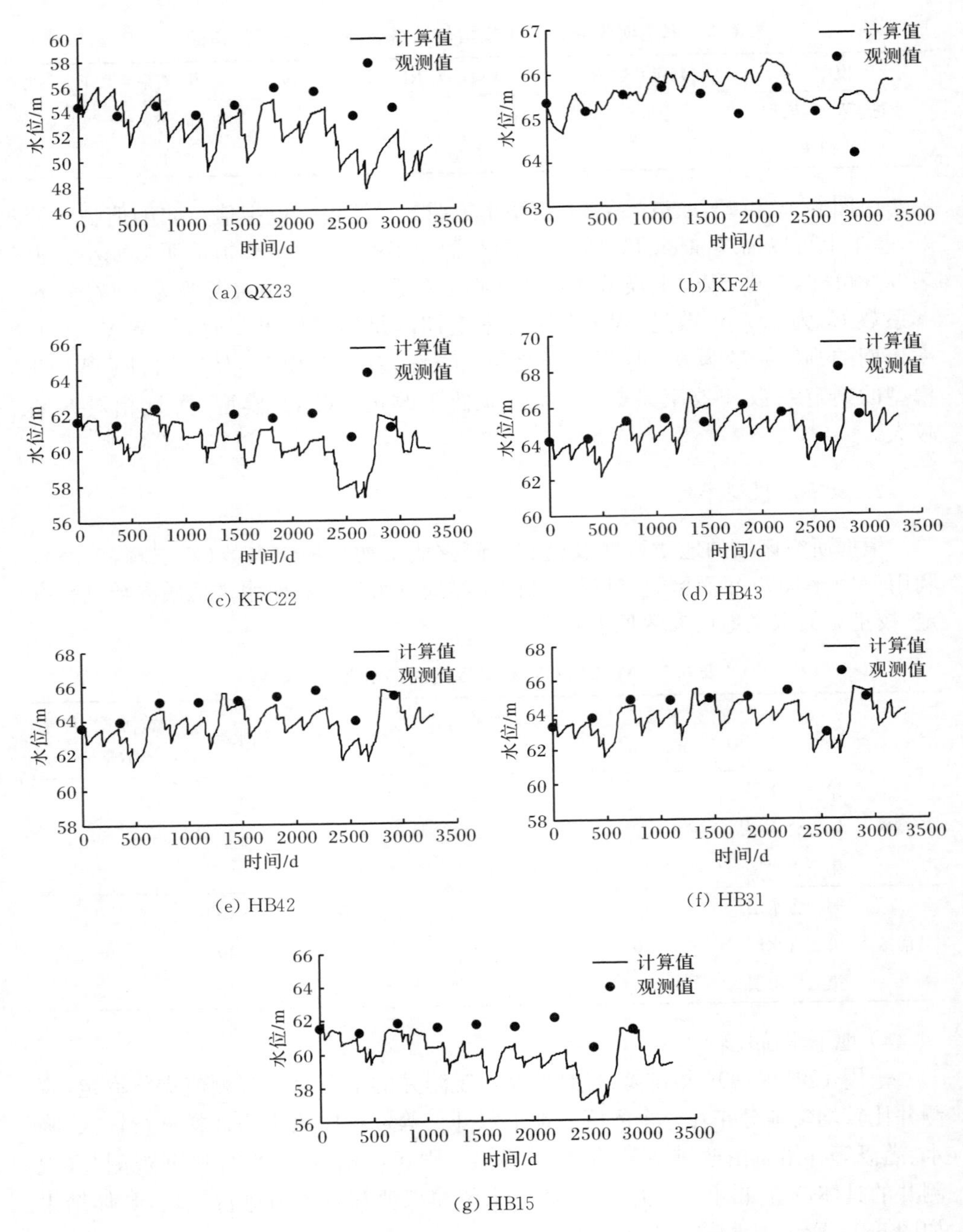

图 6.11　率定期典型观测井地下水位计算值及观测值对比

由图6.11可见,除了个别观测井的部分时段存在较大误差外,大部分典型观测井地下水位的模拟趋势较好。

2) 散点图比较

率定期地下水位模拟值和观测值的散点图如图6.12所示。由图6.12可知,各点均匀分布在1∶1线两侧,表明该模型没有系统性错误。

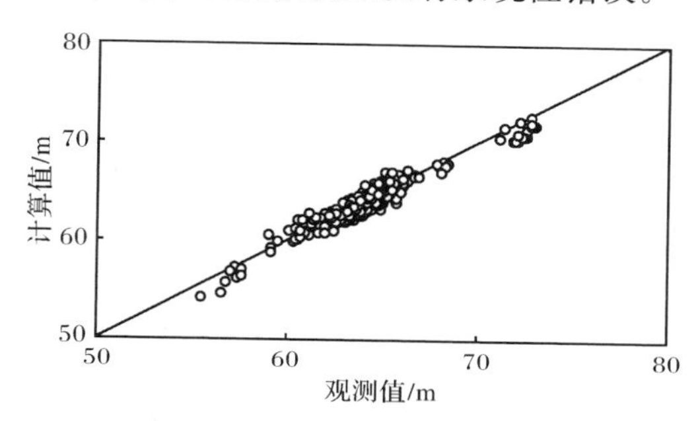

图6.12　率定期地下水位计算值与观测值对比散点图

3) 评价指标分析

由49口观测井的地下水位观测值与模拟值来计算相关的评价指标,具体计算结果见表6.8。

表6.8　率定期观测井地下水位误差指标

序号	评价指标	计算值
1	平均残差(RM)/m	−0.207
2	平均绝对残差(ARM)/m	0.553
3	标准误差估计(SEE)/m	0.034
4	均方根(RMS)/m	0.704
5	标准化均方根比例(NRMS)/%	4.011
6	相关系数(CC)	0.965

由表6.8可知,率定期的平均残差为−0.207m,平均绝对残差为0.553m,标准误差估计为0.034m,均方根为0.704m,标准化均方根比例为4.011%,相关系数为0.965,表明模型模拟的相对误差较小,模拟精度比较高。

4) 水量平衡分析

为了检验MODFLOW迭代运算的准确性,需要进行水量平衡分析(Khan et al.,2004),各个应力期的水量误差[(总流入−总流出)/总水量]为零,这表明率定期模型迭代运算非常稳定。

6.3.4 灌区地表水-地下水耦合模型验证

1. 改进 SWAT 模型验证

采用 2000～2007 年大王庙水文站月径流数据对改进 SWAT 模型进行验证。为了对比改进 SWAT 模型的运行效果，同样也利用原 SWAT 模型进行模拟。具体模拟结果如图 6.13 所示，评价指标计算结果见表 6.9。

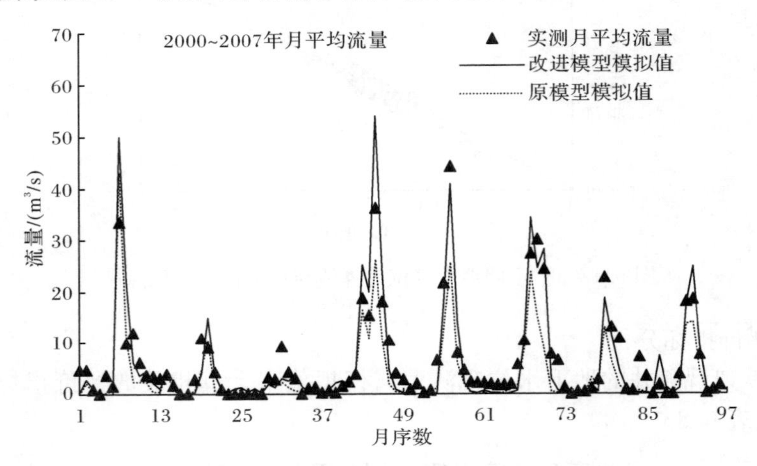

图 6.13 验证期 SWAT 模型径流模拟值与实测值对比

表 6.9 验证期改进 SWAT 模型与原模型模拟效果评价指标

模型	判定系数 R^2	相对误差 RE/%	Nash-Sutcliffe 效率系数 E_{ns}
改进 SWAT 模型	0.95	3	0.77
原 SWAT 模型	0.80	−41	0.62

由图 6.13 可知，改进 SWAT 模型验证期的径流过程模拟值与实测值吻合较好，而原 SWAT 模型模拟值明显偏小。由表 6.9 可知，改进 SWAT 模型验证期的判定系数为 0.95，相对误差为 3%，Nash-Sutcliffe 效率系数为 0.77，验证期满足精度要求。而原 SWAT 模型验证期的判定系数为 0.80，相对误差为－41%，Nash-Sutcliffe 效率系数为 0.62。这表明与原 SWAT 模型相比，改进 SWAT 模型对灌区水循环的模拟更加合理、准确。改进 SWAT 模型率定期和验证期模拟精度均满足要求，表明改进 SWAT 模型率定参数合理。

2. 地下水模型验证

1）水位比较

验证期以 2000 年 1 月 1 日实测地下水位为初始条件，地下水开采等资料按照实测资料进行输入，降水、灌溉等补给量由改进 SWAT 模型提供。利用率定后的模型对 2000～2006 年的地下水位进行模拟，其中典型观测井地下水位的计算值与观测值的对比结果如图 6.14 所示。由图 6.14 可知，验证期的地下水位模拟值与观测值变化趋势吻合较好。

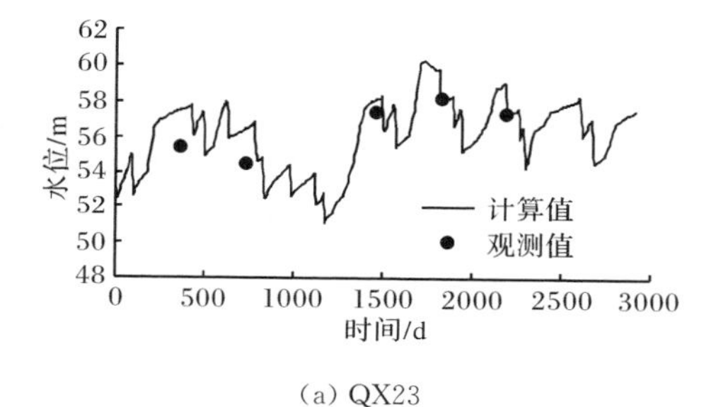

(a) QX23

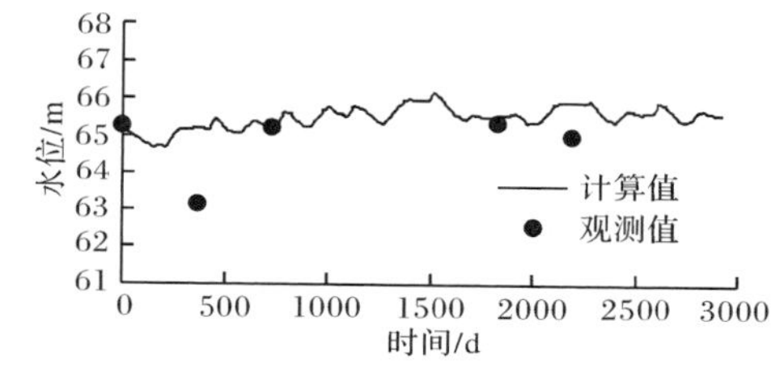

(b) KF24

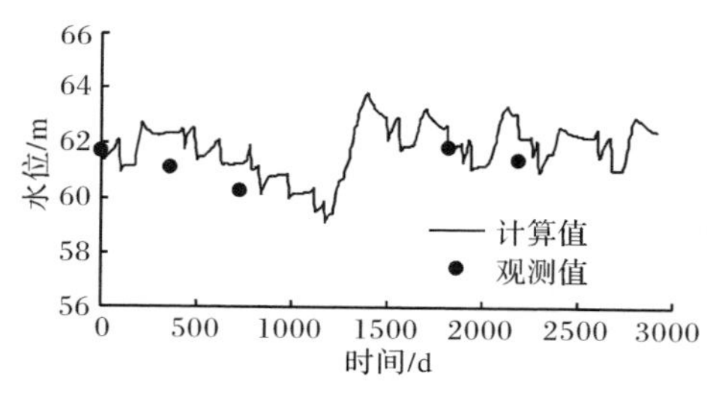

(c) KFC22

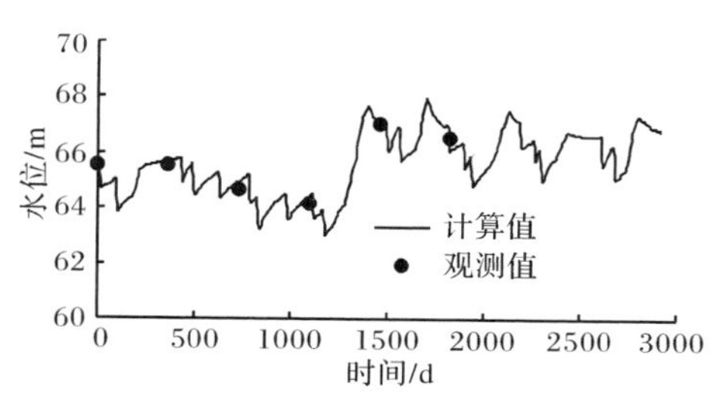

(d) HB43

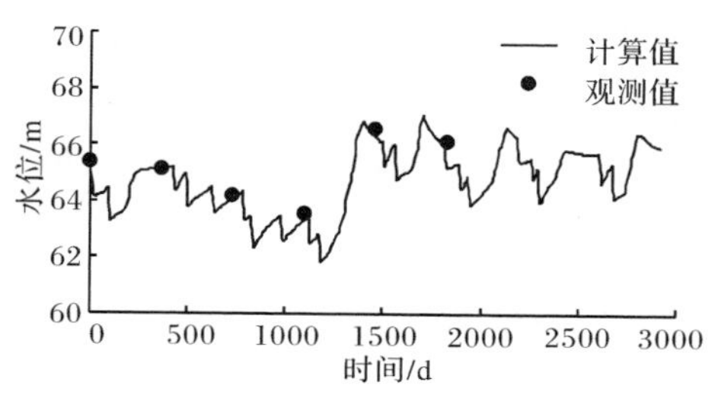

(e) HB42

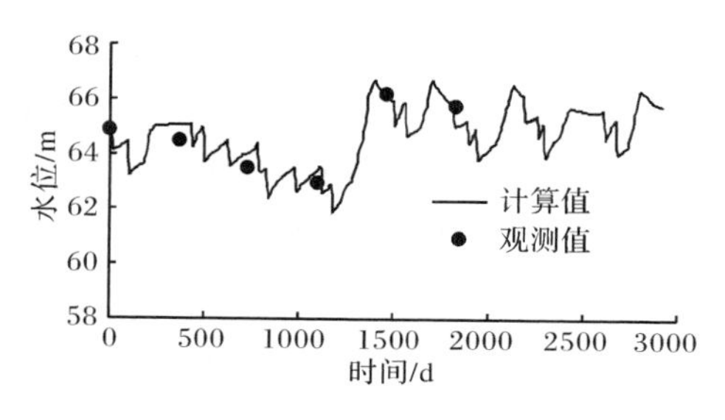

(f) HB31

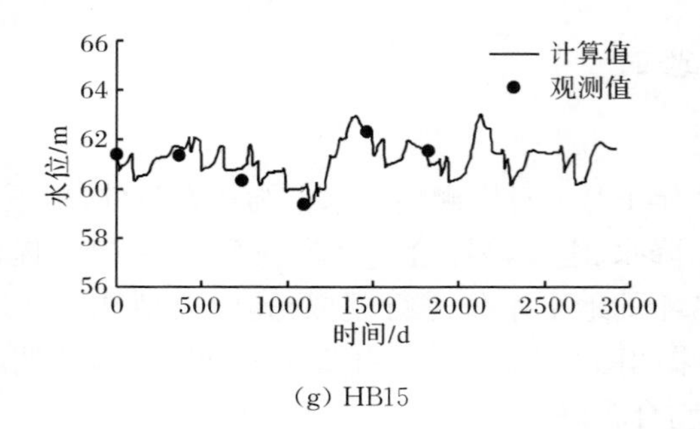

(g) HB15

图 6.14 验证期典型观测井地下水位计算值与观测值对比

2）散点图比较

验证期 49 口观测井地下水位模拟值与观测值的散点图如图 6.15 所示，由图 6.15可知，各点均匀分布在 1∶1 线两侧，说明该模型没有系统性误差。

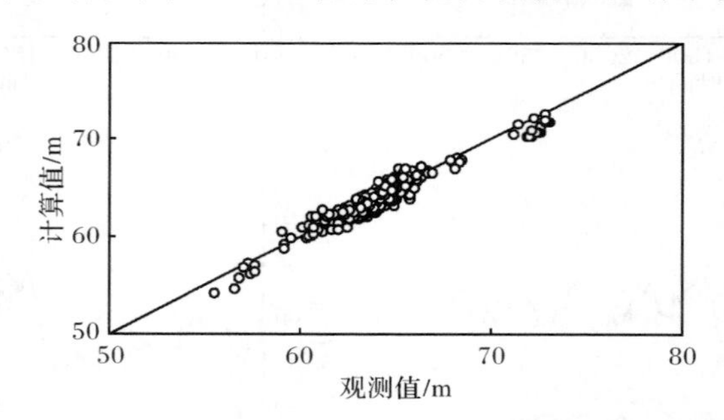

图 6.15 验证期地下水位计算值与观测值对比散点图

3）评价指标分析

由 49 口观测井观测地下水位及模拟地下水位计算的相关误差指标见表 6.10。由表 6.10 可知，验证期模型的平均残差为－0.383m，平均绝对残差为 0.628m，标准误差估计为 0.046m，均方根为 0.821m，标准化均方根比例为4.181%，相关系数为 0.962，表明模型验证期模拟误差较小，相关程度较好。由此可知，模型中水文地质参数概化准确、合理，模型运行稳定，可用于灌区水量转化模拟。

表 6.10 验证期观测井地下水位误差指标

序号	参数	计算值
1	平均残差(RM)/m	－0.383
2	平均绝对残差(ARM)/m	0.628
3	标准误差估计(SEE)/m	0.046
4	均方根(RMS)/m	0.821

续表

序号	参数	计算值
5	标准化均方根比例(NRMS)/%	4.181
6	相关系数(CC)	0.962

6.4 本章小结

本章以柳园口灌区为背景,成功实现了改进 SWAT 模型和 MODFLOW 模型的耦合,构建了灌区地表水-地下水耦合模型,并对灌区地表水-地下水耦合模型进行了率定和验证。

(1) 利用改进 SWAT 模型构建柳园口灌区地表水模型,利用 SWAT 模型和 MODFLOW 耦合技术,将改进 SWAT 模型模拟的地下水空间补给输入 MODFLOW 模型中,实现了改进 SWAT 模型与 MODFLOW 模型的耦合,构建了柳园口灌区地表水-地下水耦合模型。

(2) 利用大王庙水文站的径流资料对改进 SWAT 模型进行率定和验证,率定期的判定系数为 0.88,相对误差为-17%,Nash-Sutcliffe 效率系数为 0.75;验证期的判定系数为 0.95,相对误差为 3%,Nash-Sutcliffe 效率系数为 0.77。率定期和验证期均满足精度要求。而原 SWAT 模型精度较低,这表明改进 SWAT 模型更适合于灌区水循环模拟。利用地下水位观测资料对地下水模型进行了率定和验证,模型率定期和验证期模拟效果均能满足精度要求,因此本章构建的灌区地表水-地下水耦合模型参数率定合理,精度满足要求,可以用于灌区水量的模拟与预测。

第 7 章　柳园口灌区灌溉用水效率及效益评价

本章基于构建的灌区水文模型，以柳园口灌区为例，对旱作物（夏玉米和冬小麦）和水稻不同灌溉模式下水量平衡要素进行模拟，并计算分析相关灌溉用水效率及效益指标的变化规律。首先分析不同土地利用类型的蒸发蒸腾量变化规律、区域蒸发蒸腾量空间分布规律，以及不同灌溉模式下蒸发蒸腾量的构成及特点。然后根据第 2 章中提出的灌溉用水效率及效益指标，对引黄区、井灌区和总灌区不同灌溉模式下的灌溉用水效率及效益进行计算分析。同时针对柳园口灌区的用水问题，制定 5 种不同井渠灌溉比方案，利用灌区地表水-地下水耦合模型模拟柳园口灌区地下水位动态变化，确定柳园口灌区适宜井渠灌溉比和适宜井渠灌溉时间，然后模拟分析井渠结合调控模式下柳园口灌溉用水效率指标和用水效益指标及其变化规律。

7.1　柳园口灌区蒸发蒸腾量分项分析

7.1.1　不同土地利用类型蒸发蒸腾量分析

蒸发蒸腾量（ET）影响区域水量平衡过程，而土地利用类型又明显影响区域蒸发蒸腾量的分布。不同土地利用类型上植被覆盖、叶面积指数、根系深度及反照率不同，产生的蒸发和蒸腾速率也不相同，所以在相同气象条件下，不同土地利用类型上蒸发蒸腾量会有所不同。土地利用状况及各种植被的分布和数量都可通过土地利用图来反映。本研究区域的土地利用类型共 6 种，具体如图 7.1 所示。其中农田主要是水田和旱地，且旱地占据农田的绝大部分。根据研究区域的实地调查和土地利用类型遥感分类，水田主要是水稻和冬小麦进行轮种，旱地上主要种植夏玉米和冬小麦，其他旱作物如棉花、大豆等种植面积很小。由图 7.1 可知，研究区域内旱地（主要种植夏玉米和冬小麦）面积最大，占整个研究区域面积的 69.7%，水田、城镇及工厂、村庄、水体和林地分别占研究区域面积的 8.79%、14.52%、4.52%、2.08%和 0.39%。

蒸发蒸腾受到很多因素的影响，主要有以下四类：①气象因素，该因素既是水分蒸发的能量来源，又影响着水汽向大气中的扩散过程；②土壤含水率，土壤含水率的大小及分布是蒸发蒸腾的水源条件；③植物生理特性，作物蒸腾是经过作物根系吸水，并由叶面向大气中散失，蒸腾强度与植物根系分布及叶面积指数等有

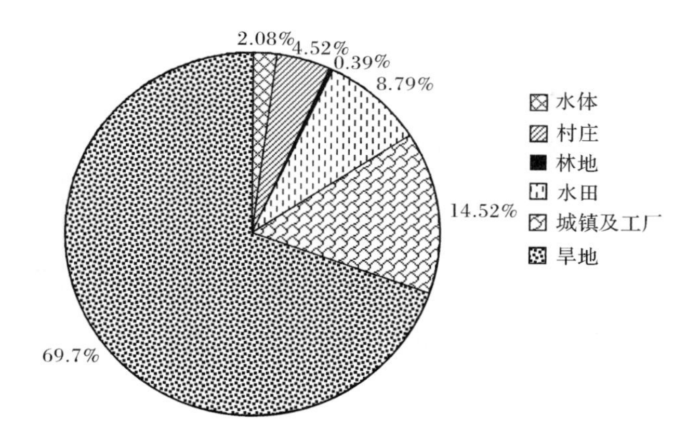

图7.1　柳园口灌区不同土地利用类型所占比例

着密切关系；④土壤结构，不同土壤类型的保水性和导水性都不相同，而这些性质又影响着土壤蒸发和作物蒸腾。

水面蒸发主要受第一类因素的影响，裸地或无植被区的蒸发蒸腾主要受第一、第二和第四类因素的影响，有植被覆盖的地区受到以上四类因素的共同影响。由于影响因素不同，各种土地利用类型上的蒸发蒸腾相差较大。水体的蒸发蒸腾主要表现为水面蒸发，蒸发蒸腾量较大；水田的蒸发蒸腾主要包括植物冠层截留蒸发、植物蒸腾、土壤蒸发和水面蒸发等；旱地和林地等区域的蒸发蒸腾主要包括植物冠层截留蒸发、植物蒸腾和土壤蒸发等；裸地、农村城镇及居民地主要表现为土壤蒸发或不透水区域蒸发，其蒸发蒸腾量相对较小。

利用改进SWAT模型对2000～2007年进行模拟分析，不同土地利用类型的蒸发蒸腾量如图7.2所示。由图7.2可知，水体的年均蒸发蒸腾量最大，年平均蒸发蒸腾量高达993.4mm，水田、旱地和林地次之，年均蒸发蒸腾量分别为712.9mm、669.7mm和650.8mm，村庄和城镇的蒸发蒸腾量较小，分别为517mm和464.1mm。由此可见，不同土地利用类型对区域的蒸发蒸腾量产生重大的影响，同时在一定程度上也影响区域蒸发蒸腾量的空间变异性。其中，农田的年均蒸发蒸腾量，不仅包括作物生长期内的蒸发蒸腾量，同时还包括作物非生长期内的裸露土壤蒸发。

7.1.2　柳园口灌区蒸发蒸腾量空间分布

区域蒸发蒸腾量主要受气候、土地利用类型、土壤类型和地形等因素的影响。由于这些影响因素在空间尺度上存在差异，因此蒸发蒸腾量具有空间变异性。柳园口灌区2000～2007年模拟期内年均蒸发蒸腾量空间分布如图7.3所示。

由图7.3可知，柳园口灌区的东北部和东南部蒸发蒸腾量较大，较小值出现

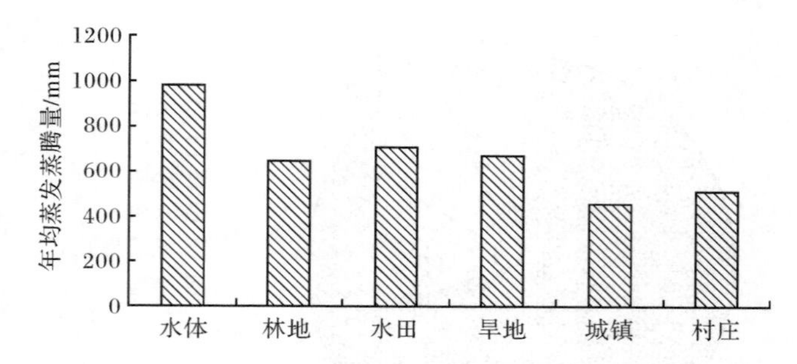

图 7.2　研究区域不同土地利用类型年均蒸发蒸腾量(2000～2007 年)

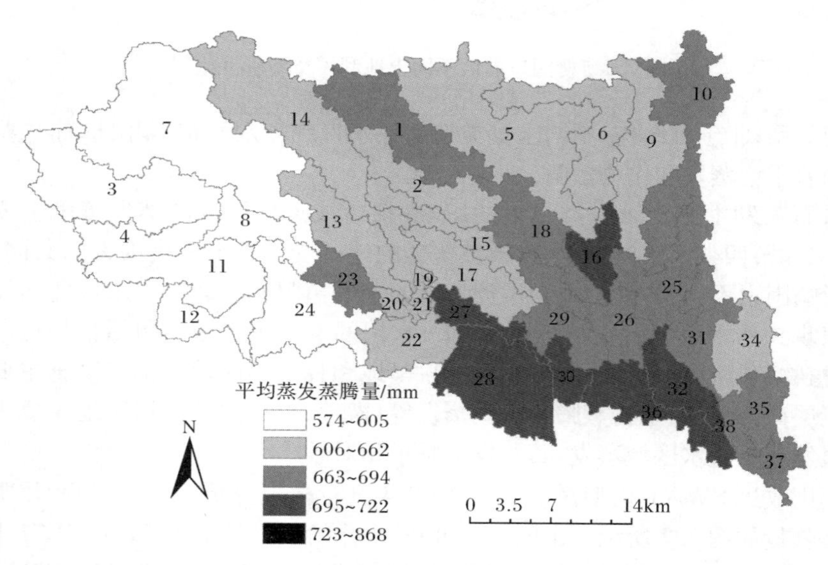

图 7.3　研究区域年均蒸发蒸腾量空间分布(2000～2007 年)

在西北部。由于计算参考作物蒸发蒸腾量时所采用的气象资料是相同的(惠北灌溉试验站),因此柳园口灌区蒸发蒸腾量空间变异性的主要影响因素是土地利用类型的空间差异。各子流域的蒸发蒸腾量是通过各子流域内各种土地利用类型上的蒸发蒸腾量按面积加权平均得到的。西北部蒸发蒸腾量较小是因为城镇所占面积比例很大;北部种植水稻的区域蒸发蒸腾量有所增加,但是因为子流域中仍有一定比例的城镇和村庄,因此北部蒸发蒸腾量并不是最大的。由于南部主要种植旱作物,而城镇和村庄所占比例很小,因此总体上蒸发蒸腾量最大。由此可见,各子流域的蒸发蒸腾量是子流域内所有 HRU 内土地利用类型上蒸发蒸腾量变化的综合体现,子流域内土地利用类型的面积比例直接影响子流域内蒸发蒸腾量的大小。

7.1.3　不同灌溉模式下蒸发蒸腾量分析

在灌区,农田蒸发蒸腾量是由植株蒸腾和棵间蒸发两部分组成。柳园口灌区内旱作物和水稻面积之和占整个区域面积的 78.49%,因此农田面积上的蒸发蒸腾量对区域蒸发蒸腾量具有很大贡献。对旱地和水田上的蒸发蒸腾量进行分析有利于认识区域蒸发蒸腾量的变化规律和指导该区域的水资源配置。

通过设置不同灌溉模式情景模拟分析旱地和水田的蒸发蒸腾量构成,以期得到不同灌溉模式下蒸发蒸腾量的变化规律和影响因素。选择 1 号子流域和 37 号子流域分别作为水稻和旱作物的典型代表分析不同灌溉模式下作物蒸发蒸腾量的变化。1 号子流域和 37 号子流域的不同土地利用类型的面积比分别见表 7.1 和表 7.2。

表 7.1　1 号子流域不同土地利用类型面积比

子流域	土地利用类型	土壤类型	某土地利用类型下某类土壤类型面积占子流域面积的比例/%	某土地利用类型面积占子流域面积的比例/%
1	水体	小两合土	2	4
1	水体	合土	1	
1	水体	灌淤潮土	1	
1	水体	碱化潮土	0	
1	工厂	小两合土	2	2
1	工厂	沙土	0	
1	水田	小两合土	7	55
1	水田	沙土	1	
1	水田	合土	7	
1	水田	灌淤潮土	40	
1	城镇	小两合土	6	23
1	城镇	沙土	2	
1	城镇	合土	3	
1	城镇	灌淤潮土	12	
1	城镇	碱化潮土	0	
1	旱地	小两合土	6	16
1	旱地	沙土	2	
1	旱地	合土	6	
1	旱地	灌淤潮土	1	
1	旱地	碱化潮土	1	

表 7.2　37 号子流域不同土地利用类型面积比

子流域	土地利用类型	土壤类型	某土地利用类型下某类土壤类型面积占子流域面积的比例/%	某土地利用类型面积占子流域面积的比例/%
37	水体	合土	0	0
37	城镇	小两合土	10	
37	城镇	沙土	3	14
37	城镇	合土	1	
37	旱地	小两合土	62	
37	旱地	沙土	18	86
37	旱地	合土	6	

由表 7.1 和表 7.2 可知，1 号子流域中水稻面积所占比例为 55%，37 号子流域中旱作物面积所占比例为 86%。根据灌区 1986～2008 年降水量排频，2002 农业年为平水年，因此选用 2002 年作为典型年进行分析。

1. 水稻和旱作物灌溉模式设置

1）水稻灌溉模式

稻田不同灌溉模式主要是在不同生育阶段内对稻田水层的控制深度（或落干天数）不同。田间水层控制深度不同对稻田水分消耗产生很大影响，特别是植株蒸腾和株间蒸发（土壤蒸发和水面蒸发）。本研究对稻田设置了 3 种灌溉模式：传统“淹灌”模式、“间歇灌溉”和“浅水灌”两种节水灌溉模式。间歇灌溉和浅水灌溉这两种节水灌溉模式在柳园口灌区均有一定程度的推广和应用，但目前柳园口灌区水稻的主要灌溉模式是淹灌模式。3 种灌溉模式的田间水层深度控制参数见表 7.3。

表 7.3　水稻不同灌溉模式水层控制标准　　（单位：mm）

灌溉模式	泡田期	返青期	分蘖期		孕穗期	抽穗期	乳熟期	黄熟期	
			分蘖初	分蘖末				初期	末期
淹灌	10～30～60	10～30～60	10～30～80	20～50～100	20～50～100	20～50～100	20～50～100	20～60～80	落干
间歇灌溉	10～30～60	10～30～60	10～30～80	晒田	0～40～100	0～40～100	0～40～100	0～40～80	落干
浅水灌	10～30～60	10～30～60	10～30～80	晒田	0～30～100	0～30～100	0～30～100	0～30～80	落干

2）旱作物灌溉模式

柳园口灌区内旱作物的种植面积最大，对区域蒸发蒸腾量的贡献较大，因此有必要对旱作物不同灌溉模式下蒸发蒸腾量变化规律进行分析。实际中主要根据土壤水分状况进行灌溉决策，但为了与建立的灌区水文模型相适应，采用作物实际蒸腾与潜在蒸腾量的比值作为灌溉下限控制标准。根据当地的适宜灌溉标准，设置以下两种灌溉模式。

模式1（传统模式）：当夏玉米或冬小麦的实际蒸腾与潜在蒸腾的比值小于1时，灌水到田间持水量，即作物水分胁迫因子$\beta=1$时灌水至田间持水量，简称$\beta=1$灌溉模式。

模式2（节水模式）：当夏玉米或冬小麦的实际蒸腾与潜在蒸腾的比值小于0.85时，灌水到田间持水量，即作物水分胁迫因子$\beta=0.85$时灌水至田间持水量，简称$\beta=0.85$灌溉模式。

2. 不同灌溉模式对水稻蒸发蒸腾量的影响

选择子流域1进行分析，不同灌溉模式下水稻蒸发蒸腾量的模拟结果如图7.4所示。由图7.4可知，淹灌模式下，水稻的蒸发蒸腾量最大，为472.87mm；间歇灌溉次之，为446.30mm；浅水灌溉最小，为431.91mm。这表明不同灌溉模式下由于稻田水层深度控制标准的不同对水稻蒸发蒸腾量产生了影响，具体原因可从蒸发蒸腾量分项变化规律上进行分析。

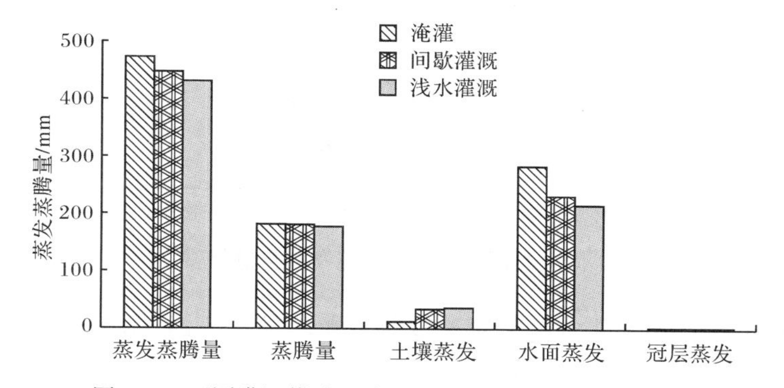

图7.4 不同灌溉模式下水稻蒸发蒸腾量分项（2002年）

3种灌溉模式下，水稻蒸腾量和冠层蒸发基本上没有变化，而土壤蒸发和水面蒸发变化较大。淹灌模式下水稻生育期内土壤蒸发最小，为5.96mm，间歇灌溉土壤蒸发为32.60mm，浅水灌溉最大，为34.50mm。而水面蒸发则相反，淹灌模式最大，间歇灌溉次之，浅水灌溉最小，分别为284.31mm、231.40mm和215.18mm。因为在不同灌溉模式下，稻田水层深度及落干天数不同，淹灌模式下水层较深，且生育期内大部分保持有水层状态，因此水面蒸发最大，土壤蒸发最小，而间歇灌溉和浅水灌溉的灌溉水层较浅，并且在分蘖末期进行晒田，且田间经常无水层，因此土壤蒸发比淹灌时大，水面蒸发比淹灌时小。

总体上，与淹灌模式相比，间歇灌溉和浅水灌溉模式下水稻生育期内的蒸发蒸腾量分别减少 26.57mm、40.96mm，分别占淹灌模式下水稻总蒸发蒸腾量的 5.6%和8.7%。蒸发蒸腾量减少值即耗水节水量，可见水稻采用节水灌溉模式可产生一定的耗水节水潜力。也即从基于 ET 管理的节水潜力分析，与淹灌模式相比，稻田采用间歇灌溉和浅水灌溉模式可分别节水 5.6%和 8.7%。

3. 不同灌溉模式对旱作物蒸发蒸腾量的影响

1）不同灌溉模式对夏玉米蒸发蒸腾量的影响

选择子流域 37 进行分析，不同灌溉模式下夏玉米蒸发蒸腾量的计算结果如图7.5所示。由图 7.5 可知，当 $\beta=0.85$ 时，夏玉米蒸发蒸腾量为 364.88mm；当 $\beta=1$ 时，夏玉米蒸发蒸腾量为 369.59mm，不同灌溉标准会对夏玉米蒸发蒸腾量产生影响，高灌溉标准下夏玉米蒸发蒸腾量稍大，原因是灌溉标准较高时灌水量较大，土壤含水率较大的缘故，可从夏玉米蒸发蒸腾量的分项变化规律进一步分析。

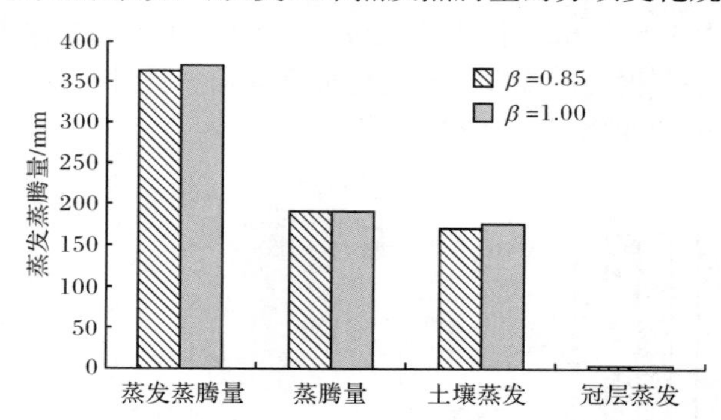

图 7.5　不同灌溉模式下夏玉米蒸发蒸腾量分项(2002 年)

两种灌溉模式下夏玉米的蒸腾量变化不大，$\beta=0.85$ 时，蒸腾量为190.46mm，仅比 $\beta=1$ 模式下减少 0.42mm。土壤蒸发量变化稍大，当 $\beta=0.85$ 时，土壤蒸发为 169.98mm，$\beta=1$ 时，土壤蒸发量为 174.29mm，两种模式下土壤蒸发相差 4.31mm。冠层蒸发量在两种模式下变化最小，仅相差 0.02mm。从夏玉米蒸发蒸腾量的各分项的变化规律中可以看出，采用节水灌溉模式可以减少土壤蒸发，从而降低了无效蒸发损失。

总体上，采用节水灌溉模式，与 $\beta=1$ 模式相比，夏玉米的蒸发蒸腾量减少 4.71mm，占 $\beta=1$ 模式蒸发蒸腾量的 1.3%，即基于 ET 管理的夏玉米节水率为 1.3%。节水灌溉模式下夏玉米耗水节水量较少的原因是夏玉米生育期内降水较多,因此受灌溉模式的影响相对较小。

2）不同灌溉模式对冬小麦蒸发蒸腾量的影响

选择子流域37进行分析,不同灌溉模式下冬小麦蒸发蒸腾量的计算结果如图7.6所示。由图7.6可知,当$\beta=0.85$时,冬小麦蒸发蒸腾量为323.41mm;当$\beta=1$时,冬小麦蒸发蒸腾量为336.05mm。采用节水灌溉模式可以减少冬小麦蒸发蒸腾量,具体原因可从冬小麦蒸发蒸腾量的分项中去分析。

当$\beta=0.85$时,冬小麦蒸腾量为182.89mm,比$\beta=1$时减少了5.42mm。冬小麦土壤蒸发量变化更大,当$\beta=0.85$时,土壤蒸发为135.26mm,$\beta=1$时,土壤蒸发量为142.42mm,采用$\beta=0.85$模式土壤蒸发减少了7.16mm。两种灌溉模式下冬小麦冠层蒸发量变化很小,$\beta=0.85$时,冬小麦冠层蒸发量为5.26mm,比$\beta=1$仅减少了0.06mm。

总体上,通过节水灌溉模式,与$\beta=1$相比,冬小麦蒸发蒸腾量减少了12.64mm,占$\beta=1$模式冬小麦蒸发蒸腾量的3.8%,即基于ET管理的冬小麦节水率为3.8%。

由以上分析可知,在不影响作物产量的前提下,基于ET管理的节水率都不明显。

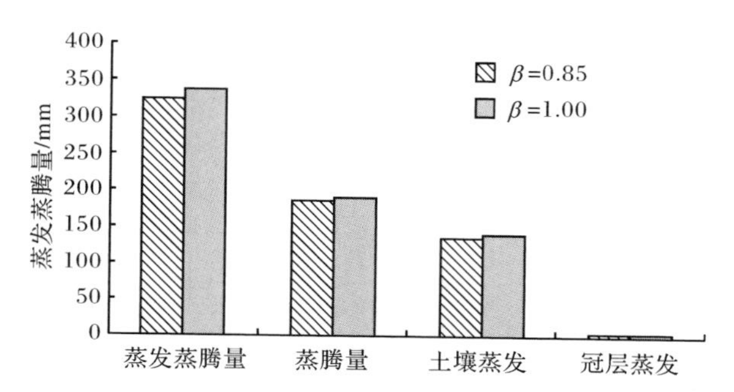

图7.6　不同灌溉模式下冬小麦蒸发蒸腾量分项(2002年)

7.2　不同灌溉模式组合下水量要素及产量模拟

首先对不同灌溉模式组合进行说明,水稻和旱作物灌溉模式进行组合后共有6种灌溉模式,分别用1＊a、1＊b、1＊c、0.85＊a、0.85＊b和0.85＊c表示。其中,1和0.85分别表示旱作物采用$\beta=1$灌溉模式和$\beta=0.85$灌溉模式;a、b和c分别表示水稻采用淹灌、间歇灌和浅水灌。举例说明,1＊a表示旱作物采用$\beta=1$灌溉模式,水稻采用淹灌模式,其他灌溉模式以此类推。一般理解,从1＊a、1＊b、1＊c、0.85＊a、0.85＊b到0.85＊c模式组合,节水灌溉程度增加。

利用改进 SWAT 模型对平水年 2002 年的各 HRU 水量平衡要素进行模拟，得到不同灌溉模式组合下各 HRU 的水量平衡要素，利用 SWAP 模型对各 HRU 夏玉米和冬小麦的产量进行模拟，利用线性方程对各 HRU 的水稻产量进行计算。限于篇幅，仅列举了 1 * a 灌溉模式下的水量平衡要素模拟结果，具体见表 7.4。将不同研究区域(灌域)不同灌溉模式组合的水量和作物产量进行汇总，具体结果见表 7.5。

表 7.4　1 * a 模式下水量平衡要素模拟结果　　(单位:mm)

HRU	土地类型	净灌溉定额	毛灌溉定额	降水量	灌溉渗漏	总渗漏	地下水补给土壤水	ET	土壤储水量变化
7	水田	831.3	1528.2	397.5	243.6	425.4	89.7	906.6	−8.8
8	水田	1069.1	1965.3	397.5	419.2	747.0	89.7	888.3	−5.8
9	水田	717.2	1318.5	397.5	224.5	366.9	89.7	863.5	−13.7
10	水田	786.5	1445.7	397.5	241.2	399.4	89.7	890.9	−10.8
16	旱地	469.1	862.3	397.5	78.6	131.4	89.7	853.5	−49.5
17	旱地	551.3	1013.3	397.5	92.4	237.1	89.7	797.9	−7.7
18	旱地	467.3	859.0	397.5	78.3	139.5	89.7	793.3	1.7
19	旱地	445.0	818.1	397.5	74.6	124.3	89.7	806.4	−22.9
20	旱地	493.0	906.2	397.5	82.6	191.7	89.7	772.3	−0.5
23	水田	717.2	1318.5	397.5	224.5	366.9	89.7	863.5	−13.7
24	水田	786.5	1445.7	397.5	241.2	399.4	89.7	890.9	−10.8
29	旱地	467.3	859.0	397.5	78.3	139.5	89.7	793.3	1.7
30	旱地	443.6	815.4	397.5	74.4	131.2	89.7	781.1	−1.5
40	旱地	551.3	1013.3	397.5	92.4	237.1	89.7	797.9	−7.7
41	旱地	445.0	818.1	397.5	74.6	124.3	89.7	806.4	−22.9
42	旱地	491.8	904.0	397.5	82.4	133.9	89.7	813.9	4.5
43	旱地	493.0	906.2	397.5	82.6	191.7	89.7	772.3	−0.5
44	旱地	566.1	1040.6	397.5	94.9	278.0	89.7	766.6	−3.9
48	旱地	551.3	1013.3	397.5	92.4	237.1	89.7	797.9	−7.7
49	旱地	491.8	904.0	397.5	82.4	133.9	89.7	813.9	4.5
50	旱地	493.0	906.2	397.5	82.6	191.7	89.7	772.3	−0.5
51	旱地	566.1	1040.6	397.5	94.9	278.0	89.7	766.6	−3.9
56	水田	681.0	1251.9	638.3	224.6	461.1	89.7	918.7	−25.7
57	水田	990.4	1820.6	638.3	415.8	843.3	89.7	903.6	−5.3
58	水田	593.5	1091.0	638.3	211.8	394.9	89.7	902.6	−24.3

续表

HRU	土地类型	净灌溉定额	毛灌溉定额	降水量	灌溉渗漏	总渗漏	地下水补给土壤水	ET	土壤储水量变化
59	水田	655.4	1204.8	638.3	226.6	429.0	89.7	908.1	－20.2
60	水田	686.5	1261.9	638.3	235.2	474.5	89.7	897.7	－20.6
67	旱地	439.8	808.4	638.3	73.7	283.1	89.7	861.7	－35.0
68	旱地	450.9	828.8	638.3	75.6	341.0	89.7	801.2	－10.5
69	旱地	346.4	636.8	638.3	58.1	197.7	89.7	813.0	2.4
70	旱地	391.4	719.4	638.3	65.6	249.2	89.7	816.4	－21.4
71	旱地	405.2	744.9	638.3	67.9	302.9	89.7	784.5	－20.7
72	旱地	465.7	856.1	638.3	78.1	380.0	89.7	769.2	－12.8
77	水田	681.0	1251.9	638.3	224.6	461.1	89.7	918.7	－25.7
78	水田	990.4	1820.6	638.3	415.8	843.3	89.7	903.6	－5.3
79	水田	655.4	1204.8	638.3	226.6	429.0	89.7	908.1	－20.2
80	水田	686.5	1261.9	638.3	235.2	474.5	89.7	897.7	－20.6
85	旱地	439.8	808.4	638.3	73.7	283.1	89.7	861.7	－35.0
86	旱地	450.9	828.8	638.3	75.6	341.0	89.7	801.2	－10.5
87	旱地	391.4	719.4	638.3	65.6	249.2	89.7	816.4	－21.4
88	旱地	405.2	744.9	638.3	67.9	302.9	89.7	784.5	－20.7
102	水田	1069.1	1965.3	397.5	419.2	747.0	89.7	888.3	－5.8
103	水田	786.5	1445.7	397.5	241.2	399.4	89.7	890.9	－10.8
104	水田	795.2	1461.8	397.5	247.3	426.5	89.7	862.7	－9.0
110	旱地	465.6	855.9	397.5	78.1	131.3	89.7	788.6	2.7
111	旱地	469.1	862.3	397.5	78.6	131.4	89.7	853.5	－49.5
112	旱地	551.3	1013.3	397.5	92.4	237.1	89.7	797.9	－7.7
113	旱地	445.0	818.1	397.5	74.6	124.3	89.7	806.4	－22.9
114	旱地	493.0	906.2	397.5	82.6	191.7	89.7	772.3	－0.5
120	旱地	469.1	862.3	397.5	78.6	131.4	89.7	853.5	－49.5
121	旱地	551.3	1013.3	397.5	92.4	237.1	89.7	797.9	－7.7
125	水田	681.0	1251.9	638.3	224.6	461.1	89.7	918.7	－25.7
126	水田	990.4	1820.6	638.3	415.8	843.3	89.7	903.6	－5.3
130	旱地	439.8	808.4	638.3	73.7	283.1	89.7	861.7	－35.0
131	旱地	450.9	828.8	638.3	75.6	341.0	89.7	801.2	－10.5
132	旱地	405.2	744.9	638.3	67.9	302.9	89.7	784.5	－20.7

续表

HRU	土地类型	净灌溉定额	毛灌溉定额	降水量	灌溉渗漏	总渗漏	地下水补给土壤水	ET	土壤储水量变化
141	水田	681.0	1251.9	638.3	224.6	461.1	89.7	918.7	−25.7
142	水田	990.4	1820.6	638.3	415.8	843.3	89.7	903.6	−5.3
147	旱地	439.8	808.4	638.3	73.7	283.1	89.7	861.7	−35.0
148	旱地	450.9	828.8	638.3	75.6	341.0	89.7	801.2	−10.5
149	旱地	391.4	719.4	638.3	65.6	249.2	89.7	816.4	−21.4
150	旱地	405.2	744.9	638.3	67.9	302.9	89.7	784.5	−20.7
154	旱地	551.3	1013.3	397.5	92.4	237.1	89.7	797.9	−7.7
155	旱地	491.8	904.0	397.5	82.4	133.9	89.7	813.9	4.5
158	旱地	551.3	699.6	397.5	133.5	275.2	22.9	797.9	−7.7
159	旱地	492.9	625.6	397.5	119.4	233.2	45.2	772.3	−0.5
167	旱地	468.7	594.8	397.5	113.5	170.4	20.9	853.5	−49.5
168	旱地	551.3	699.6	397.5	133.5	275.2	22.9	797.9	−7.7
169	旱地	467.3	593.0	397.5	113.1	178.5	45.2	793.2	1.7
183	水田	831.3	1528.2	397.5	243.6	425.4	89.7	906.6	−8.8
184	水田	1069.1	1965.3	397.5	419.2	747.0	89.7	888.3	−5.8
185	水田	717.2	1318.5	397.5	224.5	366.9	89.7	863.5	−13.7
186	水田	786.5	1445.7	397.5	241.2	399.4	89.7	890.9	−10.8
187	水田	795.2	1461.8	397.5	247.3	426.5	89.7	862.7	−9.0
188	水田	817.3	1502.4	397.5	246.8	440.5	89.7	873.1	−9.4
196	旱地	465.6	855.9	397.5	78.1	131.3	89.7	788.6	2.7
197	旱地	469.1	862.3	397.5	78.6	131.4	89.7	853.5	−49.5
198	旱地	551.3	1013.3	397.5	92.4	237.1	89.7	797.9	−7.7
199	旱地	467.3	859.0	397.5	78.3	139.5	89.7	793.3	1.7
200	旱地	445.0	818.1	397.5	74.6	124.3	89.7	806.4	−22.9
201	旱地	493.0	906.2	397.5	82.6	191.7	89.7	772.3	−0.5
202	旱地	566.1	1040.6	397.5	94.9	278.0	89.7	766.6	−3.9
205	旱地	508.9	645.9	501.8	123.2	272.8	40.2	864.3	−27.0
206	旱地	460.6	584.5	501.8	111.5	235.9	61.6	816.9	−3.9
207	旱地	444.4	564.0	501.8	107.6	236.5	66.6	805.4	−4.4
213	旱地	438.2	556.1	638.3	106.1	332.4	42.8	861.8	−35.0
214	旱地	450.9	572.2	638.3	109.2	371.7	52.5	801.2	−10.5

续表

HRU	土地类型	净灌溉定额	毛灌溉定额	降水量	灌溉渗漏	总渗漏	地下水补给土壤水	ET	土壤储水量变化
215	旱地	294.2	373.3	638.3	71.2	194.2	87.8	803.3	−13.5
216	旱地	404.1	512.8	638.3	97.8	351.7	75.2	784.5	−20.7
221	旱地	508.9	645.9	501.8	123.2	272.8	40.2	864.3	−27.0
222	旱地	460.6	584.5	501.8	111.5	235.9	61.6	816.9	−3.9
223	旱地	444.4	564.0	501.8	107.6	236.5	66.6	805.4	−4.4
232	旱地	438.2	556.1	638.3	106.1	332.4	43.2	861.8	−35.0
233	旱地	294.2	373.3	638.3	71.2	194.2	88.8	803.3	−13.5
234	旱地	346.4	439.6	638.3	83.9	235.5	78.9	813.0	2.4
235	旱地	404.1	512.8	638.3	97.8	351.7	75.2	784.5	−20.7
238	旱地	460.6	584.5	501.8	111.5	235.9	61.6	816.9	−3.9
244	旱地	508.9	645.9	501.8	123.2	272.8	40.2	864.3	−27.0
245	旱地	460.6	584.5	501.8	111.5	235.9	61.6	816.9	−3.9
249	旱地	508.9	645.9	501.8	123.2	272.8	40.2	864.3	−27.0
250	旱地	460.6	584.5	501.8	111.5	235.9	61.6	816.9	−3.9
255	旱地	508.9	645.9	501.8	123.2	272.8	40.2	864.3	−27.0
256	旱地	516.7	655.7	501.8	125.1	321.5	37.9	808.9	−19.0
257	旱地	460.6	584.5	501.8	111.5	235.9	61.6	816.9	−3.9
263	旱地	468.7	594.8	397.5	113.5	170.4	20.9	853.5	−49.5
264	旱地	551.3	699.6	397.5	133.5	275.2	22.9	797.9	−7.7
265	旱地	467.3	593.0	397.5	113.1	178.5	45.2	793.2	1.7
271	旱地	468.7	594.8	397.5	113.5	170.4	20.9	853.5	−49.5
272	旱地	551.3	699.6	397.5	133.5	275.2	22.9	797.9	−7.7
277	旱地	478.4	607.1	556.9	115.8	274.5	21.3	862.7	−12.7
278	旱地	474.6	602.3	556.9	114.9	320.0	33.1	799.1	−13.4
279	旱地	437.5	555.2	556.9	105.9	308.1	55.7	774.4	−12.6
286	旱地	478.4	607.1	556.9	115.8	274.5	21.3	862.7	−12.7
287	旱地	387.1	491.3	556.9	93.7	170.1	68.7	825.5	15.7
288	旱地	379.0	481.0	556.9	91.8	180.3	70.2	813.7	12.0
293	旱地	508.9	645.9	501.8	123.2	272.8	40.2	864.3	−27.0
294	旱地	460.6	584.5	501.8	111.5	235.9	61.6	816.9	−3.9
298	旱地	508.9	645.9	501.8	123.2	272.8	40.0	864.3	−27.0

续表

HRU	土地类型	净灌溉定额	毛灌溉定额	降水量	灌溉渗漏	总渗漏	地下水补给土壤水	ET	土壤储水量变化
299	旱地	516.7	655.7	501.8	125.1	321.5	37.9	808.9	-19.0
303	旱地	508.9	645.9	501.8	123.2	272.8	40.2	864.3	-27.0
304	旱地	460.6	584.5	501.8	111.5	235.9	61.6	816.9	-3.9
307	旱地	478.4	607.1	556.9	115.8	274.5	21.3	862.7	-12.7
311	旱地	478.4	607.1	556.9	115.8	274.5	21.3	862.7	-12.7
312	旱地	474.6	602.3	556.9	114.9	320.0	33.3	799.1	-13.4
317	旱地	478.4	607.1	556.9	115.8	274.5	21.3	862.7	-12.7
318	旱地	387.1	491.3	556.9	93.7	170.1	68.7	825.5	15.7
321	旱地	478.4	607.1	556.9	115.8	274.5	21.3	862.7	-12.7
322	旱地	387.1	491.3	556.9	93.7	170.1	68.7	825.5	15.7
325	旱地	478.4	607.1	556.9	115.8	274.5	21.3	862.7	-12.7
326	旱地	474.6	602.3	556.9	114.9	320.0	33.3	799.1	-13.4
332	旱地	478.4	607.1	556.9	115.8	274.5	21.3	862.7	-12.7
333	旱地	474.6	602.3	556.9	114.9	320.0	33.3	799.1	-13.4
334	旱地	387.1	491.3	556.9	93.7	170.1	68.7	825.5	15.7
340	旱地	478.4	607.1	556.9	115.8	274.5	21.3	862.7	-12.7
341	旱地	387.1	491.3	556.9	93.7	170.1	68.6	825.5	15.7
346	旱地	522.0	662.4	620.4	126.4	364.7	38.5	865.3	-4.3
347	旱地	528.6	670.8	620.4	128.0	427.2	32.8	807.4	-10.7
348	旱地	401.0	508.9	620.4	97.1	227.0	73.6	828.6	25.7

表 7.5　不同灌溉模式组合下水量平衡要素及产量汇总

灌溉模式	研究区域	灌溉水量 $/10^6 m^3$	降水量 $/10^6 m^3$	ET $/10^6 m^3$	总渗漏量 $/10^6 m^3$	灌溉渗漏 $/10^6 m^3$	地下水补给土壤水 $/10^6 m^3$	土壤储水量变化 $/10^6 m^3$	产量 $/10^6 kg$
1 * a	引黄区	680.75	324.15	549.93	197.69	82.64	59.58	-9.77	859.8
	井灌区	369.06	314.77	510.05	159.59	70.42	24.41	-8.23	796.1
	总灌区	1049.81	638.93	1059.98	357.28	153.05	83.99	-18.00	1655.8

续表

灌溉模式	研究区域	灌溉水量 /10^6m^3	降水量 /10^6m^3	ET /10^6m^3	总渗漏量 /10^6m^3	灌溉渗漏 /10^6m^3	地下水补给土壤水 /10^6m^3	土壤储水量变化 /10^6m^3	产量 /10^6kg
1 * b	引黄区	666.90	324.15	546.06	194.33	79.94	59.58	−9.88	860.2
	井灌区	369.06	314.77	510.05	159.59	70.42	24.41	−8.23	796.1
	总灌区	1035.96	638.93	1056.11	353.92	150.36	83.99	−18.12	1656.2
1 * c	引黄区	658.25	324.15	544.16	191.85	78.52	59.58	−10.47	860.2
	井灌区	369.06	314.77	510.05	159.59	70.42	24.41	−8.23	796.1
	总灌区	1027.31	638.93	1054.20	351.44	148.94	83.99	−18.70	1656.2
0.85 * a	引黄区	568.60	324.15	526.32	146.04	72.41	59.36	−2.51	837.5
	井灌区	319.63	314.77	494.55	119.76	60.98	38.47	2.02	775.8
	总灌区	888.23	638.93	1020.87	265.80	133.39	97.83	−0.48	1613.3
0.85 * b	引黄区	554.19	324.15	522.45	142.43	69.66	59.36	−2.68	837.9
	井灌区	319.63	314.77	494.55	119.76	60.98	38.22	2.02	775.8
	总灌区	873.81	638.93	1017.00	262.19	130.64	97.58	−0.66	1613.7
0.85 * c	引黄区	545.77	324.15	520.54	140.04	68.27	59.36	−3.18	838.0
	井灌区	319.63	314.77	494.55	119.76	60.98	38.22	2.02	775.8
	总灌区	865.40	638.93	1015.09	259.79	129.25	97.58	−1.15	1613.8

由表7.5可知，同种灌溉模式组合下，引黄区的灌溉水量和ET明显大于井灌区，原因是引黄区主要种植作物为水稻的缘故。由于引黄区种植作物既有水稻又有旱作物，因此6种灌溉模式组合均对其水量平衡要素产生了影响。随节水灌溉程度的加强(灌溉模式顺序为1 * a、1 * b、1 * c、0.85 * a、0.85 * b和0.85 * c，无特殊说明时均按照该顺序)，引黄区灌溉水量、ET、总的渗漏、灌溉渗漏量和地下水补给量均呈现递减趋势。井灌区主要种植夏玉米和冬小麦，因此其水量平衡要素主要受旱作物灌溉模式的影响，水稻的灌溉模式对井灌区影响并不明显。当旱作物采用节水灌溉模式时，井灌区灌溉水量和ET均呈减少趋势。

采用节水灌溉模式，引黄区、井灌区和总灌区的作物产量均有所减少。当旱作物灌溉模式保持不变，只改变水稻灌溉模式时，引黄区作物产量基本没有变化，这表明水稻采用节水灌溉模式时产量并没有降低。旱作物采用不同的节水灌溉模式时对产量有一定影响，但总体而言，在本研究设定的节水灌溉模式下作物产量减少量均不显著，因此，本书采取的田间节水灌溉模式基本可行。

7.3　基于水量平衡的柳园口灌区灌溉用水评价

7.3.1　灌溉用水评价指标化简

1. 水资源利用率

1）引黄区水资源利用率

柳园口灌区北部引黄区的水资源对象为降水和引黄水，第2章式(2.1)中 P 为实际的降水量（去除作物冠层截留量），$I_{\text{gross,new}_1}$ 为实际的引黄水量。由于引黄灌溉和降水的渗漏较大，则认为地下水对耕作层土壤水的补给属于引黄灌溉和降水的回归水重复利用。同时以年为时间尺度，对于耕作层，有 $L_s=0$，$W_{in}=0$。则由式(2.7)得到引黄区水资源利用率为

$$E_{I+P}=\frac{ET_c+\Delta W}{P+I_{\text{gross,new}_1}} \tag{7.1}$$

2）井灌区水资源利用率

柳园口南部井灌区的水资源对象为地下水和降水。进行抽水灌溉时，抽水量中部分或全部是回归水（降水和灌溉水的渗漏量）的重复利用。因此新水源毛灌溉用水量为

$$I_{\text{gross,new}_1}=\begin{cases}0, & I_{\text{gross}}<S_I+S_P\\ I_{\text{gross}}-S_I-S_P, & I_{\text{gross}}\geqslant S_I+S_P\end{cases} \tag{7.2}$$

另外，地下水对土壤水的补给是否属于回归水的重复利用也需要进行讨论，地下水对土壤水的补给量计算公式为

$$G_R=\begin{cases}0, & G_{R,\text{total}}+I_{\text{gross}}\leqslant S_I+S_P\\ G_{R,\text{total}}-(S_I+S_P-I_{\text{gross}}), & I_{\text{gross}}<S_I+S_P \text{ 且 } G_{R,\text{total}}+I_{\text{gross}}>S_I+S_P\\ G_{R,\text{total}}, & I_{\text{gross}}\geqslant S_I+S_P\end{cases} \tag{7.3}$$

式中，$G_{R,\text{total}}$ 为地下水对作物根系层土壤总的补给量，包括属于回归水重复利用的部分水量。

因此井灌区水资源利用率为

$$E_{I+P}=\frac{ET_c-G_R+\Delta W}{P+I_{\text{gross,new}_1}} \tag{7.4}$$

3）总灌区水资源利用率

对于整个灌区，可根据水量平衡过程，分别求出引黄区和井灌区的相关水量平衡要素后，按水资源利用率的计算公式求解。降水和灌溉水量的利用量为

$$W_{I+P}=W_{I+P,Y}+W_{I+P,W} \tag{7.5}$$

式中，$W_{I+P,Y}$为引黄区降水和灌溉水量中储存在作物根系层能够被作物利用的水量；$W_{I+P,W}$为井灌区降水和灌溉水量中储存在作物根系层能够被作物利用的水量。

总灌区新水源毛灌溉用水量为

$$I_{gross,new_1}=I_{gross,new_1 Y}+I_{gross,new_1 W} \tag{7.6}$$

式中，$I_{gross,new_1 Y}$为引黄区新水源毛灌溉用水量；$I_{gross,new_1 W}$为井灌区新水源毛灌溉用水量。

因此总灌区水资源利用率为

$$E_{I+P}=\frac{W_{I+P}}{P+I_{gross,new_1}}=\frac{W_{I+P,Y}+W_{I+P,W}}{P_Y+P_W+I_{gross,new_1 Y}+I_{gross,new_1 W}} \tag{7.7}$$

式中，P_Y为引黄区降水量；P_W为井灌区降水量。

2. 基于水量平衡的净灌溉效率

1）引黄区净灌溉效率

对于引黄区，地下水对土壤水的补给可以认为是降水回归水和灌溉回归水的重复利用。当降水渗漏量S_P和灌溉渗漏量S_I之和大于地下水对土壤水的补给量G_R时，认为地下水对土壤水的补给量属于灌溉回归水和降水回归水的重复利用，并且假设灌溉回归水和降水回归水的重复利用量分别与灌溉渗漏量和降水渗漏量的大小成正比，则灌溉回归水利用系数为

$$\beta_I=\frac{S_I}{S_I+S_P}\times\frac{G_R}{I_{loss}} \tag{7.8}$$

当降水渗漏量S_P和灌溉渗漏量S_I之和小于地下水对土壤水的补给量G_R时，认为降水和灌溉的渗漏量之和为总的回归水利用量，灌溉渗漏量为灌溉回归水利用量，则灌溉回归水利用系数为

$$\beta_I=\frac{S_I}{I_{loss}} \tag{7.9}$$

将β_I代入式(2.24)，即引黄区净灌溉效率为

$$E_I=\beta_I(1-\eta_{I,new})+\eta_{I,new} \tag{7.10}$$

2）井灌区净灌溉效率

在井灌区，灌溉水源是地下水，则认为再次进入地下水的回归水均可以再次被利用，并不属于水资源浪费。因此井灌区净灌溉效率可以从相反的角度进行推导，首先计算没有被利用的水量所占的比例，然后就可以得到井灌区净灌溉效率，即利用式(2.36)进行计算，计算公式推导如下：

$$E_{\mathrm{I}}=1-\frac{I_{\mathrm{loss,new}}}{I_{\mathrm{gross,new_2}}}=1-\frac{I_{\mathrm{loss}}-S_{\mathrm{I}}}{I_{\mathrm{gross}}-S_{\mathrm{I}}}=1-\frac{I_{\mathrm{gross}}(1-\eta_0)-S_{\mathrm{I}}}{I_{\mathrm{gross}}-S_{\mathrm{I}}} \tag{7.11}$$

式中，$I_{\mathrm{loss,new}}$为新水源实际损失的水量，是传统灌溉总的损失量减去渗漏到地下水中的水量；此时 $I_{\mathrm{gross,new_2}}$ 为井灌区对应的新水源毛灌溉用水量。

3）总灌区净灌溉效率

对于整个灌区来讲，灌溉水利用量为

$$W_{\mathrm{I}}=W_{\mathrm{I,Y}}+W_{\mathrm{I,W}} \tag{7.12}$$

式中，$W_{\mathrm{I,Y}}$为引黄区灌溉水利用量；$W_{\mathrm{I,W}}$为井灌区灌溉水利用量。

新水源毛灌溉用水量为

$$I_{\mathrm{gross,new_2}}=I_{\mathrm{gross,new_2Y}}+I_{\mathrm{gross,new_2W}} \tag{7.13}$$

因此灌区净灌溉效率为

$$E_{\mathrm{I}}=\frac{W_{\mathrm{I}}}{I_{\mathrm{gross,new_2}}}=\frac{W_{\mathrm{I,Y}}+W_{\mathrm{I,W}}}{I_{\mathrm{gross,new_2Y}}+I_{\mathrm{gross,new_2W}}} \tag{7.14}$$

式中，$I_{\mathrm{gross,new_2Y}}$、$I_{\mathrm{gross,new_2W}}$分别为引黄区和井灌区对应的新水源毛灌溉用水量，mm。

3. 灌溉用水效益评价指标

1）水稻产量确定方法

水稻产量模拟模型有静态模型和动态模型两种。目前存在的水稻生长动态模型主要有 RICEMOD、RICAM、ORYZA 系列等，并得到广泛应用（李亚龙，2006）。但动态模型要求资料较多，模型率定复杂，限于资料本书选择静态模型计算水稻产量。

我国不少学者对水稻静态水分生产函数模型进行了研究，基于各试验站水稻非充分灌溉试验成果分析，一致认为 Jensen 模型作为水稻水分生产函数模型精度较高（茆智等，1994；王克全等，2008；孙艳玲等，2010）。当缺乏长系列资料时，北方中稻水分生产函数表达可采用式(7.15)进行计算（茆智等，2003）：

$$\frac{Y_{\mathrm{a}}}{Y_{\mathrm{m}}}=\left(\frac{\mathrm{ET}_{(1)}}{\mathrm{ET}_{\mathrm{m}(1)}}\right)^{0.182}\times\left(\frac{\mathrm{ET}_{(2)}}{\mathrm{ET}_{\mathrm{m}(2)}}\right)^{0.452}\times\left(\frac{\mathrm{ET}_{(3)}}{\mathrm{ET}_{\mathrm{m}(3)}}\right)^{0.639}\times\left(\frac{\mathrm{ET}_{(4)}}{\mathrm{ET}_{\mathrm{m}(4)}}\right)^{0.121} \tag{7.15}$$

式中，右下角标(1)、(2)、(3)和(4)分别表示在分蘖期、拔节孕穗期、抽穗开花期及乳熟期。

若采用 Jensen 模型对不同节水灌溉模式下的水稻产量进行计算，则由于淹灌模式下水稻蒸发蒸腾量最大，因此水稻产量最大，而间歇灌溉和浅水灌溉模式下水稻产量较低。然而，茆智(2002)通过对湖北荆门的中稻、广西桂林和浙江杭州的早晚稻不同灌溉模式下的产量分析发现，间歇灌溉和薄浅湿晒两种节水灌溉模式下的多年平均产量均比淹灌模式下的产量大。程建平等(2006)利用测筒栽培，对4种不同灌溉方式下的水稻产量及水分生产率进行了分析，间歇灌溉与淹水灌溉相比，水稻产量增加10%以上。可见，采用Jensen模型对不同灌溉模式下的水稻产量进行计算与实际情况不符。因为在不同节水灌溉模式下主要减少了无效水分损失(水面蒸发)，而作物蒸腾量并没有减少，并且适宜的节水灌溉模式为水稻提供更佳的生长环境，水稻的产量并不随着ET的减少而降低。因此通过试验得到水稻水分生产函数模型更适用于水稻非充分灌溉条件(产生较强的水分胁迫)，而对于水稻不同节水灌溉模式(间歇灌溉、薄浅湿晒，产生较轻的水分胁迫)的产量计算并不适用。

倪文等(1966)通过试验研究得到水稻蒸腾强度与水稻生长发育及产量之间基本呈线性相关。基于这种考虑，本书以相对蒸腾量为自变量，相对产量为因变量，对不同节水灌溉模式下的水稻产量采用线性公式进行估算，即

$$\frac{Y_a}{Y_P}=\frac{T_a}{T_P} \tag{7.16}$$

式中，Y_P 和 Y_a 分别为水稻整个生育期的潜在最大产量和节水模式下的实际产量；T_P 和 T_a 分别为水稻整个生育期的潜在最大蒸腾量和节水模式下的实际蒸腾量。

2) 旱作物产量确定方法

夏玉米和冬小麦的产量采用SWAP模型的详细作物模型进行模拟。由于第4章构建的SWAP模型只是在田块尺度上一种土壤类型下建立的，而在灌区尺度上土壤类型存在多样性，由于土壤颗粒组成及结构不同，在同种灌溉条件下作物蒸发蒸腾量和产量会有所区别，因此需要模拟不同土地类型下的作物产量。本节依据构建的SWAP模型，在保持作物生长参数不变的前提下，只改变不同HRU上土壤特性参数及不同区域的地下水位值等初始条件，模拟各HRU上冬小麦和夏玉米的作物产量。即基于试验站的观测数据率定和验证SWAP模型的作物参数，然后根据不同HRU上土壤特性参数及不同区域的地下水位值的空间分布，代入SWAP模型，实现SWAP模型的空间扩展。

7.3.2　基于水量平衡的柳园口灌区灌溉用水效率评价

根据基于水量平衡的灌溉用水效率评价指标计算方法，利用柳园口灌区模拟的2002年(平水年)水量平衡要素，对不同灌溉模式下的灌溉用水效率指标进行计算，结果见表7.6。按照不同研究区域(也称灌域，即引黄区、井灌区和总灌区)对不同灌溉模式下灌溉用水效率指标的变化规律进行分析。

表 7.6　基于水量平衡的灌溉用水效率评价指标

灌溉模式	研究区域	灌溉水利用系数 η_0	水资源利用率 E_{I+P}	净灌溉效率 E_I
1 * a	引黄区	0.544	0.538	0.571
	井灌区	0.788	0.911	0.974
	总灌区	0.630	0.665	0.694
1 * b	引黄区	0.544	0.541	0.572
	井灌区	0.788	0.911	0.974
	总灌区	0.631	0.669	0.696
1 * c	引黄区	0.544	0.543	0.572
	井灌区	0.788	0.911	0.974
	总灌区	0.632	0.671	0.698
0.85 * a	引黄区	0.544	0.587	0.581
	井灌区	0.788	0.891	0.974
	总灌区	0.632	0.698	0.704
0.85 * b	引黄区	0.544	0.592	0.582
	井灌区	0.788	0.891	0.974
	总灌区	0.633	0.702	0.707
0.85 * c	引黄区	0.544	0.595	0.583
	井灌区	0.788	0.891	0.974
	总灌区	0.633	0.705	0.708

由表 7.6 可见，与传统灌溉水利用系数相比，本书提出的净灌溉效率在不同灌溉模式下均明显提高，其中引黄区的提高幅度为 0.027～0.039，井灌区的提高幅度为 0.186，总灌区的提高幅度为 0.064～0.075。因为本书提出的净灌溉效率考虑了回归水的重复利用。

1. 引黄区灌溉用水效率

根据表 7.6、图 7.7 和图 7.8 可知，引黄区在 6 种灌溉模式下水资源利用率逐渐增加，采用 1 * a 灌溉模式时，水资源利用率最小，为 0.538；0.85 * c 模式下，水资源利用率最大，为 0.595，与 1 * a 模式相比，水资源利用率提高了 0.057。随节水程度的加强（灌溉模式顺序为 1 * a、1 * b、1 * c、0.85 * a、0.85 * b 和 0.85 * c），引黄区净灌溉效率呈现增加趋势，采用 1 * a 模式时，净灌溉效率最小，为0.571；0.85 * c 模式下，净灌溉效率最大，为 0.583，与 1 * a 模式相比净灌溉效率提高了 0.012。

随节水程度的加强，净灌溉效率呈现增加趋势的原因是灌水量减少，虽然 ET

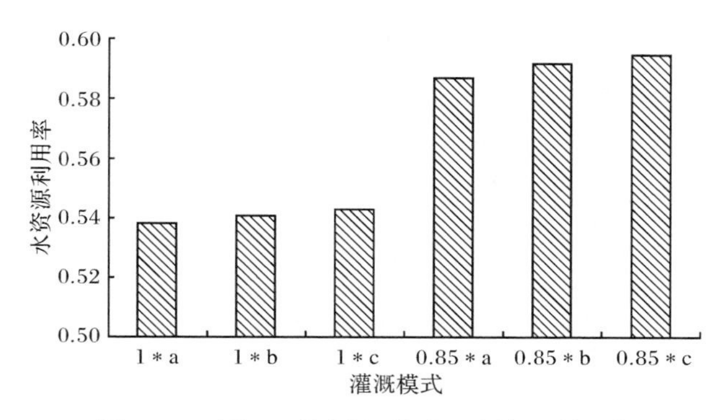

图 7.7　引黄区不同灌溉模式下水资源利用率

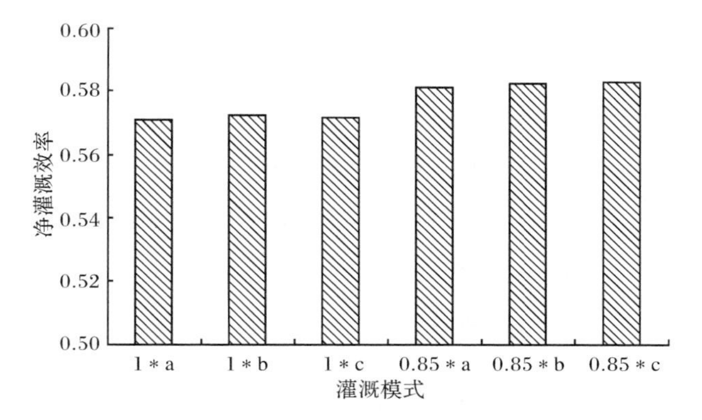

图 7.8　引黄区不同灌溉模式下净灌溉效率

也有所降低，但灌水量的变化幅度更大。另外，采用节水灌溉模式时，水资源利用率增加幅度大于净灌溉效率的增加幅度，这表明采用节水灌溉模式不仅可以提高灌溉用水效率，也提高了降水利用率。

2. 井灌区灌溉用水效率

由表 7.6、图 7.9 和图 7.10 可知，井灌区主要受旱作物灌溉模式的影响，这是因为井灌区种植的农作物主要是夏玉米和冬小麦。采用 $\beta=1$ 模式时，水资源利用率为 0.911，净灌溉效率为 0.974；采用 $\beta=0.85$ 模式时，水资源利用率为0.891，净灌溉效率为 0.974。采用不同灌溉模式井灌区净灌溉效率保持不变，这是因为在井灌区抽取地下水灌溉，传统灌溉水损失量大部分可以被重复利用。与 $\beta=1$ 模式相比，$\beta=0.85$ 模式下的水资源利用率反而降低了，因为节水灌溉模式虽然减少了灌溉水量，但由于灌溉水量减少的一部分水量来自降水渗漏量，从而降低了降水回归水的重复利用率，并且降水利用率降低幅度大于灌溉水利用率的增加幅度，因此综合作用下井灌区水资源利用率有所降低。

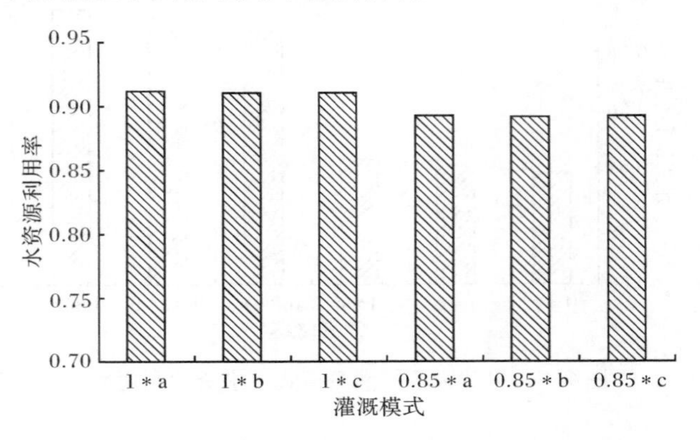

图 7.9　井灌区不同灌溉模式下水资源利用率

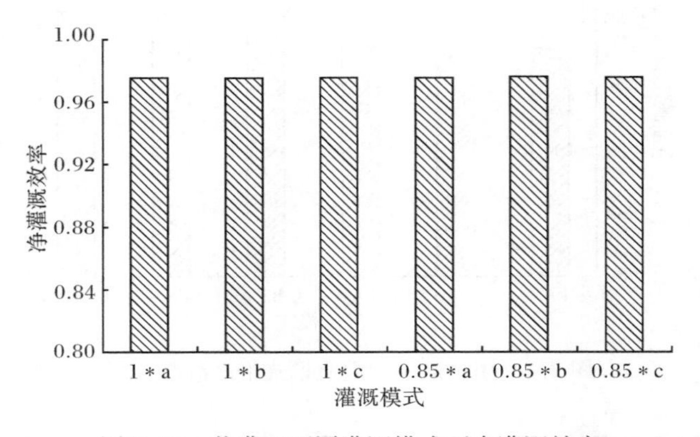

图 7.10　井灌区不同灌溉模式下净灌溉效率

3. 总灌区灌溉用水效率

由表 7.6、图 7.11 和图 7.12 可知，随节水程度的加强，总灌区水资源利用率和净灌溉效率均呈现增加趋势，水资源利用率由 0.665 增加到 0.705，净灌溉效率由 0.694 增加到 0.708，即水资源利用率提高了 0.04；净灌溉效率提高了 0.014。水资源利用率的增幅大于净灌溉效率的增幅，表明在整个灌区采用节水灌溉模式不仅可以增加灌溉水利用率，也能提高降水利用率。

4. 灌溉用水效率变化规律归纳

(1) 与传统灌溉水利用系数相比，本书提出的净灌溉效率在不同灌溉模式下均明显提高，其中引黄区的提高幅度为 0.027～0.039，井灌区的提高幅度为

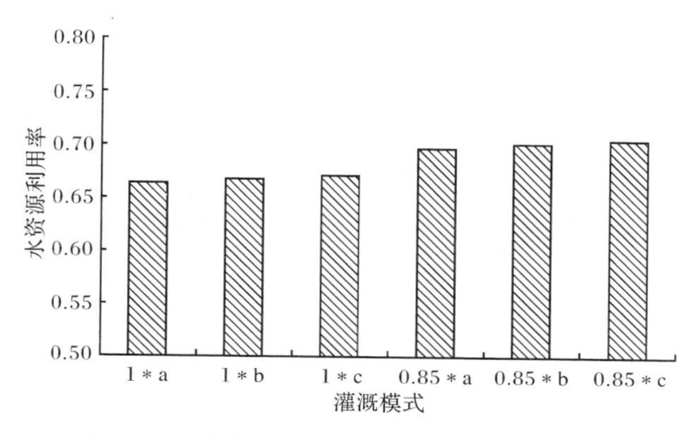

图 7.11　总灌区不同灌溉模式下水资源利用率

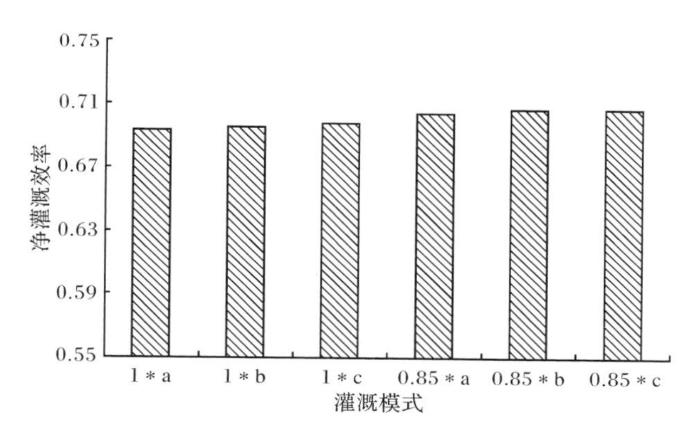

图 7.12　总灌区不同灌溉模式下净灌溉效率

0.186，总灌区的提高幅度为 0.064～0.075。其主要原因是本书提出的净灌溉效率考虑了回归水的重复利用。

（2）采用节水灌溉模式虽然降低了井灌区水资源利用率，但对于整个灌区来讲，水资源利用率有所提高，因此采用节水灌溉模式能够提高柳园口灌区总体水资源利用率。

（3）采用节水灌溉模式可以提高柳园口灌区净灌溉效率。

（4）采用节水灌溉模式，柳园口灌区水资源利用率的增幅大于净灌溉效率的增幅，表明采用节水灌溉模式不仅可以增加灌溉水利用率，也能提高降水利用率。

7.3.3　基于水量平衡的柳园口灌区灌溉用水效益评价

第 2 章提出的净灌溉效益指标计算过程较复杂，并且需要大量数据资料支撑，因此本节选择灌溉水分生产率和净灌溉水分生产率两个指标评价研究区域灌溉用水效益。根据灌溉水分生产率和净灌溉水分生产率的定义和计算公式，利用模型模拟的水量平衡要素和作物产量，对不同灌溉模式下的灌溉用水效益指标进行计算，见表 7.7。同一研究区域不同灌溉模式下灌溉水分生产率和净灌溉水分生产率的变化规律如图 7.13～图 7.15 所示。

表 7.7　不同灌溉模式下的灌溉用水效益评价指标

灌溉模式	研究区域	灌溉水分生产率/(kg/m^3)	净灌溉水分生产率/(kg/m^3)
1 * a	引黄区	1.26	1.26
	井灌区	2.16	3.75
	总灌区	1.58	1.85
1 * b	引黄区	1.29	1.29
	井灌区	2.16	3.75
	总灌区	1.60	1.88
1 * c	引黄区	1.31	1.31
	井灌区	2.16	3.75
	总灌区	1.61	1.90
0.85 * a	引黄区	1.47	1.47
	井灌区	2.43	3.91
	总灌区	1.82	2.10
0.85 * b	引黄区	1.51	1.51
	井灌区	2.43	3.91
	总灌区	1.85	2.15
0.85 * c	引黄区	1.54	1.54
	井灌区	2.43	3.91
	总灌区	1.87	2.17

1. 引黄区灌溉用水效益

由表 7.7 和图 7.13 可知，由于引黄区种植作物包括水稻和冬小麦，因此 6 种灌溉模式组合均对引黄区灌溉用水效益指标产生了影响。在同一灌溉模式下，引黄区净灌溉水分生产率与灌溉水分生产率相同，原因是引黄灌区的水源是黄河水，属于外来新水源，没有灌溉回归水返回水源，实际灌溉用水量就是从新水源中的取水量，即新水源毛灌溉用水量和毛灌溉用水量相同，因此引黄区净灌溉水分生产率和灌溉水分生产率相等。

随节水程度的加强，引黄区灌溉水分生产率呈增加趋势。采用 1 * a 模式时，

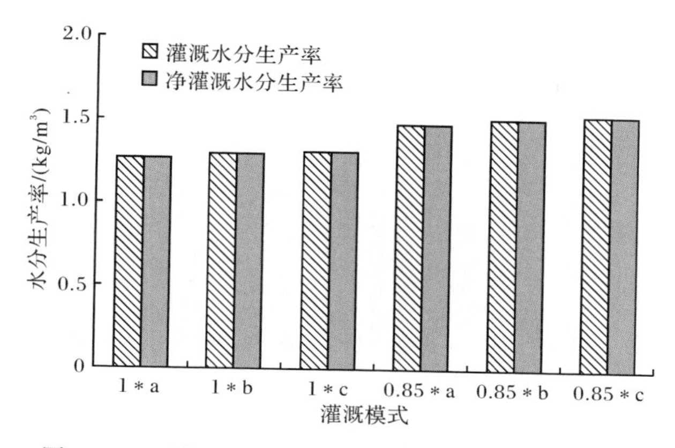

图 7.13 引黄区不同灌溉模式下的灌溉用水效益指标

灌溉水分生产率最小，为 1.26kg/m³；采用 0.85 * c 模式时，灌溉水分生产率最大，为 1.54kg/m³，与 1 * a 模式相比，0.85 * c 模式引黄区灌溉水分生产率提高了 0.28kg/m³。原因是采用节水灌溉模式时，引黄区灌水量减少，虽然作物产量也有所减少，但灌水量的变化幅度更大。

2. 井灌区灌溉用水效益

井灌区主要受旱作物灌溉模式的影响，与水稻灌溉模式无关。由表 7.7 和图 7.14可知，随节水程度的加强，井灌区的灌溉水分生产率和净灌溉水分生产率也呈现增加趋势。采用 $\beta=1$ 模式时，灌溉水分生产率为 2.16kg/m³，净灌溉水分生产率为 3.75kg/m³；采用 $\beta=0.85$ 模式时，灌溉水分生产率为 2.43kg/m³，净灌溉水分生产率为 3.91kg/m³。与 $\beta=1$ 模式相比，采用 $\beta=0.85$ 模式时灌溉水分生产率和净灌溉水分生产率分别提高了 0.27kg/m³ 和 0.16kg/m³。原因是采用节水灌溉模式减少了井灌区毛灌溉用水量和新水源毛灌溉用水量，虽然作物产量也有所减少，但灌溉用水量的变化幅度更大，因此井灌区灌溉水分生产率和净灌溉水分生产率均呈现增加趋势。同时由于采用节水灌溉模式时，毛灌溉用水量的减少幅度大于新水源毛灌溉用水量的减少幅度，因此灌溉水分生产率变化幅度大于净灌溉水分生产率的变化幅度。

与引黄区对比，由于井灌区种植旱作物，灌水量较少，因此相同灌溉模式下井灌区灌溉水分生产率大于引黄区灌溉水分生产率。在井灌区相同灌溉模式下，净灌溉水分生产率明显大于灌溉水分生产率。这是因为井灌区采用地下水灌溉，总的抽水量中部分水量是灌溉回归水的重复利用，考虑灌溉回归水重复利用，新水源毛灌溉用水量小于毛灌溉用水量(总抽水量)。

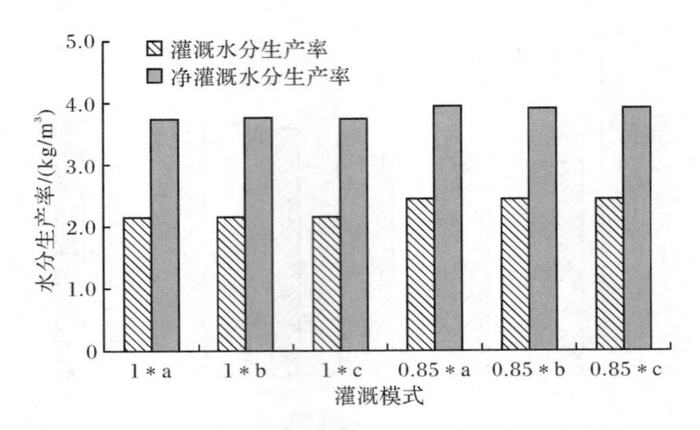

图 7.14　井灌区不同灌溉模式下的灌溉用水效益指标

3. 总灌区灌溉用水效益

由表 7.7 和图 7.15 可知，随节水程度的加强，总灌区的灌溉水分生产率和净灌溉水分生产率呈现增加趋势，采用 1 * a 模式时，灌溉水分生产率和净灌溉水分生产率最小，分别为 1.58kg/m^3 和 1.85kg/m^3，采用 0.85 * c 模式时，灌溉水分生产率和净灌溉水分生产率最大，分别为 1.87kg/m^3 和 2.17kg/m^3。与 1 * a 模式相比，采用 0.85 * c 节水灌溉模式，灌溉水分生产率和净灌溉水分生产率分别增加了 0.29kg/m^3 和 0.32kg/m^3。原因是采用节水灌溉模式，总灌区毛灌溉用水量和新水源毛灌溉用水量的减少幅度均大于作物产量降低幅度，因此灌溉效益呈现增加趋势。在相同灌溉模式下净灌溉水分生产率大于灌溉水分生产率，原因是考虑回归水重复利用后，新水源毛灌溉用水量小于毛灌溉用水量。

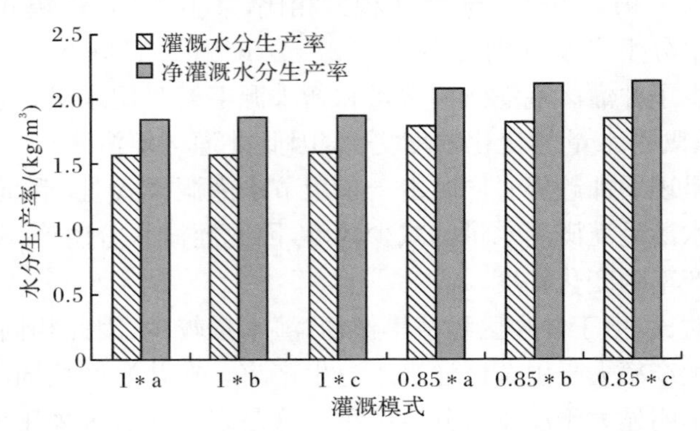

图 7.15　总灌区不同灌溉模式下的灌溉用水效益指标

4. 灌溉用水效益变化规律归纳

(1) 同种灌溉模式下，柳园口灌区净灌溉水分生产率大于灌溉水分生产率。

(2) 随节水程度的加强，引黄区、井灌区和总灌区的灌溉水分生产和净灌溉水分生产率均呈现增加趋势，这表明采用节水灌溉模式可以提高柳园口灌溉用水效益。

7.4　基于回归水利用的柳园口灌区灌溉用水效率评价

根据基于回归水利用的净灌溉效率计算方法，利用柳园口灌区模拟的 2002 年(平水年)水量平衡要素，对不同灌溉模式下的灌溉用水效率指标进行计算，结果见表 7.8。

表 7.8　基于回归水利用的灌溉用水效率指标

灌溉模式	研究区域	灌溉水利用系数 η_0	灌溉水重复利用系数 η_I	水资源利用率 E_{I+P}	净灌溉效率 $E_{I,1}$	净灌溉效率 $E_{I,2}$	绝对误差 $\Delta=E_{I,1}-E_{I,2}$
1 * a	引黄区	0.544	0.059	0.538	0.576	0.578	−0.002
	井灌区	0.788	0.191	0.911	0.962	0.974	−0.012
	总灌区	0.630	0.106	0.665	0.700	0.704	−0.004
1 * b	引黄区	0.544	0.060	0.541	0.577	0.579	−0.002
	井灌区	0.788	0.191	0.911	0.962	0.974	−0.012
	总灌区	0.631	0.107	0.669	0.702	0.706	−0.004
1 * c	引黄区	0.544	0.061	0.543	0.577	0.579	−0.002
	井灌区	0.788	0.191	0.911	0.962	0.974	−0.012
	总灌区	0.632	0.107	0.671	0.704	0.708	−0.004
0.85 * a	引黄区	0.544	0.066	0.587	0.583	0.583	0.000
	井灌区	0.788	0.191	0.891	0.958	0.974	−0.016
	总灌区	0.632	0.111	0.698	0.710	0.711	−0.001
0.85 * b	引黄区	0.544	0.068	0.592	0.584	0.583	0.001
	井灌区	0.788	0.191	0.891	0.958	0.974	−0.016
	总灌区	0.633	0.113	0.702	0.712	0.713	−0.001
0.85 * c	引黄区	0.544	0.068	0.595	0.585	0.584	0.001
	井灌区	0.788	0.191	0.891	0.958	0.974	−0.016
	总灌区	0.633	0.113	0.705	0.713	0.714	−0.001

由表 7.8 可见，不同灌溉模式下，基于回归水利用的两种净灌溉效率均明显

大于传统灌溉水利用系数。井灌区在不同灌溉模式下均提高 0.186,引黄区提高幅度为 0.034～0.04,总灌区提高幅度为 0.074～0.081。分析原因是本书提出的指标考虑了灌溉回归水的重复利用。

采用节水灌溉模式,引黄区和总灌区的灌溉水重复利用系数有所增加,井灌区的灌溉水重复利用系数基本保持不变。1＊a 模式下,灌溉水重复利用系数最小,引黄区和总灌区分别为 0.059 和 0.106;0.85＊c 模式下,灌溉水重复利用系数最大,引黄区和总灌区分别为 0.068 和 0.113,与 1＊a 模式相比,引黄区和总灌区的灌溉水重复利用系数分别提高了 0.009 和 0.007。6 种灌溉模式下,井灌区的灌溉水重复利用系数维持在 0.191 左右,保持不变。

随节水灌溉程度的加强,引黄区、井灌区和总灌区净灌溉效率变化趋势如图 7.16～图 7.18 所示。图中简化指标 1 指基于回归水利用的指标 $E_{I,1}$,简化指标 2 指基于回归水利用的指标 $E_{I,2}$,下文中此种表示方法含义相同。

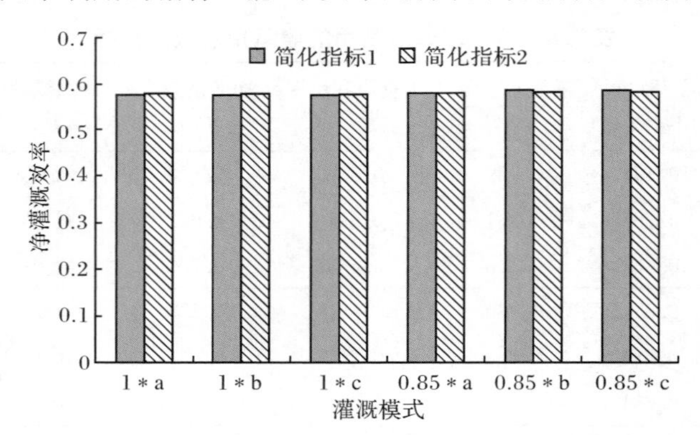

图 7.16　引黄区不同灌溉模式下净灌溉效率

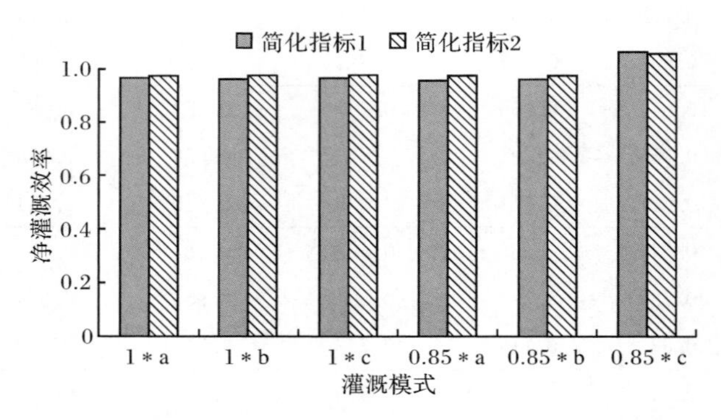

图 7.17　井灌区不同灌溉模式下净灌溉效率

由表 7.8 和图 7.16 可见,随节水灌溉程度的加强,引黄区净灌溉效率简化指标 1 及简化指标 2 均呈增加趋势,两种简化指标的绝对误差在 0.002 以内。采用

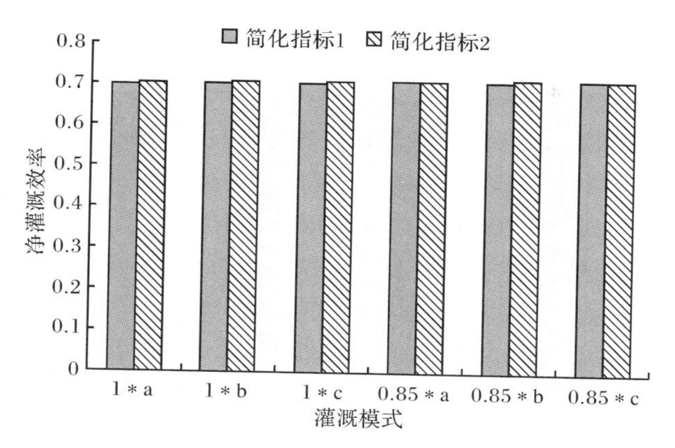

图 7.18　总灌区不同灌溉模式下净灌溉效率

1 * a 灌溉模式时，净灌溉效率最小，$E_{I,1}$和 $E_{I,2}$分别为 0.576 和 0.578；采用 0.85 * c 灌溉模式时，净灌溉效率最大，$E_{I,1}$和 $E_{I,2}$分别为 0.585 和 0.584，与 1 * a 灌溉模式相比，$E_{I,1}$和 $E_{I,2}$分别提高了 0.009 和 0.006。

由表 7.8 和图 7.17 可见，井灌区 6 灌溉模式下净灌溉效率简化指标 1 在 β=0.85 模式时略微减少，简化指标 2 则保持不变。采用 β=1 灌溉模式时，$E_{I,1}$和 $E_{I,2}$分别为 0.962 和 0.974；采用 β=0.85 灌溉模式时，$E_{I,1}$和 $E_{I,2}$分别为 0.958 和 0.974，与 β=1 灌溉模式相比，$E_{I,1}$降低了 0.004，$E_{I,2}$保持不变。

由表 7.8 和图 7.18 可见，随节水灌溉程度的加强，总灌区 $E_{I,1}$和 $E_{I,2}$均呈增加趋势，两种简化指标的绝对误差在 0.004 以内。采用 1 * a 灌溉模式时，净灌溉效率最小，$E_{I,1}$和 $E_{I,2}$分别为 0.7 和 0.704；采用 0.85 * c 灌溉模式时，净灌溉效率最大，$E_{I,1}$和 $E_{I,2}$分别为 0.713 和 0.714，与 1 * a 灌溉模式相比，$E_{I,1}$和 $E_{I,2}$分别提高了 0.013 和 0.01。

基于回归水利用的简化指标 1 与简化指标 2 在引黄区、井灌区和总灌区的绝对误差分别小于 0.002、0.014 和 0.004，井灌区误差稍大，但总体而言两种方法计算的净灌溉效率相差不大。

7.5　柳园口灌区灌溉用水效率评价指标对比分析

对柳园口灌区不同方法计算所得的灌溉用水效率评价指标进行对比分析，结果如图 7.19～图 7.21 所示。图中传统指标即灌溉水利用系数(η_0)，基于水量平衡指标即基于水量平衡的净灌溉效率。

由图 7.19～图 7.21 可见，基于水量平衡与基于回归水利用的净灌溉效率计算结果均明显大于传统灌溉水利用系数，因为前两种评价指标充分考虑了回归水

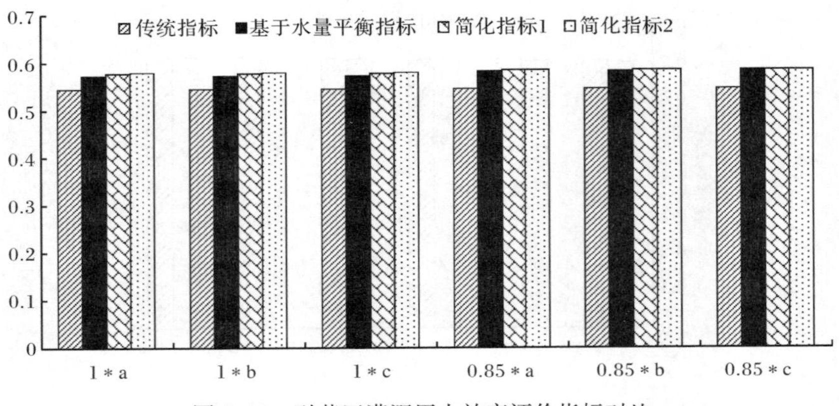

图 7.19　引黄区灌溉用水效率评价指标对比

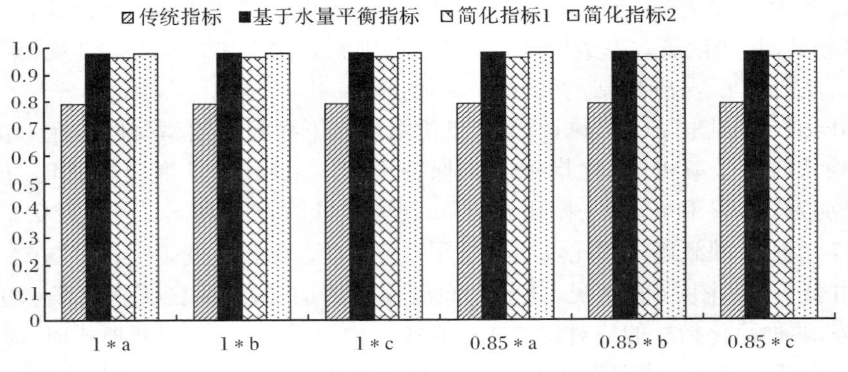

图 7.20　井灌区灌溉用水效率评价指标对比

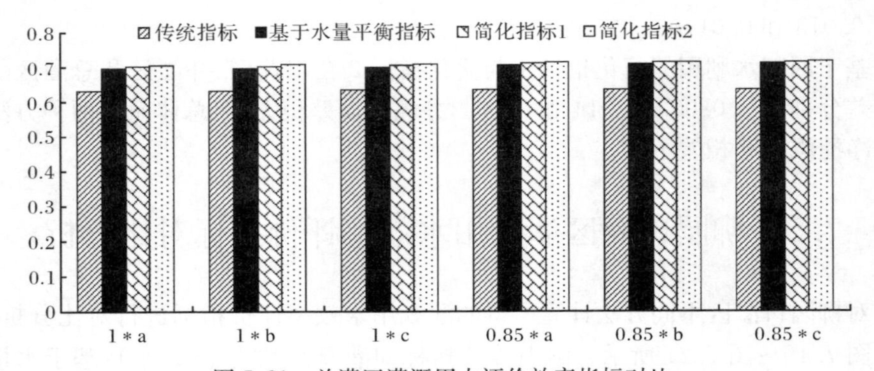

图 7.21　总灌区灌溉用水评价效率指标对比

重复利用，计算结果更接近实际情况。基于水量平衡与基于回归水利用的净灌溉效率指标相差不大，绝对误差均在 0.015 以内。

在引黄区，随节水灌溉程度的增加，基于水量平衡指标与简化指标之间的误差及两种简化指标之间的误差均有逐渐减小的趋势。1＊a 灌溉模式下，基于水量平衡指标与简化指标 1 的误差为 0.004，与简化指标 2 的误差为 0.007，两种简化指标之间的误差为 0.002；0.85＊c 灌溉模式下，基于水量平衡指标与简化指标 1 的误差为 0.002，与简化指标 2 的误差为 0.001，两种简化指标之间的误差为 0.001。因此，在回归水利用率较低的地区（柳园口引黄区）可以使用简化方法计算净灌溉效率。

在井灌区，$\beta=1$ 灌溉模式下，基于水量平衡指标与简化指标 2 相等，两者与简化指标 1 的误差为 0.012；$\beta=0.85$ 灌溉模式下，基于水量平衡指标与简化指标 2 相等，两者与简化指标 1 的误差为 0.016。可见在井灌区，基于水量平衡指标与简化指标 2 相等，但是与简化指标 1 的误差较大，且随节水灌溉程度加强误差增大。因此，在回归水利用率较高的区域（柳园口井灌区），宜采用简化指标 2 计算净灌溉效率。

在总灌区，随节水灌溉程度的加强，基于水量平衡指标与简化指标之间的误差及两种简化指标之间的误差均有逐渐减小的趋势。1＊a 灌溉模式下，基于水量平衡指标与简化指标 1 的误差为 0.006，与简化指标 2 的误差为 0.01，两种简化指标之间的误差为 0.004；0.85＊c 灌溉模式下，基于水量平衡指标与简化指标 1 的误差为 0.005，与简化指标 2 的误差为 0.006，两种简化指标之间的误差为0.001。因此，可以使用基于回归水利用的简化指标计算净灌溉效率。

因此，可以用基于回归水利用指标对研究区域的净灌溉效率进行评价，即本书在 2.2.2 节推导简化指标时所作的两种假设基本成立。比较而言，第二种假设（假设灌溉回归水利用率等于净灌溉效率）优于第一种假设（假设灌溉回归水利用率等于水资源利用率），即简化指标 2 优于简化指标 1。如果可以将各个地区的灌溉水重复利用系数随尺度的变化绘成曲线，在实际应用时，只需要根据研究区域的面积值就可以直接在图上读出灌溉水重复利用系数，那么在资料缺乏的地区，就可以利用灌溉水重复利用系数结合灌溉水利用系数计算净灌溉效率，从而对研究区域灌溉用水效率进行评价。

7.6　井渠结合调控模式确定

柳园口灌区是一个典型的黄河中下游引黄灌区，北部引黄区主要是水稻和冬小麦进行轮种，采用引黄灌溉，地下水位较高；南部井灌区主要种植夏玉米和冬小麦等旱作物，通过抽取地下水进行灌溉，地下水位较低。由于灌区地势也是西北高、东南低，因此地下水流的流向是自北向南，这也是目前柳园口灌区地表水-地下水联合应用模式。然而研究表明，北部引黄区地下水埋深接近地表，导致大量的潜水蒸发损失，甚至在部分非种稻区出现了土壤盐碱化；南部井灌区地下水位逐年降低，导致抽取地下水的成本提高，甚至部分地区出现机井报废和抽水机泵的淘汰、更新，造成了经济损失(Luo et al.，2003)。同时，由于地下水位逐年下降，加剧了表层土壤污染物向深层运移，也会不同程度地污染地下水。因此柳园口灌区合理的地下水位控制必须做到：一方面减少北部引黄区由于地下水位过高而导致的无效潜水蒸发损失，提高水资源利用效率；另一方面维持南部井灌区地下水位在合理的范围，防止地下水位下降过大(Khan et al.，2006)。

井渠结合调控模式是联合利用地表水和地下水，优化水资源调度，调控地下水位的有效方法，并在人民胜利渠灌区等引黄灌区得到了很好的应用(左奎孟，2007；秦大庸等，2004；岳卫峰等，2011)。井渠结合调控模式可以充分利用渠灌和井灌的有利方面，避开不利方面，但该模式的实现关键在于如何配合掌握地下水利用量和控制地下水位，合理调配灌溉、降水和地下水三者之间的关系。因此井渠结合调控模式需要解决以下两个问题：①灌溉中井灌和渠灌各自灌水量所占的比例问题，即适宜的井渠灌溉比(抽水量与引黄水量的比值)的确定；②何时采用渠灌进行引黄水灌溉和何时采用井灌进行抽水灌溉，即适宜井渠灌溉时间的确定。本章拟定了不同的用水方案，然后利用灌区地表水-地下水耦合模型对不同用水方案下的地下水位动态响应及水量平衡要素进行了模拟，以期获得柳园口灌区井渠结合调控模式的两个关键指标：适宜井渠灌溉比和适宜井渠灌溉时间。

7.6.1　用水方案拟订

根据适宜的灌溉模式和地下水埋深控制标准，以多年灌溉制度为基础，假定2010～2026年的气象条件与1991～2007年相对应，根据不同的井渠灌溉量拟定了5种不同的用水方案，并利用改进SWAT模型和MODFLOW模型的耦合模型对各用水方案下的2010～2026年的地下水位及水量进行了数值模拟。

(1) 方案1：现状引黄水量和地下水开采条件。

(2) 方案2：上游引黄水量(田间毛灌水量)在方案1的基础上减少5%，将节省的引黄水量输送到下游井灌区，引黄区与井灌区的灌水时间不变。

(3) 方案3：上游引黄水量(田间毛灌水量)在方案1的基础上减少10%，将节省的引黄水量输送到下游井灌区，引黄区与井灌区的灌水时间不变。

(4) 方案4：上游引黄水量(田间毛灌水量)在方案1的基础上减少15%，将节省的引黄水量输送到下游井灌区，引黄区与井灌区的灌水时间不变。

(5) 方案5：上游引黄区冬灌(12月至次年2月)和汛前(5月)采用井灌，其余时期采用引黄渠灌；井灌区在汛期过后(9～11月)进行引黄渠灌，其余时期采用井灌，引黄区与井灌区的灌水量(田间毛灌水量)与方案1相同。

5种方案下引黄区、井灌区和总灌区的井渠灌溉比例见表7.9。

表 7.9　5种方案下灌水量及井渠灌溉比

方案	研究区域	引黄水量/m^3	抽水量/m^3	井渠灌溉比
方案1	引黄区	6.24×10^9	0	0∶1
	井灌区	0	2.99×10^9	1∶0
	总灌区	6.24×10^9	2.99×10^9	0.48∶1
方案2	引黄区	5.93×10^9	0.21×10^9	0.04∶1
	井灌区	0.31×10^9	2.78×10^9	8.97∶1
	总灌区	6.24×10^9	2.99×10^9	0.48∶1
方案3	引黄区	5.62×10^9	0.43×10^9	0.08∶1
	井灌区	0.62×10^9	2.56×10^9	4.14∶1
	总灌区	6.24×10^9	2.99×10^9	0.48∶1
方案4	引黄区	5.31×10^9	0.64×10^9	0.12∶1
	井灌区	0.94×10^9	2.35×10^9	2.53∶1
	总灌区	6.24×10^9	2.99×10^9	0.48∶1
方案5	引黄区	4.40×10^9	1.23×10^9	0.27∶1
	井灌区	0.69×10^9	2.48×10^9	3.59∶1
	总灌区	5.08×10^9	3.71×10^9	0.73∶1

7.6.2　适宜井渠灌溉比与井渠灌溉时间

利用灌区地表水-地下水耦合模型对不同用水方案下的水量平衡要素和地下水位的动态变化进行模拟，模拟结果如图7.22～图7.26和表7.10所示。限于篇幅，只选择部分典型观测井进行分析。其中，引黄区典型观测井为KF24和KF8，井灌区典型观测井为QX23和HB15，典型观测井具体位置如图6.8所示。

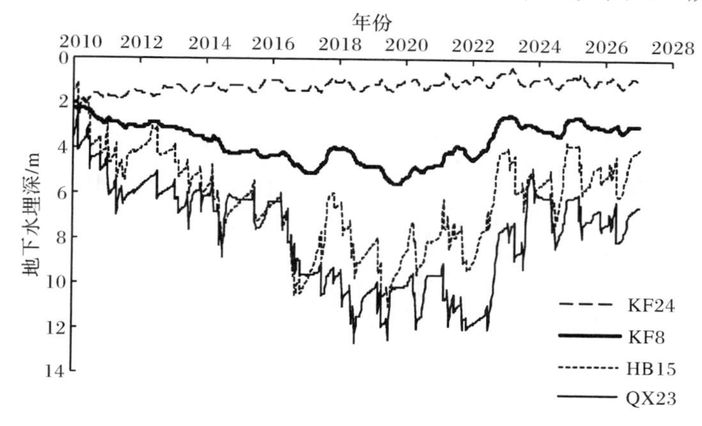

图7.22　方案1灌区典型观测井地下水埋深变化

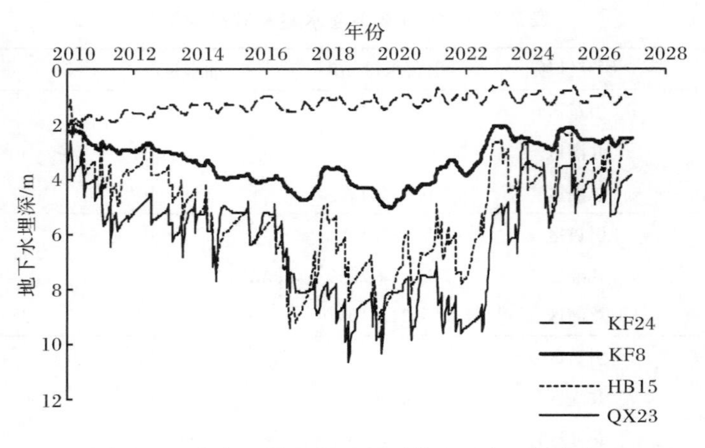

图 7.23　方案 2 灌区典型观测井地下水埋深变化

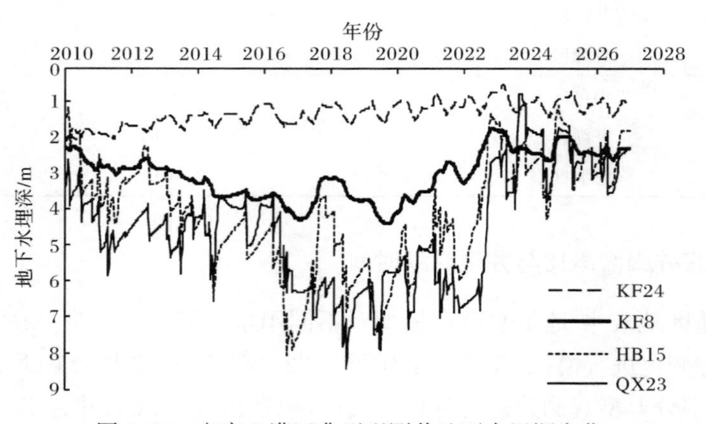

图 7.24　方案 3 灌区典型观测井地下水埋深变化

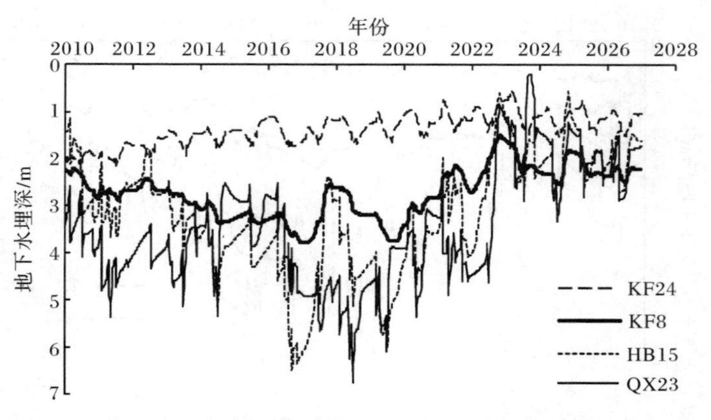

图 7.25　方案 4 灌区典型观测井地下水埋深变化

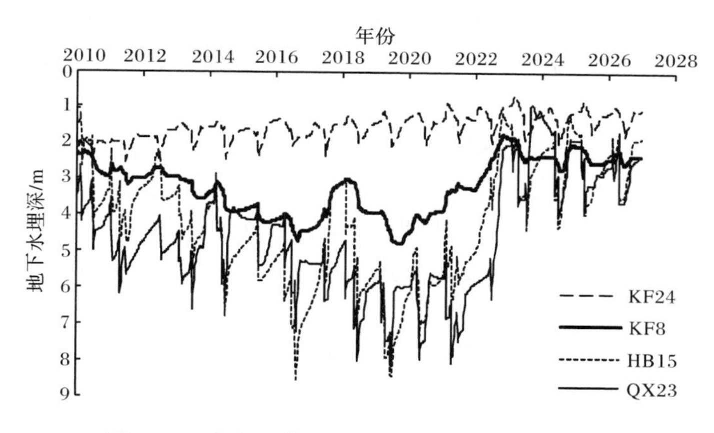

图 7.26　方案 5 灌区典型观测井地下水埋深变化

表 7.10　5 种方案下水量模拟结果　（单位：m^3）

措施	方案	项目	黄河入渗	潜水蒸发	地下水开采	灌溉降水补给	入流水量	出流水量
现状	方案 1	总量	8.84×10^8	1.57×10^9	2.99×10^9	3.89×10^9	3.65×10^9	3.86×10^9
		年均	5.20×10^7	9.24×10^7	1.75×10^8	2.29×10^8	2.15×10^8	2.27×10^8
灌区井渠结合	方案 2	总量	8.84×10^8	1.49×10^9	2.97×10^9	3.88×10^9	3.47×10^9	3.78×10^9
		年均	5.20×10^7	8.76×10^7	1.75×10^8	2.28×10^8	2.04×10^8	2.22×10^8
	方案 3	总量	8.85×10^8	1.45×10^9	2.96×10^9	3.87×10^9	3.38×10^9	3.72×10^9
		年均	5.21×10^7	8.53×10^7	1.74×10^8	2.28×10^8	1.99×10^8	2.19×10^8
	方案 4	总量	8.85×10^8	1.48×10^9	2.98×10^9	3.86×10^9	3.25×10^9	3.63×10^9
		年均	5.21×10^7	8.71×10^7	1.70×10^8	2.27×10^8	1.91×10^8	2.14×10^8
	方案 5	总量	8.85×10^8	7.77×10^8	3.70×10^9	3.91×10^9	3.93×10^9	4.24×10^9
		年均	5.21×10^7	$4..57\times10^7$	2.18×10^8	2.30×10^8	2.31×10^8	2.49×10^8

方案 1 的模拟结果表明（图 7.22 和表 7.10），在现状开采条件下，下游井灌区地下水位总体上有下降趋势，虽然在丰水年地下水位有所上升，但并不能实现自我调节，地下水埋深基本在 6m 以下，到 2018 年局部地区的地下水埋深下降到 8m 以下（QX23 和 HB15），到 2020 年局部地下水埋深降到 10m 以下（QX23 和 HB15）。上游引黄区地下水位总体上有上升趋势（KF24 和 KF8），其中靠近井灌区的观测井（KF8）地下水埋深基本在 2～4m，而远离井灌区的观测井（KF24）地下水埋深较浅，并在丰水年地下水位接近地表，存在着大量的潜水蒸发。由表7.10 可见在现状开采条件下，灌区多年平均年潜水蒸发量为 $9.24\times10^7 m^3$。

方案2～方案4的模拟结果表明(图7.23～图7.25)，上游引黄区部分灌溉采用地下水，并将节省的引黄水输送到下游井灌区，即上游引黄区以渠灌为主，井灌为辅；下游井灌区以井灌为主，渠灌为辅，可以有效地控制地下水位不利的变化。

方案2与方案1相比，井灌区地下水位有所回升，但部分年份地下水埋深仍低于10m，地下水埋深大部分都控制在4～10m以内(QX23和HB15)。引黄区地下水位并没有降低太多，远离井灌区的地下水埋深仍然较浅(KF24)，存在着大量的潜水蒸发。由表7.10可知，与方案1相比，方案2的多年平均潜水蒸发损失减少$0.48\times10^7m^3$。

方案3(图7.24)中井灌区地下水埋深基本控制在3～6m，地下水位随着水文年份的不同而上下波动，表明基本可以实现自我调节控制(QX23和HB15)；引黄区靠近井灌区的地下水埋深基本控制在2～4m(KF8)，远离井灌区的地下水位也有所下降，基本控制在埋深1m以下(KF24)。由表7.10可知，与方案1相比，方案3的多年平均潜水蒸发损失减少$0.71\times10^7m^3$。

方案4(图7.25)中井灌区地下水埋深基本控制在2～5m(QX23和HB15)，但由于井灌区引水量较大，在连续丰水年局部地区地下水埋深上升到1m以内(QX23)。引黄区地下水位明显下降，靠近井灌区的地下水埋深基本控制在3～4m(KF8)，远离井灌区的地下水埋深基本在2m附近波动(KF24)。由表7.9可知，与方案1相比，方案4的潜水蒸发损失减少$0.53\times10^7m^3$；与方案3相比，方案4的潜水蒸发反而增加，这是因为井灌区在部分丰水年地下水埋深上升到1m以内，从而增加了潜水蒸发损失。

方案5的模拟结果(图7.26)表明，井灌区地下水埋深基本控制在3～6m，地下水位在枯水年下降，丰水年上升，可以实现自我调节；引黄区的地下水位下降明显(KF24和KF8)，并且局部地区(KF8)地下水埋深基本控制在3～4m，远离井灌区的地下水埋深也基本控制在2～3m(KF24)。由表7.10可知，与方案1相比，方案5的多年平均潜水蒸发减少$4.67\times10^7m^3$。表明方案5能够更加有效地减少潜水蒸发。

5个用水方案的模拟结果表明，井渠结合调控模式可以有效地调节地下水位的有利变化趋势。在引黄区实行渠灌为主，井灌为辅的灌溉模式可以有效地减少无效潜水蒸发；在井灌区实行井灌为主，渠灌为辅的灌溉模式可以防止由于过量开采导致的地下水位下降过大。根据方案5的模拟结果可知，适宜井渠灌溉时间为：引黄区冬灌和汛前采用井灌，其余时期灌溉采用引黄渠灌。冬灌采用井灌可以抑制早春返盐，同时可以防止渠道结冰和闸门冻坏；汛前进行井灌可以腾空地下水库，增加抗涝能力。井灌区在汛后采用引黄渠灌，其余时期灌溉采用井灌。这可防止因地下水补给量小于抽水量而导致井灌区地下水位不断下降。当然，适宜井渠灌溉时间还应根据当年的具体情况，以充分利用地下水资源、提高灌溉效益和防止盐碱化等为目标进行综合确定。另外，方案 5 中井灌区地下水埋深基本控制在适宜的范围之内，引黄区地下水位下降明显，局部也基本控制在适宜的范围之内，有效地减少了无效潜水蒸发。因此井灌区、引黄区和总灌区的适宜井渠灌溉比分别为 3.59∶1、0.27∶1 和 0.73∶1。

本节得到的柳园口灌区井渠结合调控模式中适宜井渠灌溉比为多年平均值，即适宜井渠灌溉时间下的多年用水比例。因此在实际应用中应该首先考虑适宜井渠灌溉时间，当井渠灌溉比例偏离适宜井渠灌溉比较大时则可以适当调整。

7.7　井渠结合调控模式下灌溉用水评价

利用 7.6 节得到的井渠结合调控模式，即适宜井渠灌溉比例和适宜井渠灌溉时间，对 2002 年(平水年)的水量平衡要素及作物产量进行模拟，得到不同灌溉模式下各 HRU 的水量平衡要素，并对井渠结合调控模式下的用水效率指标(水资源利用率和净灌溉效率)和用水效益指标(灌溉水分生产率和净灌溉水分生产率)进行计算分析。为便于叙述，将井渠结合调控模式和柳园口灌区目前的北部引黄和南部井灌用水方案(简称原用水模式)称为用水模式。

将井渠结合调控模式时，不同研究区域不同灌溉模式的水量和作物产量进行汇总，见表 7.11。由表 7.11 可知，随节水灌溉程度的加强，引黄区引水量、抽水量、ET、总渗漏和灌溉渗漏量均呈递减趋势；井灌区主要受旱作物灌溉模式的影响，与 $\beta=1$ 模式相比，采用 $\beta=0.85$ 模式时灌溉总量(引黄水量和抽水量)和 ET 均有所减少。随节水灌溉程度的加强，引黄区和井灌区作物产量亦呈现降低趋势。

表 7.11　井渠结合调控模式下不同灌溉模式的水量平衡要素及产量

灌溉模式	研究区域	灌溉引水量 /10^6m^3	灌溉抽水量 /10^6m^3	降水总量 /10^6m^3	ET /10^6m^3	总渗漏量 /10^6m^3	灌溉渗漏 /10^6m^3	地下水补给土壤水 /10^6m^3	土壤储水变化 /10^6m^3	产量 /10^6kg
1*a	引黄区	529.73	104.26	324.15	549.93	202.69	88.76	49.36	−9.77	859.8
	井灌区	112.18	291.62	314.77	510.05	155.68	65.87	27.57	−8.23	796.1
	总灌区	641.90	395.88	638.93	1059.98	358.37	154.63	76.92	−18.00	1655.8
1*b	引黄区	515.88	104.26	324.15	546.06	199.32	86.06	49.36	−9.88	860.2
	井灌区	112.18	291.62	314.77	510.05	155.68	65.87	27.57	−8.23	796.1
	总灌区	628.05	395.87	638.93	1056.11	355.01	151.93	76.92	−18.12	1656.2
1*c	引黄区	507.23	104.26	324.15	544.16	196.84	84.64	49.36	−10.47	860.2
	井灌区	112.18	291.62	314.77	510.05	155.68	65.87	27.57	−8.23	796.1
	总灌区	619.41	395.87	638.93	1054.20	352.53	150.52	76.92	−18.70	1656.2

续表

灌溉模式	研究区域	灌溉引水量 /10^6m^3	灌溉抽水量 /10^6m^3	降水总量 /10^6m^3	ET /10^6m^3	总渗漏量 /10^6m^3	灌溉渗漏 /10^6m^3	地下水补给土壤水 /10^6m^3	土壤储水变化 /10^6m^3	产量 /10^6kg
0.85 * a	引黄区	428.89	96.45	324.15	526.32	150.73	77.97	49.36	−2.51	837.5
	井灌区	105.42	246.85	314.77	494.55	115.29	56.71	41.99	2.02	775.8
	总灌区	534.31	343.30	638.93	1020.87	266.01	134.69	91.34	−0.48	1613.3
0.85 * b	引黄区	414.49	96.44	324.15	522.45	147.11	75.21	49.36	−2.68	837.9
	井灌区	105.42	246.85	314.77	494.55	115.29	56.71	41.99	2.02	775.8
	总灌区	519.91	343.29	638.93	1017.00	262.40	131.93	91.34	−0.66	1613.7
0.85 * c	引黄区	406.07	96.44	324.15	520.54	144.72	73.83	49.36	−3.18	838.0
	井灌区	105.42	246.85	314.77	494.55	115.29	56.71	41.99	2.02	775.8
	总灌区	511.49	343.29	638.93	1015.09	260.01	130.54	91.34	−1.15	1613.8

7.7.1　井渠结合调控模式下灌溉用水效率指标分析

根据不同研究区域灌溉用水效率指标的计算公式，利用灌区水文模型模拟的水量平衡要素，对井渠结合调控模式下不同灌溉模式的灌溉用水效率指标进行计算，根据7.5节的分析可知，基于回归水利用的净灌溉效率计算简单，可以代替基于水量平衡的净灌溉效率，且简化指标2的效果稍好，因此此处的净灌溉效率是基于回归水利用的简化指标2计算的结果，见表7.12。井渠结合调控模式下，各研究区域不同灌溉模式下的水资源利用率和净灌溉效率如图7.27～图7.32所示。

表7.12　井渠结合调控模式下不同灌溉模式的灌溉用水效率指标

灌溉模式	研究区域	水资源利用率 E_{I+P}	净灌溉效率 $E_{I,2}$
1 * a	引黄区	0.633	0.679
	井灌区	0.825	0.860
	总灌区	0.709	0.749
1 * b	引黄区	0.638	0.680
	井灌区	0.825	0.861
	总灌区	0.713	0.750
1 * c	引黄区	0.642	0.679
	井灌区	0.825	0.861
	总灌区	0.716	0.749

续表

灌溉模式	研究区域	水资源利用率 E_{I+P}	净灌溉效率 $E_{I,2}$
0.85 * a	引黄区	0.689	0.691
	井灌区	0.832	0.852
	总灌区	0.749	0.755
0.85 * b	引黄区	0.692	0.692
	井灌区	0.832	0.852
	总灌区	0.752	0.757
0.85 * c	引黄区	0.693	0.693
	井灌区	0.832	0.852
	总灌区	0.753	0.758

1）引黄区灌溉用水效率

由表7.12、图7.27和图7.28可知，同原用水模式相似，井渠结合调控模式下，随节水灌溉程度的加强，引黄区水资源利用率和净灌溉效率均呈现增加趋势。采用1 * a模式时，水资源利用率和净灌溉效率最小，分别为0.633和0.679；采用0.85 * c模式时，水资源利用率和净灌溉效率最大，且均为0.693。

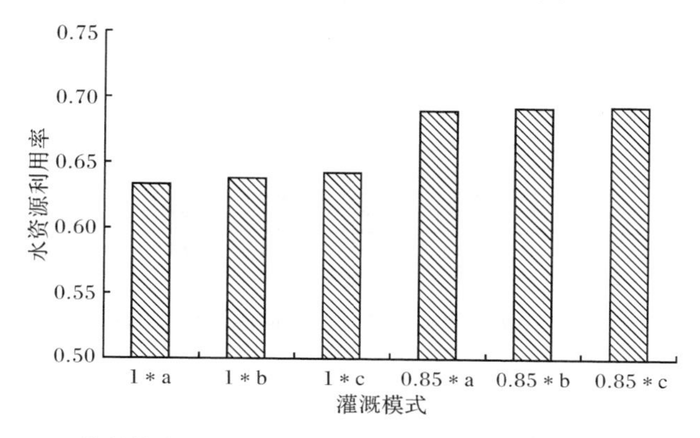

图7.27　井渠结合调控模式下引黄区不同灌溉模式的水资源利用率

2）井灌区灌溉用水效率

由表7.12、图7.29和图7.30可知，井灌区灌溉用水效率主要是受旱作物灌溉模式的影响。采用$\beta=1$模式时，水资源利用率为0.825，净灌溉效率为0.860；采用$\beta=0.85$模式时，水资源利用率为0.832，净灌溉效率为0.852。采用节水灌溉模式理论上可以提高灌溉用水效率，实际上净灌溉效率却降低了，原因是在井渠结合调控模式下，井灌区的井渠灌溉比例影响了灌溉回归水重复利用率，进而影响了灌溉用水效率，采用$\beta=0.85$模式时引水量所占的比例较大，综合作用下降

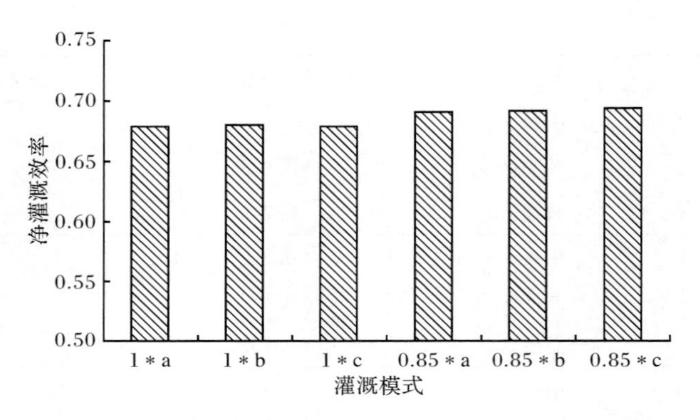

图 7.28 井渠结合调控模式下引黄区不同灌溉模式的净灌溉效率

低了净灌溉效率。虽然节水灌溉模式降低了净灌溉效率,但降水利用率的增幅大于净灌溉效率的降幅,所以在节水灌溉模式下井灌区的水资源利用率有增加的趋势。

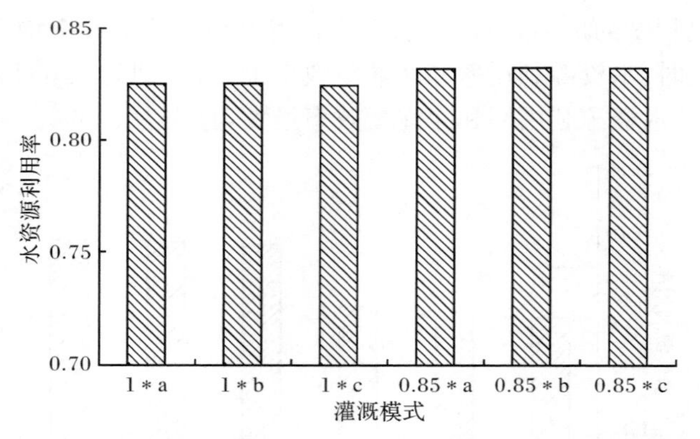

图 7.29 井渠结合调控模式下井灌区不同灌溉模式的水资源利用率

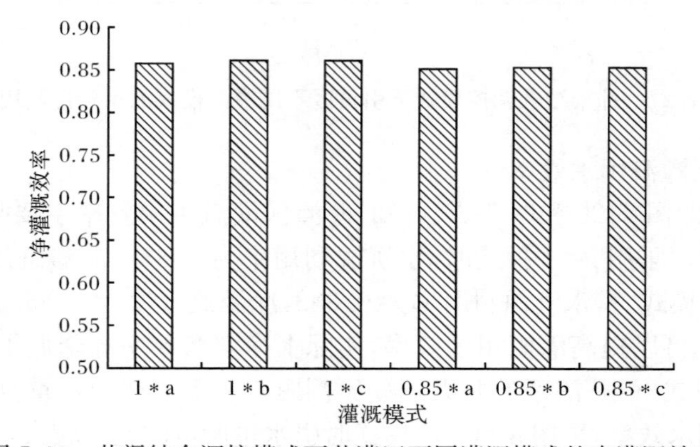

图 7.30 井渠结合调控模式下井灌区不同灌溉模式的净灌溉效率

3）总灌区灌溉用水效率

由表 7.12、图 7.31 和图 7.32 可知，随节水灌溉程度的加强，总灌区水资源利用率和净灌溉效率均呈增加趋势。水资源利用率由 0.709 增加到 0.753，净灌溉效率由 0.749 增加到 0.758。水资源利用率的增幅大于净灌溉效率的增幅，表明井渠结合调控模式下，总灌区采用节水灌溉模式不仅可以提高灌溉用水效率，也能提高降水利用率。

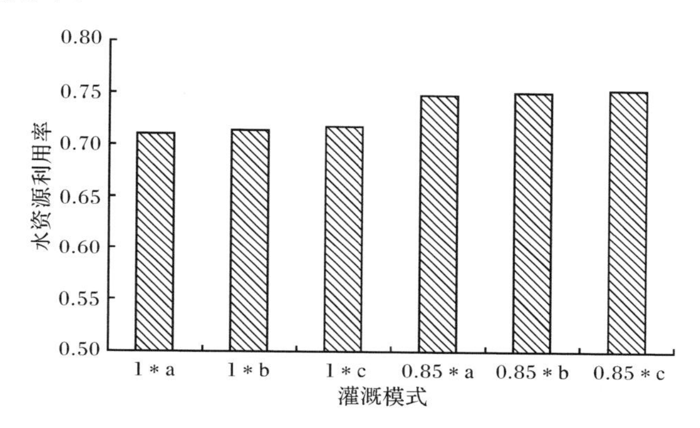

图 7.31　井渠结合调控模式下总灌区不同灌溉模式的水资源利用率

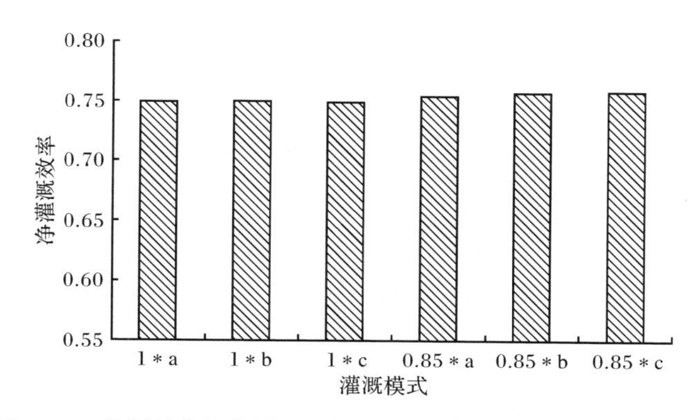

图 7.32　井渠结合调控模式下总灌区不同灌溉模式的净灌溉效率

7.7.2　井渠结合调控模式下灌溉用水效益指标分析

利用模型模拟的水量平衡要素及作物产量，对井渠结合调控模式下不同灌溉模式的灌溉用水效益指标进行计算，见表 7.13。井渠结合调控模式下，各研究区域不同灌溉模式下灌溉水分生产率和净灌溉水分生产率的变化规律如图 7.33～图 7.35 所示。

表 7.13　井渠结合调控模式下不同灌溉模式的灌溉用水效益指标

灌溉模式	研究区域	灌溉水分生产率/(kg/m³)	净灌溉水分生产率/(kg/m³)
1 * a	引黄区	1.36	1.58
	井灌区	1.97	2.36
	总灌区	1.60	1.88
1 * b	引黄区	1.39	1.61
	井灌区	1.97	2.36
	总灌区	1.62	1.90
1 * c	引黄区	1.41	1.63
	井灌区	1.97	2.36
	总灌区	1.63	1.92
0.85 * a	引黄区	1.59	1.87
	井灌区	2.20	2.63
	总灌区	1.84	2.17
0.85 * b	引黄区	1.64	1.92
	井灌区	2.20	2.63
	总灌区	1.87	2.21
0.85 * c	引黄区	1.67	1.96
	井灌区	2.20	2.63
	总灌区	1.89	2.23

1) 引黄区灌溉用水效益

由表 7.13 和图 7.33 可知，井渠结合调控模式下，随节水灌溉程度的加强，引黄区灌溉水分生产率和净灌溉水分生产率均呈现增加趋势。采用 1 * a 模式时，灌溉水分生产率和净灌溉水分生产率最小，分别为 1.36kg/m³ 和 1.58kg/m³；采用 0.85 * c 模式时，灌溉水分生产率和净灌溉水分生产率最大，分别为 1.67kg/m³ 和 1.96kg/m³。灌溉用水效益增加是因为采用节水灌溉模式后灌水量减少幅度大于作物产量的降低幅度。在井渠结合调控模式下，引黄区部分灌溉采用地下水，毛灌溉用水量中部分属于回归水重复利用，因此相同灌溉模式下净灌溉水分生产率大于灌溉水分生产率。

2) 井灌区灌溉用水效益

由表 7.13 和图 7.34 可知，井灌区灌溉用水效益指标主要受旱作物灌溉模式的影响，采用 $\beta=1$ 模式时，灌溉水分生产率为 1.97kg/m³，净灌溉水分生产率为 2.36kg/m³；采用 $\beta=0.85$ 模式时，灌溉水分生产率增加到 2.20kg/m³，净灌溉水分生产率增加到 2.63kg/m³。灌溉用水效益增加是由于采用节水灌溉模式使灌

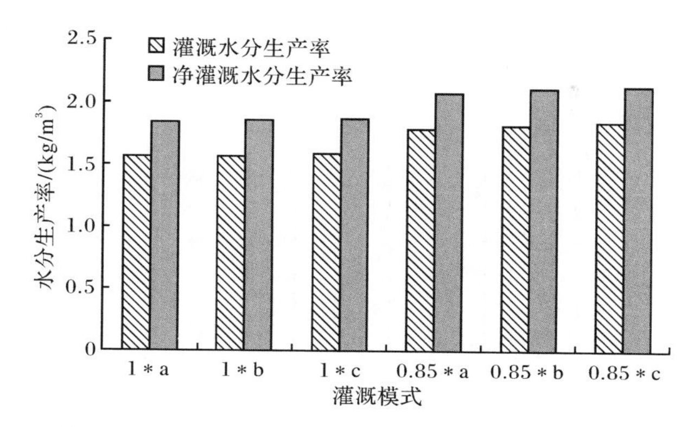

图7.33　井渠结合调控模式下引黄区不同灌溉模式的灌溉用水效益指标

水量减少幅度大于作物产量减少幅度。

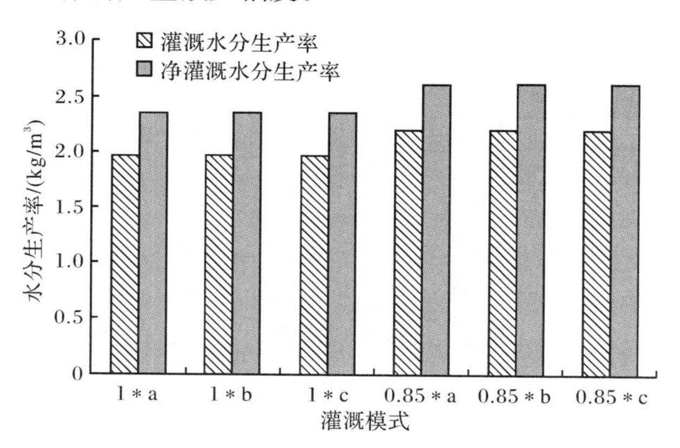

图7.34　井渠结合调控模式下井灌区不同灌溉模式的灌溉用水效益指标

3）总灌区灌溉用水效益

由表7.13和图7.35可知，随节水灌溉程度的加强，总灌区灌溉水分生产率和净灌溉水分生产率均呈增加趋势。总灌区灌溉水分生产率从1.60kg/m^{3}提高到1.89kg/m^3；净灌溉水分生产率从1.88kg/m^{3}提高到2.23kg/m^3。表明采用节水灌溉模式可以增加灌溉用水效益。在相同灌溉模式下净灌溉水分生产率大于灌溉水分生产率，原因是考虑回归水重复利用后，新水源毛灌溉用水量小于毛灌溉用水量。

7.7.3　井渠结合调控模式与原模式灌溉用水效率对比

为了对比分析井渠结合调控模式与目前柳园口灌区采用的井渠结合模式（原模式）的用水效率，根据7.7.2节的分析可知，基于回归水利用的净灌溉效率计算

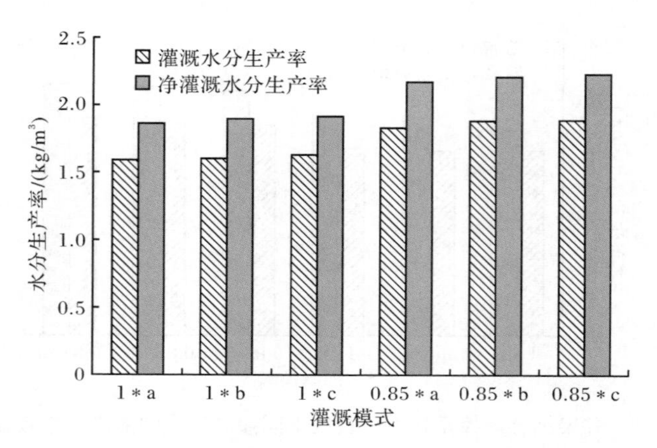

图 7.35　井渠结合调控模式下总灌区不同灌溉模式的用水效益指标

简单,可以代替基于水量平衡的净灌溉效率,且简化指标 2 的效果稍好,因此此处两种用水模式下灌溉用水效率指标是基于回归水利用的简化指标 2 计算的结果对比。将两种用水模式下各研究区域不同灌溉模式的灌溉用水效率进行了汇总。

1) 引黄区

由图 7.36 可知,同种灌溉模式下,井渠结合调控模式的引黄区水资源利用率明显大于原模式的水资源利用率,因为井渠结合调控模式提高了降水和灌溉回归水重复利用率。另外,采用井渠结合调控模式时,1 * a 模式的水资源利用率大于原模式下 0.85 * c 模式的水资源利用率,表明在引黄区通过井渠结合调控模式比采用节水灌溉模式提高水资源利用率的效果更佳。

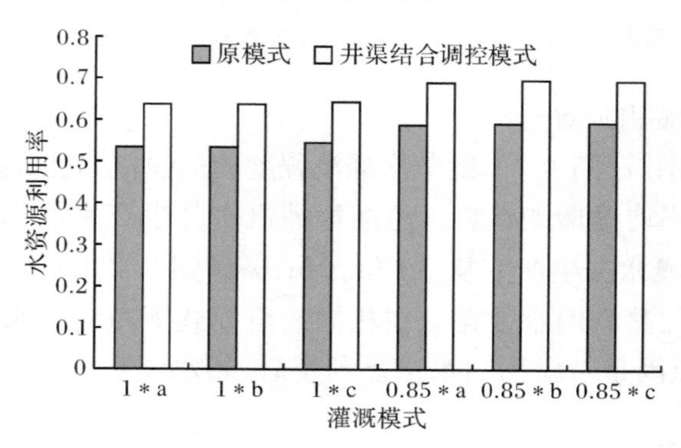

图 7.36　井渠结合调控模式与原模式的引黄区水资源利用率

由图 7.37 可知,同种灌溉模式下,井渠结合调控模式的引黄区净灌溉效率明显大于原模式的净灌溉效率,原因是井渠结合调控模式提高了灌溉回归水重复利用率。另外，井渠结合调控模式下，1 * a 模式的净灌溉效率大于原模式下 0.85 * c 模式的净灌溉效率，表明在引黄区采用井渠结合调控模式比采用节水灌溉模式提高净灌溉效率的效果更佳。

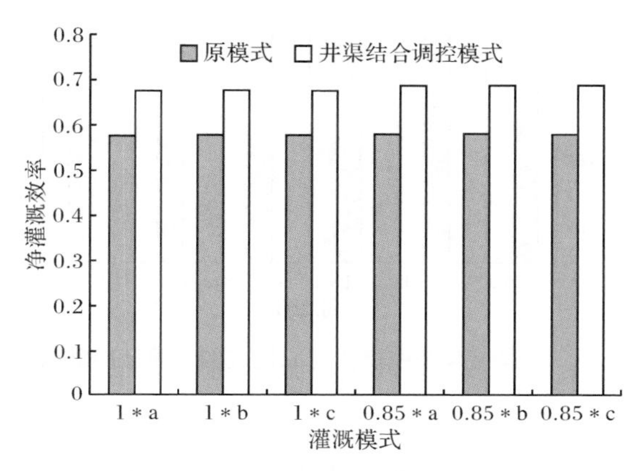

图 7.37　井渠结合调控模式与原模式的引黄区净灌溉效率

2）井灌区

由图 7.38 和图 7.39 可知，同种灌溉模式下，井渠结合调控模式的井灌区水资源利用率和净灌溉效率均比原模式相应的值小，原因是采用井渠结合调控模式时，井灌区的回归水重复利用率降低了。另外，井渠结合调控模式下，0.85 * c 模式下水资源利用率和净灌溉效率均小于原模式下 1 * a 模式的相应值，表明尽管采用节水灌溉模式可以在一定程度上提高灌溉水和降水的利用率，但由于井灌区采用井渠结合调控模式降低了回归水重复利用率，综合作用下降低了灌溉用水效率。

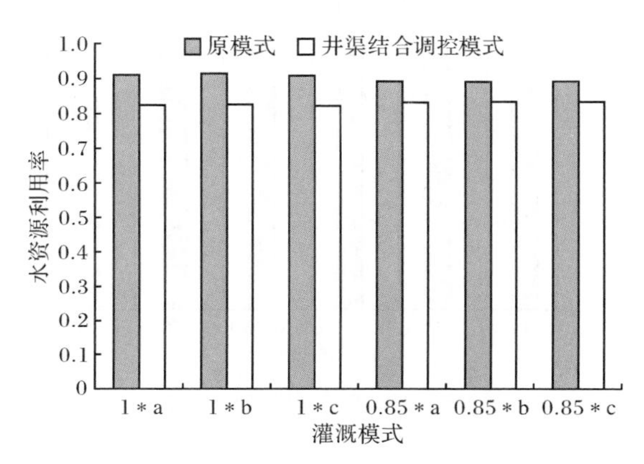

图 7.38　井渠结合调控模式与原模式的井灌区水资源利用率

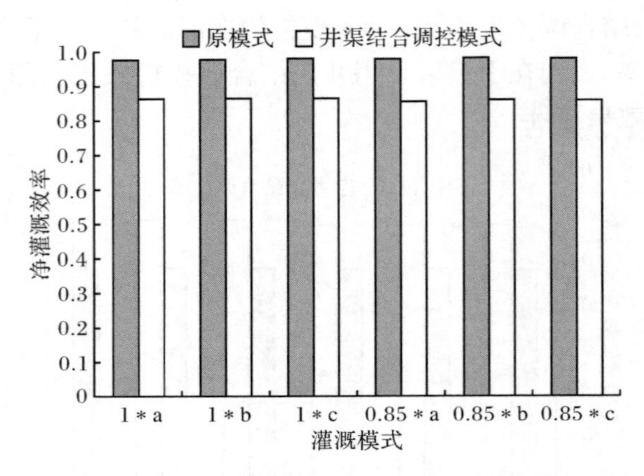

图 7.39 井渠结合调控模式与原模式的井灌区净灌溉效率

3）总灌区

由图 7.40 和图 7.41 可知，同种灌溉模式下，井渠结合调控模式总灌区水资源利用率和净灌溉效率均比原模式下相应值大，表明采用井渠结合调控模式提高了回归水重复利用率，从而提高水资源或灌溉水的利用效率。另外，原用水模式下采用节水灌溉模式时(从 1 * a 到 0.85 * c)水资源利用率由 0.665 增加到 0.705，净灌溉效率由 0.704 增加到 0.714，而 1 * a 灌溉模式下，采用井渠结合调控模式水资源利用率由 0.665 增加到 0.709，净灌溉效率由 0.704 增加到 0.749。这表明在柳园口灌区，采用井渠结合调控模式提高水资源利用率及净灌溉效率的效果比采用节水灌溉模式更佳，特别是采用井渠结合调控模式对提高净灌溉效率作用明显。

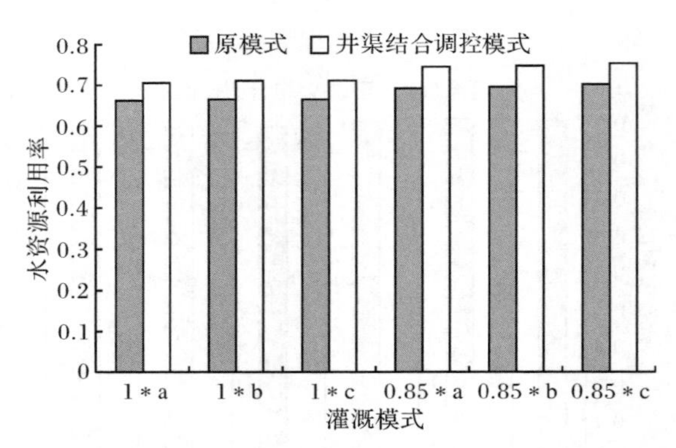

图 7.40 井渠结合调控模式与原模式的总灌区水资源利用率

4）井渠结合调控模式与原模式的灌溉用水效率对比归纳

(1) 同一灌溉模式下，与原模式相比，采用井渠结合调控模式，虽然井灌区的

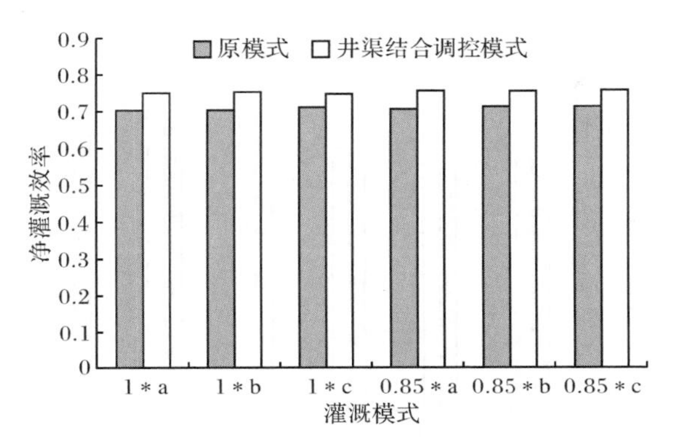

图 7.41　井渠结合调控模式与原模式的总灌区净灌溉效率

水资源利用率和净灌溉效率均有所降低，但引黄区的水资源利用率和净灌溉效率均明显增加，使整个灌区水资源利用率和净灌溉效率均有所提高，因此采用井渠结合调控模式可以提高柳园口灌区总体灌溉用水效率。

(2) 在柳园口灌区，采用井渠结合调控模式提高水资源利用率及净灌溉效率的效果比采用节水灌溉模式更佳。

7.7.4　井渠结合调控模式与原模式灌溉用水效益对比

将井渠结合调控模式与原模式下不同灌溉模式的灌溉用水效益进行汇总对比。

1) 引黄区

由图 7.42 和图 7.43 可知，相同灌溉模式下，井渠结合调控模式下引黄区灌溉水分生产率和净灌溉水分生产率均明显大于原模式下相应的数值。原因是采用井渠结合调控模式后，部分灌溉用水量采用抽取地下水，提高了引黄区灌溉水利用系数，而作物产量变化不大，因此灌溉水分生产率和净灌溉水分生产率均有所增加。净灌溉水分生产率增加的另一个重要原因是由于井渠结合调控模式下灌溉回归水重复利用率明显增大，因此净灌溉水分生产率变化幅度更大。

2) 井灌区

由图 7.44 和图 7.45 可知，相同灌溉模式下，井渠结合调控模式的井灌区灌溉水分生产率和净灌溉水分生产率均小于原模式的相应数值。原因是采用井渠结合调控模式后，井灌区部分用水采用引黄水，降低了灌溉水利用系数，毛灌溉用水量增加，而作物产量变化不大。而井灌区净灌溉水分生产率降低除了上述原因外，另一个原因是降低了灌溉回归水重复利用率，因此井灌区净灌溉水分生产率降低幅度更大。

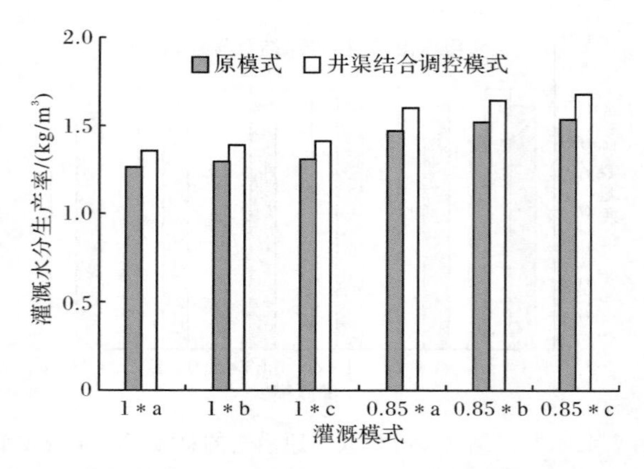

图 7.42　井渠结合调控模式与原模式的引黄区灌溉水分生产率

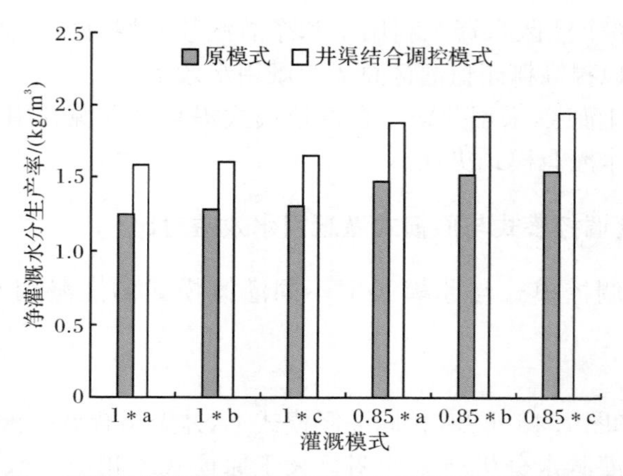

图 7.43　井渠结合调控模式与原模式的引黄区净灌溉水分生产率

3）总灌区

由图 7.46 和图 7.47 可知，相同灌溉模式下，井渠结合调控模式的总灌区灌溉水分生产率和净灌溉水分生产率均大于原模式的相应数值。因此对于总灌区来讲，采用井渠结合调控模式可以提高灌溉用水效益，但是增加的幅度不大，这主要是由于采用井渠结合调控模式后，引黄区灌溉水分生产率和净水分生产率都有所增加，但是井灌区变化却相反，综合作用下通过井渠结合调控模式提高了灌区总体用水效益，但幅度不大。另外，当原用水模式下采用节水灌溉模式时（从 1＊a 到 0.85＊c）灌溉水分生产率由 1.58kg/m³增加到 1.87kg/m³，净灌溉水分生产率由 1.85kg/m³增加到 2.17kg/m³，而 1＊a 灌溉模式下，采用井渠结合调控模式灌溉水分生产率由 1.58kg/m³增加到 1.60kg/m³，净灌溉水分生产率由 1.85kg/m³增加到 1.88kg/m³。这表明在柳园口灌区，采用节水灌溉模式比采用井渠结合调

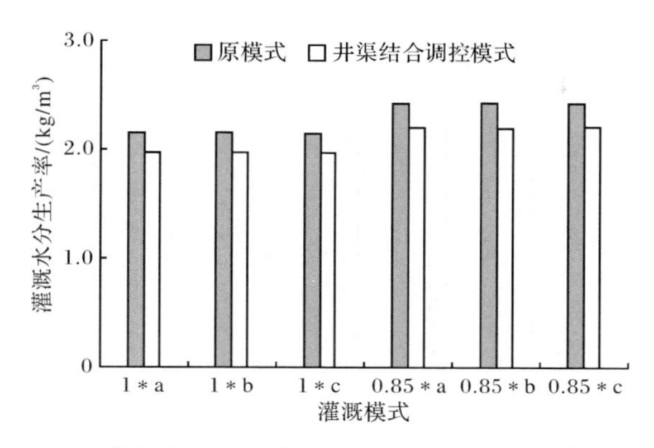

图 7.44　井渠结合调控模式与原模式的井灌区灌溉水分生产率

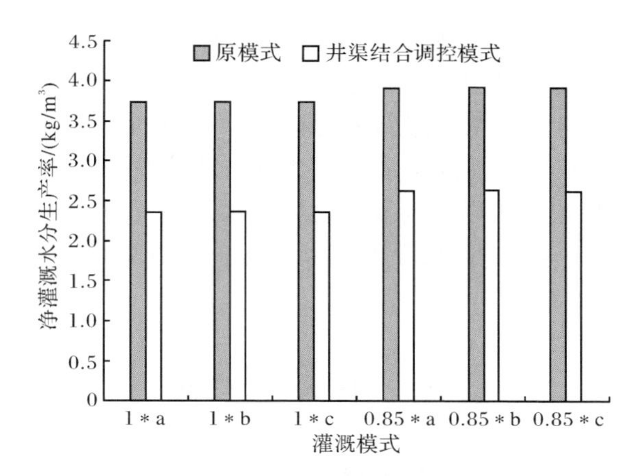

图 7.45　井渠结合调控模式与原模式的井灌区净灌溉水分生产率

控模式提高灌溉用水效益效果更佳。

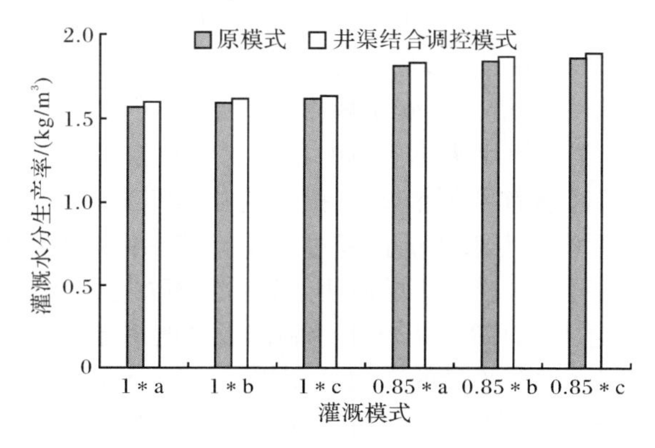

图 7.46　井渠结合调控模式与原模式的总灌区灌溉水分生产率

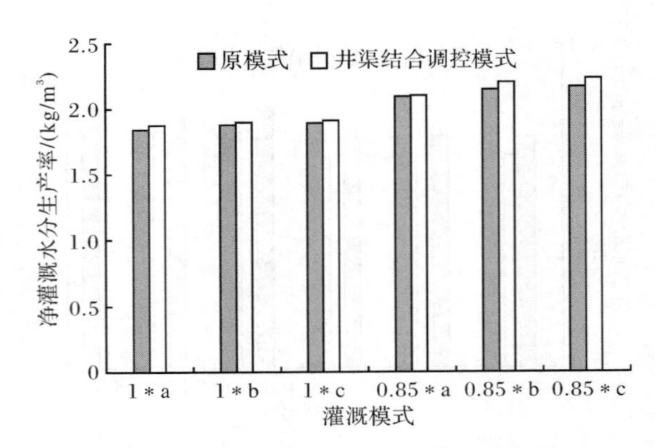

图 7.47 井渠结合调控模式与原模式的总灌区净灌溉水分生产率

4) 井渠结合调控模式与原模式的灌溉用水效益对比归纳

(1) 同一灌溉模式下,井渠结合调控模式与原用水模式的用水效益比较表明,虽然井灌区灌溉水分生产率和净灌溉水分生产率均有所减少,但是对于总灌区来讲,采用井渠结合调控模式提高了灌区灌溉水分生产率和净灌溉水分生产率,因此采用井渠结合调控模式可以提高灌区总体用水效益。

(2) 在柳园口灌区,对于提高灌区用水效益来讲,采用节水灌溉模式比井渠结合调控模式效果更佳。

7.8 本章小结

本章首先分析了研究区域不同灌溉模式下不同作物蒸发蒸腾量的变化规律,利用灌区水文模型对柳园口灌区不同灌溉模式下的水量平衡要素进行了模拟,利用线性模型估算了水稻产量,根据土壤参数及地下水埋深的空间分布,采用SWAP模型模拟了柳园口灌区不同区域夏玉米和冬小麦的产量,实现了SWAP模型向灌区尺度的扩展。在此基础上,对各研究区域不同灌溉模式下的灌溉用水评价指标进行了计算,并分析了其变化规律及其原因。同时利用灌区地表水-地下水耦合模型对不同井渠灌溉用水比例下的地下水位及水量平衡要素进行了模拟,分析确定了柳园口灌区适宜井渠灌溉比和适宜井渠灌溉时间。在此基础上对井渠结合调控模式下的灌溉用水评价指标进行了计算,并与原模式进行对比,分析了不同灌溉模式和不同用水模式下灌溉用水评价指标的变化规律及其原因。

(1) 针对柳园口灌区,计算了不同土地利用类型的多年平均蒸发蒸腾量,分析了不同土地利用类型蒸发蒸腾量的空间分布规律。结果表明,土地利用类型影响蒸发蒸腾量,区域蒸发蒸腾量空间分布规律与不同土地利用类型所占面积比例有关。

(2) 模拟分析了不同灌溉模式下水稻、夏玉米和冬小麦三种主要农作物蒸发蒸腾量的变化规律。结果表明，采用节水灌溉模式作物蒸发蒸腾量均呈现不同程度的降低，其中夏玉米和冬小麦更多地减少了土壤蒸发，水稻则主要减少了水面蒸发，因此采用节水灌溉模式可以减少水分无效损失。

分析表明，在田间尺度，与传统淹灌相比，水稻采用间歇灌溉与浅水灌溉，减少ET的节水率分别为5.6%和8.8%；对夏玉米，采用β=0.85节水灌溉模式与β=1模式相比，减少ET的节水率为1.3%；对冬小麦，采用β=0.85节水灌溉模式与β=1模式相比，减少ET的节水率为3.8%。

(3) 根据柳园口灌区特点，分别对引黄区、井灌区和总灌区基于水量平衡的灌溉用水效率指标进行了推导和简化。根据灌区各水量平衡要素的模拟数据，对不同灌溉模式下的灌溉用水效率进行计算，分析了有关指标的变化规律，主要结论如下：

① 水资源利用率，随节水灌溉程度的加强(变化趋势为1 * a、1 * b、1 * c、0.85 * a、0.85 * b、0.85 * c，下同)，引黄区水资源利用率呈增加趋势，井灌区水资源利用率呈降低趋势，但综合作用下，总灌区水资源利用率呈现增加趋势，表明采用节水灌溉模式可以提高灌区总体水资源利用率。从1 * a模式到0.85 * c模式，引黄区水资源利用率由0.538增加到0.595，井灌区水资源利用率由0.911降低到0.891，总灌区水资源利用率由0.665增加到0.705。

② 净灌溉效率，随节水灌溉程度的加强，引黄区和总灌区的净灌溉效率均呈现增加趋势，原因是采用节水灌溉模式灌溉用水量的降低幅度大于ET的降低幅度，但井灌区净灌溉效率基本保持在0.974不变，原因是在井灌区采用抽取地下水灌溉，灌溉水损失量大部分可以被重复利用。从1 * a模式到0.85 * c模式，引黄区净灌溉效率由0.571增加到0.583，总灌区净灌溉效率由0.694增加到0.708。

③ 与传统灌溉水利用系数相比，本书提出的3个净灌溉效率指标在不同灌溉模式下均显著提高，原因是本书提出的指标考虑了灌溉回归水的重复利用。

(4) 计算分析了不同灌溉模式下基于回归水利用的净灌溉效率的变化规律，主要结论如下：

① 随节水灌溉程度的加强，引黄区和总灌区的灌溉水重复利用系数有所增加，井灌区的灌溉水重复利用系数稳定在0.191。1 * a模式下，灌溉水重复利用系数最小，引黄区和总灌区分别为0.059和0.106；0.85 * c模式下，灌溉水重复利用系数最大，引黄区和总灌区分别为0.068和0.113。

② 随节水灌溉程度的加强，引黄区净灌溉效率呈增加趋势，井灌区净灌溉效率简化指标1($E_{I,1}$)在β=0.85模式与β=1模式相比略微减少，简化指标2($E_{I,2}$)则保持不变，总灌区净灌溉效率也呈增加趋势。总灌区采用1 * a灌溉模式时，

$E_{I,1}$和$E_{I,2}$分别为 0.700 和 0.704；采用 0.85 * c 灌溉模式时，$E_{I,1}$和$E_{I,2}$分别为 0.713和0.714。

③ 基于回归水利用的简化指标 1 与简化指标 2 在引黄区、井灌区和总灌区的绝对误差分别小于 0.002、0.014 和 0.004，除回归水利用较大的井灌区误差稍大外，两种方法计算的净灌溉效率相差不大。

(5) 将基于水量平衡与基于回归水利用的净灌溉效率进行对比分析，得到以下结论：

① 引黄区随节水灌溉程度的加强，基于水量平衡指标与简化指标间的误差及两种简化指标之间的误差均有逐渐减小的趋势。因此，在回归水利用率较低的地区可以使用两种简化方法计算净灌溉效率。

② 井灌区基于水量平衡指标与简化指标 2 相等，但是与简化指标 1 的误差较大，且随节水灌溉模式程度的加强误差增大。因此，在回归水利用率较高的区域，宜使用简化指标 2 计算净灌溉效率。

③ 总灌区随节水灌溉程度的加强，基于水量平衡指标与简化指标之间的误差及两种简化指标之间的误差均有逐渐减小的趋势。因此可以使用基于回归水利用的指标计算柳园口灌区净灌溉效率。

(6) 利用线性模型估算了水稻产量，基于土壤参数及地下水埋深的空间分布，采用 SWAP 模型模拟了各 HRU 上夏玉米和冬小麦的产量，实现了 SWAP 模型的空间扩展。对不同灌溉模式下的灌溉用水效益指标进行计算，分析了有关指标的变化规律，主要结论如下：

① 对于灌溉水分生产率，随节水灌溉程度的加强，引黄区、井灌区和总灌区的灌溉水分生产率均呈现增加趋势，这是因为采用节水灌溉模式毛灌溉用水量减少幅度大于作物产量降低幅度。从 1 * a 模式到 0.85 * c 模式，引黄区灌溉水分生产率由 1.26kg/m^3提高到 1.54kg/m^3，井灌区灌溉水分生产率由 2.16kg/m^3提高到 2.43kg/m^3，总灌区灌溉水分生产率由 1.58kg/m^3提高到 1.87kg/m^3。

② 对于净灌溉水分生产率，采用节水灌溉模式可以提高灌区净灌溉水分生产率，且相同灌溉模式下，灌区的净灌溉水分生产率大于灌溉水分生产率。从 1 * a 模式到 0.85 * c 模式，引黄区净灌溉水分生产率由 1.26kg/m^3提高到 1.54kg/m^3，井灌区净灌溉水分生产率由 3.75kg/m^3提高到 3.91kg/m^3，总灌区净灌溉水分生产率由 1.85kg/m^3提高到 2.17kg/m^3。

(7) 利用地表水-地下水耦合模型对不同井渠灌溉比例的用水方案进行模拟，根据适宜的地下水位控制标准和潜水蒸发损失的大小，综合分析确定了井灌区、引黄区和总灌区的适宜井渠灌溉比分别为 3.59∶1、0.27∶1 和 0.73∶1；适宜井渠灌溉时间为：引黄区冬灌和汛前采用井灌，其他时间引黄灌溉，井灌区在汛后采用引黄渠灌，其他时间采用井灌。

(8) 井渠结合调控模式下，随节水灌溉程度的加强，引黄区和总灌区的水资源利用率和净灌溉效率均呈现增加趋势，井灌区的净灌溉效率有所降低，而水资源利用率呈增加趋势。与原用水模式相比，采用井渠结合调控模式可以提高柳园口灌区水资源利用率和净灌溉效率。在柳园口灌区，对于提高水资源利用率和净灌溉效率而言，采用井渠结合调控模式比采用节水灌溉模式的效果更佳。

(9) 井渠结合调控模式下，随节水灌溉程度的加强，引黄区、井灌区和总灌区的灌溉水分生产率和净灌溉水分生产率均呈现增加趋势。与原用水模式相比，采用井渠结合调控模式可以提高柳园口灌区灌溉水分生产率和净灌溉水分生产率。在柳园口灌区，对于提高灌区用水效益而言，采用节水灌溉模式比采用井渠结合调控模式效果更佳。

第 8 章　柳园口灌区节水潜力分析评价

本章首先模拟计算柳园口灌区耗水节水潜力，同时从取水、耗水和回归水角度，拟定了 7 种节水措施，模拟分析不同节水措施下的传统节水潜力和新水源节水潜力(包括基于水量平衡的新水源节水潜力及基于回归水利用的两种简化新水源节水潜力)的变化规律及其原因，并将传统节水潜力与新水源节水潜力进行对比分析。

8.1　基于 ET 管理的柳园口灌区节水潜力

有些学者认为，区域内某部门或者行业通过节水措施所节约的水量实际上没有损失，仍然存留在区域内，或被转移到其他部门或行业。从单个用水单位来讲是节约了水量，但从整个区域来讲没有实现真正意义上的节水(沈振荣等，2000)。基于这种考虑，提出了从水资源消耗角度研究区域真实节水潜力的观点，认为耗水节水潜力才是真实节水潜力(裴源生等，2007)。

水资源消耗分为有益消耗和无益消耗。有益消耗，是指水分的消耗能够产生一定的效益，例如，农业用水的消耗能生产粮食，环境用水的消耗能改善自然生态环境等。无益消耗，是指水分的消耗不能产生效益或产生负效益，例如，涝渍地上水分的蒸发、深层渗漏的水进入咸水含水层等均可认为是无益消耗。当然无益消耗和有益消耗并不是绝对的，需要根据研究对象具体分析。

节水应该采取合理的措施控制蒸发蒸腾量，尽量减少无益消耗。但并非所有的水资源消耗都是容易控制的，基于人类对蒸发蒸腾量的控制能力和程度，将蒸发蒸腾量分为可控蒸发蒸腾量和不可控蒸发蒸腾量。可控蒸发蒸腾量指可通过人类活动干预的耗水过程，主要包括耕地灌溉、人工林灌溉、生活用水等；不可控蒸发蒸腾量是指天然林草地、水域、居民地、裸地等的蒸发蒸腾量，其耗水过程较难通过现有的技术进行控制。节水措施的制定也主要是针对可控蒸发蒸腾量，减少无效损失。

对于柳园口灌区，农业耗水量最大，而农业耗水中的蒸发蒸腾量可以通过不同的灌溉模式进行调节，属于可控蒸发蒸腾量。模拟计算了 2002 年柳园口灌区各子流域不同灌溉模式下不同土地利用类型的蒸发蒸腾量，结果见表 8.1。

表 8.1　不同灌溉模式下柳园口灌区各子流域不同土地利用类型蒸发蒸腾量 ET(单位: $10^6 m^3$)

子流域	灌溉模式	水体	旱地	水田	城镇	村庄	林地	总 ET
1	1 * a	2.735	8.350	30.198	0.456	5.967	0.000	47.706
	1 * b	2.735	8.350	29.323	0.456	5.967	0.000	46.831
	1 * c	2.735	8.350	28.837	0.456	5.967	0.000	46.345
	0.85 * a	2.735	7.964	29.847	0.456	5.967	0.000	46.970
	0.85 * b	2.735	7.964	28.962	0.456	5.967	0.000	46.085
	0.85 * c	2.735	7.964	28.480	0.456	5.967	0.000	45.603
2	1 * a	0.321	16.583	9.772	0.289	3.504	0.000	30.469
	1 * b	0.321	16.583	9.480	0.289	3.504	0.000	30.176
	1 * c	0.321	16.583	9.328	0.289	3.504	0.000	30.024
	0.85 * a	0.321	15.805	9.708	0.289	3.504	0.000	29.627
	0.85 * b	0.321	15.805	9.418	0.289	3.504	0.000	29.338
	0.85 * c	0.321	15.805	9.267	0.289	3.504	0.000	29.186
3	1 * a	0.224	51.894	0.000	7.329	2.361	0.000	61.808
	1 * b	0.224	51.894	0.000	7.329	2.361	0.000	61.808
	1 * c	0.224	51.894	0.000	7.329	2.361	0.000	61.808
	0.85 * a	0.224	48.802	0.000	7.329	2.361	0.000	58.717
	0.85 * b	0.224	48.802	0.000	7.329	2.361	0.000	58.717
	0.85 * c	0.224	48.802	0.000	7.329	2.361	0.000	58.717
4	1 * a	0.000	20.731	0.000	0.150	1.940	0.000	22.820
	1 * b	0.000	20.731	0.000	0.150	1.940	0.000	22.820
	1 * c	0.000	20.731	0.000	0.150	1.940	0.000	22.820
	0.85 * a	0.000	19.498	0.000	0.150	1.940	0.000	21.588
	0.85 * b	0.000	19.498	0.000	0.150	1.940	0.000	21.588
	0.85 * c	0.000	19.498	0.000	0.150	1.940	0.000	21.588
5	1 * a	0.728	54.465	22.569	0.000	14.685	1.329	93.775
	1 * b	0.728	54.465	21.963	0.000	14.685	1.329	93.169
	1 * c	0.728	54.465	21.742	0.000	14.685	1.329	92.949
	0.85 * a	0.728	51.586	22.363	0.000	14.685	1.329	90.690
	0.85 * b	0.728	51.586	21.762	0.000	14.685	1.329	90.089
	0.85 * c	0.728	51.586	21.548	0.000	14.685	1.329	89.875
6	1 * a	0.423	30.505	10.493	0.000	4.920	1.157	47.499
	1 * b	0.423	30.505	10.175	0.000	4.920	1.157	47.181

续表

子流域	灌溉模式	水体	旱地	水田	城镇	村庄	林地	总 ET
6	1 * c	0.423	30.505	10.056	0.000	4.920	1.157	47.062
	0.85 * a	0.423	28.871	10.341	0.000	4.920	1.157	45.712
	0.85 * b	0.423	28.871	10.022	0.000	4.920	1.157	45.393
	0.85 * c	0.423	28.871	9.902	0.000	4.920	1.157	45.274
7	1 * a	8.848	60.261	11.169	18.654	5.936	0.475	105.343
	1 * b	8.848	60.261	10.786	18.654	5.936	0.475	104.960
	1 * c	8.848	60.261	10.570	18.654	5.936	0.475	104.744
	0.85 * a	8.848	56.961	11.003	18.654	5.936	0.475	101.876
	0.85 * b	8.848	56.961	10.622	18.654	5.936	0.475	101.495
	0.85 * c	8.848	56.961	10.405	18.654	5.936	0.475	101.278
8	1 * a	0.193	17.277	0.000	1.178	1.419	0.000	20.067
	1 * b	0.193	17.277	0.000	1.178	1.419	0.000	20.067
	1 * c	0.193	17.277	0.000	1.178	1.419	0.000	20.067
	0.85 * a	0.193	16.432	0.000	1.178	1.419	0.000	19.222
	0.85 * b	0.193	16.432	0.000	1.178	1.419	0.000	19.222
	0.85 * c	0.193	16.432	0.000	1.178	1.419	0.000	19.222
9	1 * a	0.111	32.358	10.490	0.000	3.978	0.106	47.043
	1 * b	0.111	32.358	10.165	0.000	3.978	0.106	46.718
	1 * c	0.111	32.358	10.024	0.000	3.978	0.106	46.576
	0.85 * a	0.111	30.624	10.408	0.000	3.978	0.106	45.227
	0.85 * b	0.111	30.624	10.081	0.000	3.978	0.106	44.900
	0.85 * c	0.111	30.624	9.938	0.000	3.978	0.106	44.757
10	1 * a	2.867	45.403	3.381	1.744	4.939	0.034	58.369
	1 * b	2.867	45.403	3.276	1.744	4.939	0.034	58.264
	1 * c	2.867	45.403	3.231	1.744	4.939	0.034	58.219
	0.85 * a	2.867	43.498	3.355	1.744	4.939	0.034	56.437
	0.85 * b	2.867	43.498	3.248	1.744	4.939	0.034	56.331
	0.85 * c	2.867	43.498	3.203	1.744	4.939	0.034	56.285
11	1 * a	0.089	40.704	0.000	0.000	1.811	0.000	42.603
	1 * b	0.089	40.704	0.000	0.000	1.811	0.000	42.603
	1 * c	0.089	40.704	0.000	0.000	1.811	0.000	42.603
	0.85 * a	0.089	38.504	0.000	0.000	1.811	0.000	40.404

续表

子流域	灌溉模式	水体	旱地	水田	城镇	村庄	林地	总 ET
11	0.85 * b	0.089	38.504	0.000	0.000	1.811	0.000	40.404
	0.85 * c	0.089	38.504	0.000	0.000	1.811	0.000	40.404
12	1 * a	0.257	21.842	0.000	0.000	0.803	0.000	22.902
	1 * b	0.257	21.842	0.000	0.000	0.803	0.000	22.902
	1 * c	0.257	21.842	0.000	0.000	0.803	0.000	22.902
	0.85 * a	0.257	20.704	0.000	0.000	0.803	0.000	21.763
	0.85 * b	0.257	20.704	0.000	0.000	0.803	0.000	21.763
	0.85 * c	0.257	20.704	0.000	0.000	0.803	0.000	21.763
13	1 * a	0.005	26.957	0.000	1.510	3.545	0.000	32.017
	1 * b	0.005	26.957	0.000	1.510	3.545	0.000	32.017
	1 * c	0.005	26.957	0.000	1.510	3.545	0.000	32.017
	0.85 * a	0.005	25.898	0.000	1.510	3.545	0.000	30.957
	0.85 * b	0.005	25.898	0.000	1.510	3.545	0.000	30.957
	0.85 * c	0.005	25.898	0.000	1.510	3.545	0.000	30.957
14	1 * a	3.298	43.508	29.822	1.056	7.298	0.112	85.094
	1 * b	3.298	43.508	28.856	1.056	7.298	0.112	84.128
	1 * c	3.298	43.508	28.330	1.056	7.298	0.112	83.602
	0.85 * a	3.298	41.379	29.371	1.056	7.298	0.112	82.514
	0.85 * b	3.298	41.379	28.414	1.056	7.298	0.112	81.557
	0.85 * c	3.298	41.379	27.872	1.056	7.298	0.112	81.015
15	1 * a	0.000	19.500	0.000	0.000	3.194	0.000	22.694
	1 * b	0.000	19.500	0.000	0.000	3.194	0.000	22.694
	1 * c	0.000	19.500	0.000	0.000	3.194	0.000	22.694
	0.85 * a	0.000	18.918	0.000	0.000	3.194	0.000	22.112
	0.85 * b	0.000	18.918	0.000	0.000	3.194	0.000	22.112
	0.85 * c	0.000	18.918	0.000	0.000	3.194	0.000	22.112
16	1 * a	0.892	14.736	0.000	0.000	1.904	0.000	17.532
	1 * b	0.892	14.736	0.000	0.000	1.904	0.000	17.532
	1 * c	0.892	14.736	0.000	0.000	1.904	0.000	17.532
	0.85 * a	0.892	14.526	0.000	0.000	1.904	0.000	17.322
	0.85 * b	0.892	14.526	0.000	0.000	1.904	0.000	17.322
	0.85 * c	0.892	14.526	0.000	0.000	1.904	0.000	17.322

续表

子流域	灌溉模式	水体	旱地	水田	城镇	村庄	林地	总ET
17	1 * a	0.004	27.758	0.000	0.000	4.170	0.000	31.932
	1 * b	0.004	27.758	0.000	0.000	4.170	0.000	31.932
	1 * c	0.004	27.758	0.000	0.000	4.170	0.000	31.932
	0.85 * a	0.004	26.966	0.000	0.000	4.170	0.000	31.140
	0.85 * b	0.004	26.966	0.000	0.000	4.170	0.000	31.140
	0.85 * c	0.004	26.966	0.000	0.000	4.170	0.000	31.140
18	1 * a	1.406	30.631	0.000	0.000	4.698	0.000	36.734
	1 * b	1.406	30.631	0.000	0.000	4.698	0.000	36.734
	1 * c	1.406	30.631	0.000	0.000	4.698	0.000	36.734
	0.85 * a	1.406	30.040	0.000	0.000	4.698	0.000	36.144
	0.85 * b	1.406	30.040	0.000	0.000	4.698	0.000	36.144
	0.85 * c	1.406	30.040	0.000	0.000	4.698	0.000	36.144
19	1 * a	0.032	2.866	0.000	0.000	0.492	0.000	3.389
	1 * b	0.032	2.866	0.000	0.000	0.492	0.000	3.389
	1 * c	0.032	2.866	0.000	0.000	0.492	0.000	3.389
	0.85 * a	0.032	2.785	0.000	0.000	0.492	0.000	3.309
	0.85 * b	0.032	2.785	0.000	0.000	0.492	0.000	3.309
	0.85 * c	0.032	2.785	0.000	0.000	0.492	0.000	3.309
20	1 * a	0.223	3.513	0.000	0.136	1.164	0.000	5.036
	1 * b	0.223	3.513	0.000	0.136	1.164	0.000	5.036
	1 * c	0.223	3.513	0.000	0.136	1.164	0.000	5.036
	0.85 * a	0.223	3.405	0.000	0.136	1.164	0.000	4.928
	0.85 * b	0.223	3.405	0.000	0.136	1.164	0.000	4.928
	0.85 * c	0.223	3.405	0.000	0.136	1.164	0.000	4.928
21	1 * a	0.038	1.085	0.000	0.000	0.385	0.000	1.507
	1 * b	0.038	1.085	0.000	0.000	0.385	0.000	1.507
	1 * c	0.038	1.085	0.000	0.000	0.385	0.000	1.507
	0.85 * a	0.038	1.054	0.000	0.000	0.385	0.000	1.477
	0.85 * b	0.038	1.054	0.000	0.000	0.385	0.000	1.477
	0.85 * c	0.038	1.054	0.000	0.000	0.385	0.000	1.477
22	1 * a	0.000	22.862	0.000	0.000	3.101	0.052	26.015
	1 * b	0.000	22.862	0.000	0.000	3.101	0.052	26.015

续表

子流域	灌溉模式	水体	旱地	水田	城镇	村庄	林地	总 ET
22	1 * c	0.000	22.862	0.000	0.000	3.101	0.052	26.015
	0.85 * a	0.000	21.973	0.000	0.000	3.101	0.052	25.126
	0.85 * b	0.000	21.973	0.000	0.000	3.101	0.052	25.126
	0.85 * c	0.000	21.973	0.000	0.000	3.101	0.052	25.126
23	1 * a	1.496	15.330	0.000	0.000	1.001	0.000	17.827
	1 * b	1.496	15.330	0.000	0.000	1.001	0.000	17.827
	1 * c	1.496	15.330	0.000	0.000	1.001	0.000	17.827
	0.85 * a	1.496	14.788	0.000	0.000	1.001	0.000	17.285
	0.85 * b	1.496	14.788	0.000	0.000	1.001	0.000	17.285
	0.85 * c	1.496	14.788	0.000	0.000	1.001	0.000	17.285
24	1 * a	0.098	44.857	0.000	0.000	2.083	0.394	47.432
	1 * b	0.098	44.857	0.000	0.000	2.083	0.394	47.432
	1 * c	0.098	44.857	0.000	0.000	2.083	0.394	47.432
	0.85 * a	0.098	42.555	0.000	0.000	2.083	0.394	45.129
	0.85 * b	0.098	42.555	0.000	0.000	2.083	0.394	45.129
	0.85 * c	0.098	42.555	0.000	0.000	2.083	0.394	45.129
25	1 * a	0.027	33.612	0.000	0.000	3.004	0.000	36.643
	1 * b	0.027	33.612	0.000	0.000	3.004	0.000	36.643
	1 * c	0.027	33.612	0.000	0.000	3.004	0.000	36.643
	0.85 * a	0.027	33.004	0.000	0.000	3.004	0.000	36.035
	0.85 * b	0.027	33.004	0.000	0.000	3.004	0.000	36.035
	0.85 * c	0.027	33.004	0.000	0.000	3.004	0.000	36.035
26	1 * a	0.260	25.801	0.000	0.232	4.591	0.000	30.884
	1 * b	0.260	25.801	0.000	0.232	4.591	0.000	30.884
	1 * c	0.260	25.801	0.000	0.232	4.591	0.000	30.884
	0.85 * a	0.260	25.353	0.000	0.232	4.591	0.000	30.436
	0.85 * b	0.260	25.353	0.000	0.232	4.591	0.000	30.436
	0.85 * c	0.260	25.353	0.000	0.232	4.591	0.000	30.436
27	1 * a	1.642	11.996	0.000	0.000	1.021	0.000	14.659
	1 * b	1.642	11.996	0.000	0.000	1.021	0.000	14.659
	1 * c	1.642	11.996	0.000	0.000	1.021	0.000	14.659
	0.85 * a	1.642	11.639	0.000	0.000	1.021	0.000	14.301

续表

子流域	灌溉模式	水体	旱地	水田	城镇	村庄	林地	总 ET
27	0.85 * b	1.642	11.639	0.000	0.000	1.021	0.000	14.301
	0.85 * c	1.642	11.639	0.000	0.000	1.021	0.000	14.301
28	1 * a	0.077	51.999	0.000	0.000	5.245	0.000	57.321
	1 * b	0.077	51.999	0.000	0.000	5.245	0.000	57.321
	1 * c	0.077	51.999	0.000	0.000	5.245	0.000	57.321
	0.85 * a	0.077	50.348	0.000	0.000	5.245	0.000	55.670
	0.85 * b	0.077	50.348	0.000	0.000	5.245	0.000	55.670
	0.85 * c	0.077	50.348	0.000	0.000	5.245	0.000	55.670
29	1 * a	0.016	18.233	0.000	0.000	1.976	0.000	20.224
	1 * b	0.016	18.233	0.000	0.000	1.976	0.000	20.224
	1 * c	0.016	18.233	0.000	0.000	1.976	0.000	20.224
	0.85 * a	0.016	17.673	0.000	0.000	1.976	0.000	19.664
	0.85 * b	0.016	17.673	0.000	0.000	1.976	0.000	19.664
	0.85 * c	0.016	17.673	0.000	0.000	1.976	0.000	19.664
30	1 * a	0.387	10.346	0.000	0.000	1.086	0.000	11.819
	1 * b	0.387	10.346	0.000	0.000	1.086	0.000	11.819
	1 * c	0.387	10.346	0.000	0.000	1.086	0.000	11.819
	0.85 * a	0.387	10.228	0.000	0.000	1.086	0.000	11.702
	0.85 * b	0.387	10.228	0.000	0.000	1.086	0.000	11.702
	0.85 * c	0.387	10.228	0.000	0.000	1.086	0.000	11.702
31	1 * a	0.095	21.226	0.000	0.000	3.676	0.000	24.997
	1 * b	0.095	21.226	0.000	0.000	3.676	0.000	24.997
	1 * c	0.095	21.226	0.000	0.000	3.676	0.000	24.997
	0.85 * a	0.095	20.775	0.000	0.000	3.676	0.000	24.546
	0.85 * b	0.095	20.775	0.000	0.000	3.676	0.000	24.546
	0.85 * c	0.095	20.775	0.000	0.000	3.676	0.000	24.546
32	1 * a	1.479	18.778	0.000	0.000	2.243	0.000	22.500
	1 * b	1.479	18.778	0.000	0.000	2.243	0.000	22.500
	1 * c	1.479	18.778	0.000	0.000	2.243	0.000	22.500
	0.85 * a	1.479	18.364	0.000	0.000	2.243	0.000	22.086
	0.85 * b	1.479	18.364	0.000	0.000	2.243	0.000	22.086
	0.85 * c	1.479	18.364	0.000	0.000	2.243	0.000	22.086

续表

子流域	灌溉模式	水体	旱地	水田	城镇	村庄	林地	总 ET
33	1 * a	0. 064	0. 062	0. 000	0. 000	0. 000	0. 000	0. 126
	1 * b	0. 064	0. 062	0. 000	0. 000	0. 000	0. 000	0. 126
	1 * c	0. 064	0. 062	0. 000	0. 000	0. 000	0. 000	0. 126
	0. 85 * a	0. 064	0. 061	0. 000	0. 000	0. 000	0. 000	0. 126
	0. 85 * b	0. 064	0. 061	0. 000	0. 000	0. 000	0. 000	0. 126
	0. 85 * c	0. 064	0. 061	0. 000	0. 000	0. 000	0. 000	0. 126
34	1 * a	0. 000	23. 721	0. 000	0. 000	2. 040	0. 000	25. 761
	1 * b	0. 000	23. 721	0. 000	0. 000	2. 040	0. 000	25. 761
	1 * c	0. 000	23. 721	0. 000	0. 000	2. 040	0. 000	25. 761
	0. 85 * a	0. 000	22. 761	0. 000	0. 000	2. 040	0. 000	24. 801
	0. 85 * b	0. 000	22. 761	0. 000	0. 000	2. 040	0. 000	24. 801
	0. 85 * c	0. 000	22. 761	0. 000	0. 000	2. 040	0. 000	24. 801
35	1 * a	0. 164	19. 611	0. 000	0. 000	1. 739	0. 000	21. 514
	1 * b	0. 164	19. 611	0. 000	0. 000	1. 739	0. 000	21. 514
	1 * c	0. 164	19. 611	0. 000	0. 000	1. 739	0. 000	21. 514
	0. 85 * a	0. 164	19. 047	0. 000	0. 000	1. 739	0. 000	20. 950
	0. 85 * b	0. 164	19. 047	0. 000	0. 000	1. 739	0. 000	20. 950
	0. 85 * c	0. 164	19. 047	0. 000	0. 000	1. 739	0. 000	20. 950
36	1 * a	2. 207	28. 075	0. 000	0. 046	2. 890	0. 000	33. 218
	1 * b	2. 207	28. 075	0. 000	0. 046	2. 890	0. 000	33. 218
	1 * c	2. 207	28. 075	0. 000	0. 046	2. 890	0. 000	33. 218
	0. 85 * a	2. 207	27. 527	0. 000	0. 046	2. 890	0. 000	32. 670
	0. 85 * b	2. 207	27. 527	0. 000	0. 046	2. 890	0. 000	32. 670
	0. 85 * c	2. 207	27. 527	0. 000	0. 046	2. 890	0. 000	32. 670
37	1 * a	0. 001	14. 651	0. 000	0. 000	1. 730	0. 000	16. 382
	1 * b	0. 001	14. 651	0. 000	0. 000	1. 730	0. 000	16. 382
	1 * c	0. 001	14. 651	0. 000	0. 000	1. 730	0. 000	16. 382
	0. 85 * a	0. 001	14. 156	0. 000	0. 000	1. 730	0. 000	15. 886
	0. 85 * b	0. 001	14. 156	0. 000	0. 000	1. 730	0. 000	15. 886
	0. 85 * c	0. 001	14. 156	0. 000	0. 000	1. 730	0. 000	15. 886
合计	1 * a	30. 708	932. 083	127. 894	32. 780	116. 536	3. 659	1243. 661
	1 * b	30. 708	932. 083	124. 024	32. 780	116. 536	3. 659	1239. 790

续表

子流域	灌溉模式	水体	旱地	水田	城镇	村庄	林地	总ET
合计	1 * c	30.708	932.083	122.117	32.780	116.536	3.659	1237.884
	0.85 * a	30.708	894.472	126.395	32.780	116.536	3.659	1204.550
	0.85 * b	30.708	894.472	122.531	32.780	116.536	3.659	1200.685
	0.85 * c	30.708	894.472	120.615	32.780	116.536	3.659	1198.770

由表8.1可知，相同灌溉模式下，不同子流域蒸发蒸腾量差异主要是由于土地利用类型的组成和面积比例不同；采用不同灌溉模式，同一子流域的蒸发蒸腾量不同，表明采用节水灌溉模式可以调节区域蒸发蒸腾量。对于不同土地利用类型，旱地由于不种植水稻，其蒸发蒸腾量只受旱作物灌溉模式的影响；水田由于实施水稻和冬小麦轮种，其蒸发蒸腾量同时受旱作物和水稻灌溉模式的影响，因此在6种灌溉模式下均发生了变化。

以水稻采用淹灌模式、旱作物采用$\beta=1$模式下的蒸发蒸腾量作为基准值(即1 * a模式)，其他节水灌溉模式下的作物蒸发蒸腾量与基准值相减得到不同节水灌溉模式下的农业耗水节水量，结果见表8.2。

表8.2　柳园口灌区不同灌溉模式下蒸发蒸腾量与节水量 (单位：$10^6 m^3$)

灌溉模式	旱地蒸发蒸腾量	水田蒸发蒸腾量	旱地节水量	水田节水量	总节水量
1 * a	932.083	127.894	0.000	0.000	0.000
1 * b	932.083	124.024	0.000	3.870	3.870
1 * c	932.083	122.117	0.000	5.777	5.777
0.85 * a	894.472	126.395	37.611	1.499	39.110
0.85 * b	894.472	122.531	37.611	5.363	42.974
0.85 * c	894.472	120.615	37.611	7.279	44.890

由表8.2可知，柳园口灌区旱地主要受旱作物灌溉模式的影响，采用$\beta=1$模式时，旱地蒸发蒸腾量为$932.083\times10^6 m^3$，采用$\beta=0.85$时，旱地蒸发蒸腾量为$894.472\times10^6 m^3$，两者相减得旱地节水量为$37.611\times10^6 m^3$，占旱地总蒸发蒸腾量的4.0%。

水田蒸发蒸腾量比旱地蒸发蒸腾量小，因为水田的面积远小于旱地的面积。当采用1 * a模式时，水田蒸发蒸腾量最大，为$127.894\times10^6 m^3$，采用5种节水灌溉模式，水田蒸发蒸腾量均有所减少。采用0.85 * c模式时，水田节水量最大，为$7.279\times10^6 m^3$，占水田总蒸发蒸腾量的5.7%。

总之，在柳园口灌区通过采用节水灌溉模式可以调节作物蒸发蒸腾量的大小，将旱地和水田节水量进行叠加，可以得到与1 * a模式相比不同节水灌溉模式下柳园口灌区总的节水量，在 5 种节水灌溉模式下，节水量呈递增趋势（节水灌溉模式的顺序为：1 * b、1 * c、0.85 * a、0.85 * b 和 0.85 * c），并且当旱作物采用节水灌溉模式时，节水量变幅较大，因为旱作物种植面积远大于水稻种植面积。由表 8.2可知，柳园口灌区最大耗水节水量，即耗水节水潜力为 $44.890 \times 10^6 m^3$，占现状总蒸发蒸腾量的 4.2%。

必须说明的是，这里分析得到的柳园口灌区 ET 节水潜力与第 7 章两个代表子流域进行 ET 节水潜力的分析结果不同。因为不同的子流域土地利用及土壤类型不同，对蒸发蒸腾会产生一定影响。

8.2　柳园口灌区新水源节水潜力

目前灌区灌溉用水的节水潜力主要存在于以下四个环节（李远华，1999）：①通过渠道或管道将水从水源输送至田间；②将引至田间的灌溉水，尽可能均匀地分配到所指定的面积上转化为土壤水；③作物吸收、利用土壤水，以维持作物的生理活动；④通过作物复杂的生理过程，形成经济产量。前两个环节是输配水过程，后两个环节是作物耗水过程。另外，如何提高回归水的重复利用率也属于节水的范畴（崔远来等，2006）。因此从输配水、耗水和回归水的重复利用三个方面进行考虑，拟定节水措施，计算不同节水措施组合下节水潜力的大小。具体节水措施如下。

（1）措施 1：从耗水角度通过采用节水灌溉模式控制作物耗水进行节水。水稻采用浅水灌，旱作物采用 $\beta=0.85$ 的灌溉模式。

（2）措施 2：从输配水角度通过提高灌溉水利用系数进行节水。引黄渠灌区灌溉水利用系数由现状 0.544 提高到 0.6，井灌区灌溉水利用系数由现状 0.788 提高到 0.85。

（3）措施 3：从回归水重复利用角度通过采用井渠结合调控模式提高回归水重复利用率进行节水。引黄区和井灌区分别采用 7.6.2 节确定的适宜井渠灌溉比和适宜井渠灌溉时间进行取水或抽水灌溉。

根据第 3 章介绍的节水潜力计算方法，对 2002 年（平水年）单一节水措施和组合节水措施下的灌区新水源节水量进行计算。其中，现状条件为旱作物采用$\beta=1$灌溉模式，水稻采用淹灌模式（即 1 * a 模式）。8.2 节中措施 12 表示措施 1 与措施 2 组合；措施 123 表示措施 1、措施 2、措施 3 组合；措施 13 和措施 23，以此类推。节水率指新水源节水量与现状条件下的新水源毛灌溉用水量的比值。

8.2.1　不同措施下灌溉用水效率比较

由图 8.1 可见，不同措施及灌域，三种考虑回归水重复利用方法得到的净灌溉效率均明显大于传统灌溉水利用系数。总灌区在三种措施综合作用下，净灌溉效率及灌溉水利用系数均最大，但对于井灌区，单一节水措施下的净灌溉效率大于三种综合节水措施下的值，因为井灌区的灌溉水重复利用率较高，三种节水措施综合下，通过井渠综合调控，提高了全灌区灌溉水的重复利用率，但相应减少了井灌区灌溉水的重复利用率。

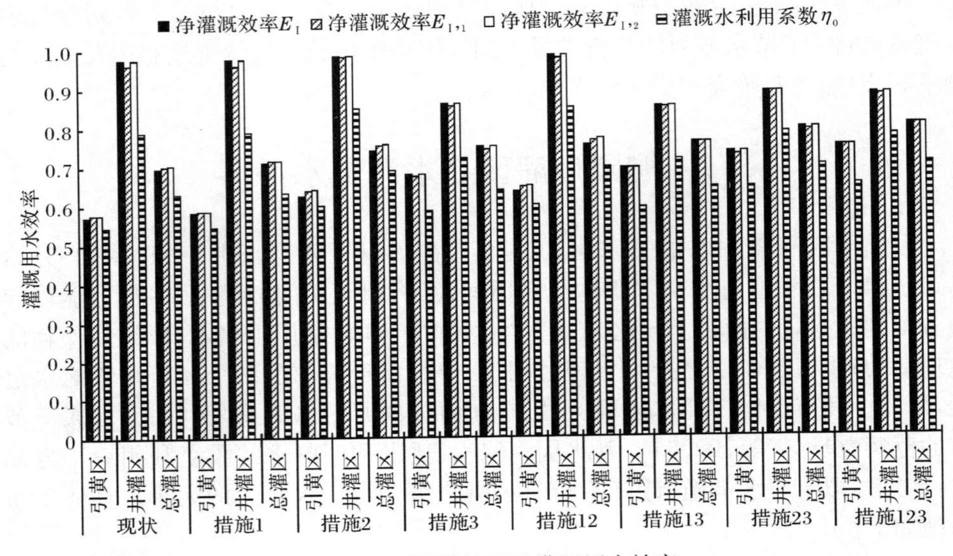

图 8.1 不同措施下的灌溉用水效率

8.2.2 基于水量平衡的柳园口灌区新水源节水潜力

根据对 2002 年(平水年)柳园口灌区单一节水措施及组合节水措施下的水量平衡要素的模拟结果，对基于水量平衡的柳园口灌区新水源节水潜力进行计算，结果见表 8.3，引黄区、井灌区和总灌区不同节水措施下新水源节水潜力和节水率分别如图 8.2～图 8.4 所示。

表 8.3 不同节水措施下的新水源节水潜力(基于水量平衡方法)

节水方案	研究区域	净灌溉效率 E_I	净灌溉需水量/$10^6 m^3$	新水源毛灌溉用水量/$10^6 m^3$	新水源节水潜力/$10^6 m^3$	节水率/%
现状	引黄区	0.571	370.33	648.01	—	—
	井灌区	0.974	290.82	298.64	—	—
	总灌区	0.694	661.15	952.44	—	—

续表

节水方案	研究区域	净灌溉效率 E_I	净灌溉需水量/10^6m^3	新水源毛灌溉用水量/10^6m^3	新水源节水潜力/10^6m^3	节水率/%
措施 1	引黄区	0.583	296.90	509.56	138.45	21.37
	井灌区	0.974	251.87	258.64	40.00	13.39
	总灌区	0.708	548.76	774.63	177.81	18.67
措施 2	引黄区	0.624	370.33	593.37	54.64	8.43
	井灌区	0.983	290.82	295.95	2.69	0.90
	总灌区	0.740	661.15	893.06	59.38	6.23
措施 3	引黄区	0.679	370.33	545.40	102.61	15.83
	井灌区	0.861	290.82	337.77	−39.13	−13.10
	总灌区	0.749	661.15	882.71	69.73	7.32
措施 12	引黄区	0.634	296.90	468.36	179.65	27.72
	井灌区	0.983	251.87	256.31	42.33	14.18
	总灌区	0.753	548.76	728.86	223.58	23.47
措施 13	引黄区	0.693	296.90	428.43	219.58	33.89
	井灌区	0.852	251.87	295.62	3.03	1.01
	总灌区	0.758	548.76	723.96	228.47	23.99
措施 23	引黄区	0.733	370.33	504.91	143.09	22.08
	井灌区	0.888	290.82	327.42	−28.78	−9.64
	总灌区	0.794	661.15	832.33	120.10	12.61
措施 123	引黄区	0.747	296.90	397.66	250.35	38.63
	井灌区	0.881	251.87	285.88	12.76	4.27
	总灌区	0.803	548.76	683.55	268.89	28.23

注:表中节水量及节水率以现状新水源毛灌溉用水量为基准。

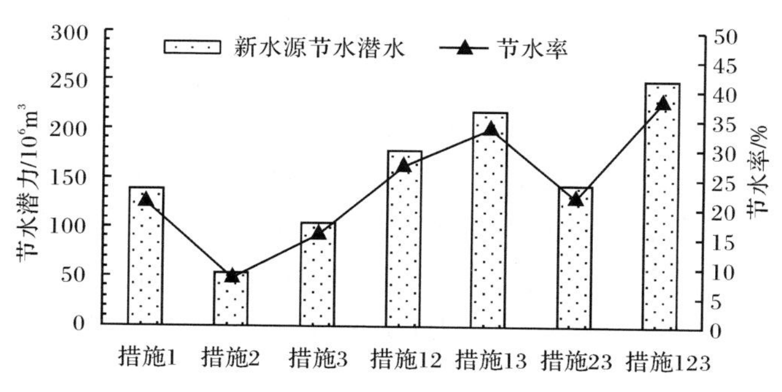

图 8.2　引黄区各种节水措施下的新水源节水潜力和节水率

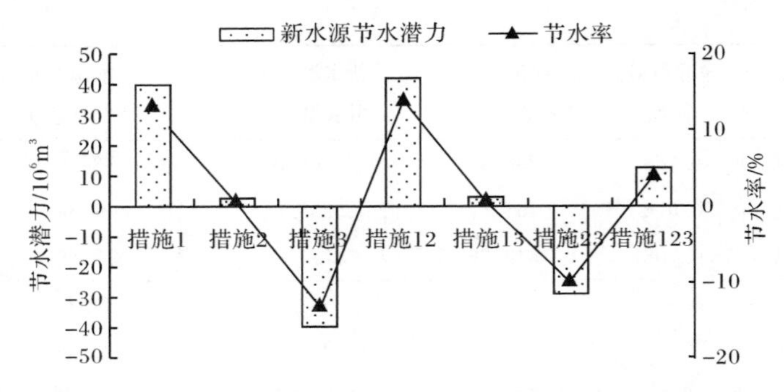

图 8.3　井灌区各种节水措施下的新水源节水潜力和节水率

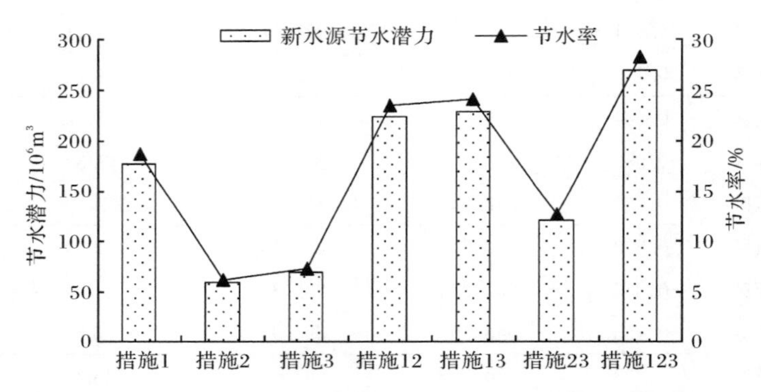

图 8.4　总灌区各种节水措施下的新水源节水潜力和节水率

1) 单一节水措施

在柳园口灌区采用单一节水措施分析不同节水措施的节水潜力，可以明晰研究区域的节水轻重缓急，有利于灌区节水措施的合理制定。

由表 8.3 和图 8.2 可知，在引黄区，措施 1 的节水潜力最大，为 $138.45\times10^6 m^3$，节水率为 21.37%（占现状新水源毛灌溉用水量的百分比，下同）；措施 3 的节水潜力次之，为 $102.61\times10^6 m^3$，节水率为 15.83%；措施 2 的节水潜力最小，为 $54.64\times10^6 m^3$，节水率为 8.43%。说明旱作物实行节水灌溉和水稻采用浅水灌溉模式可以减少田间无效损失进而实现节水，并且节水量很大，因此从耗水角度（措施 1）进行节水对引黄区效果最佳。引黄区回归水利用率较低，采用井渠结合调控模式可以有效提高灌溉回归水利用系数，因此在引黄区采用井渠结合调控模式（措施 3）节水效果也较好。在引黄区通过渠道衬砌等措施提高灌溉水利用系数的节水潜力最小，且需要的投资较大，因此引黄区通过提高灌溉水利用系数（措施 2）并不是一种理想节水措施。

由表 8.3 和图 8.3 可知，在井灌区，措施 1 的节水潜力最大，为 $40\times10^6 m^3$，节水率为13.39%；措施2的节水潜力次之，为$2.69\times10^6 m^3$，节水率为0.9%；措施3的节水潜力最小，为$-39.13\times10^6 m^3$，节水率为-13.1%。表明在井灌区从作物耗水角度进行节水效果最佳，由于井灌区的回归水重复利用率和灌溉水利用系数均较高，因此措施2和措施3的节水空间很小。当井灌区采用井渠结合调控模式时，井灌区部分灌溉水采用引黄水，降低了灌溉回归水利用率，因此井灌区节水量为负值，即措施3增加了井灌区的新水源毛灌溉用水量，并不能节水。

由表8.3和图8.4可知，在总灌区，措施1的节水潜力最大，为$177.81\times10^6 m^3$，节水率为18.67%；措施3的节水潜力次之，为$69.73\times10^6 m^3$，节水率为7.32%；措施2的节水潜力最小，为$59.38\times10^6 m^3$，节水率为6.23%。对于整个灌区，通过以上三种节水措施均能有效节水，其中控制作物耗水的节水效果最佳，采用井渠结合调控模式节水效果次之，而通过提高灌溉水利用系数的节水效果最差。

表8.2表明，柳园口灌区从1＊a模式到0.85＊c模式，减少ET的节水潜力(ET的减少值)为$44.89\times10^6 m^3$。这里的措施1与从1＊a模式到0.85＊c模式相同，分析得到的减少新水源毛灌溉用水量的节水潜力为$177.81\times10^6 m^3$。也就是说，采取措施1时田间ET减少$44.89\times10^6 m^3$，相应可减少新水源毛灌溉用水量$177.81\times10^6 m^3$。可见采用同一节水措施，从不同对象分析得到的节水量存在差异。

综上所述，采用田间节水灌溉模式(措施1)单一节水措施，柳园口灌区节水率可达到18.67%。从耗水角度进行节水，引黄区、井灌区和总灌区均能获得最佳的节水效果。采用井渠结合调控模式(措施3)，虽然井灌区不能节水，但对于整个灌区来讲节水效果较好。而针对柳园口灌区目前的工程状况，采用衬砌等措施提高灌溉水利用系数(措施2)的节水效果不佳。

2) 两种节水措施组合

两种节水措施组合下的节水潜力并不是单一节水措施下节水潜力的简单相加，而是两种措施综合作用后的节水潜力。

由表8.3和图8.2可知，在引黄区，措施13的节水潜力最大，为$219.58\times10^6 m^3$，节水率为33.89%；措施12的节水潜力次之，为$179.65\times10^6 m^3$，节水率为27.72%；措施23的节水潜力最小，为$143.09\times10^6 m^3$，节水率为22.08%。因此引黄区两种节水措施组合中，措施13的节水效果最佳，因为措施1和措施3单独节水潜力较好，两者之间基本无交互影响，综合作用的节水潜力最大；措施23的节水效果最差，这是因为灌溉水利用系数和回归水的重复利用相互之间影响较大，当灌溉水利用系数提高时，回归水量减少，因此二者综合作用时节水量会有所减少。

由表8.3和图8.3可知，在井灌区，措施12的节水潜力最大，为$42.33\times10^6 m^3$，节水率为14.2%；措施13的节水潜力次之，为$3.03\times10^6 m^3$，节水率为

1.01%；措施 23 的节水潜力最小，为 $-28.78\times10^6\,m^3$，节水率为 -9.64%。在井灌区采用措施 12 的节水效果最佳。措施 2 和措施 3 组合时，节水率为负值，即在井灌区同时实施井渠结合提高回归水利用率和提高灌溉水利用系数不能实现节水。

由表 8.3 和图 8.4 可知，在总灌区，措施 13 的节水潜力最大，为 $228.47\times10^6\,m^3$，节水率为 23.99%；措施 12 的节水潜力次之，为 $223.58\times10^6\,m^3$，节水率为 23.47%；措施 23 的节水潜力最小，为 $120.1\times10^6\,m^3$，节水率为 12.61%。对于总灌区来讲，采用措施 13 时节水效果最好，措施 12 的节水效果次之，而同时考虑井渠结合提高灌区回归水利用率和提高灌溉水利用系数的节水效果最差。

3) 三种节水措施组合

由表 8.3 可知，在三种节水措施组合情况下，引黄区节水潜力为 $250.35\times10^6\,m^3$，节水率为 38.63%；井灌区节水潜力为 $12.76\times10^6\,m^3$，节水率为 4.27%；总灌区的节水潜力为 $268.89\times10^6\,m^3$，节水率为 28.23%。总灌区在三种节水措施组合下，节水潜力达到了最大。

8.2.3 基于净灌溉效率简化指标的柳园口灌区新水源节水潜力

根据对 2002 年(平水年)柳园口灌区单一节水措施及组合节水措施下的水量平衡要素的模拟结果，对柳园口灌区不同节水措施下基于回归水利用的净灌溉效率简化指标的新水源节水潜力和节水率进行计算，计算结果见表 8.4，表中变量下标 1 与下标 2 分别表示与基于简化指标 1、基于简化指标 2 相对应的节水潜力。引黄区、井灌区及总灌区各种节水措施下的新水源节水潜力及节水率分别如图 8.5～图 8.7 所示。

表 8.4　不同节水措施下的新水源节水潜力(基于简化指标)

节水方案	研究区域	净灌溉效率 $E_{I,1}$	净灌溉效率 $E_{I,2}$	毛灌溉用水量 1 /$10^6\,m^3$	毛灌溉用水量 2 /$10^6\,m^3$	简化新水源节水潜力 1 /$10^6\,m^3$	简化新水源节水潜力 2 /$10^6\,m^3$	节水率 1 /%	节水率 2 /%
现状	引黄区	0.576	0.578	643.07	640.39	—	—	—	—
	井灌区	0.962	0.974	302.38	298.64	—	—	—	—
	总灌区	0.700	0.704	944.20	938.70	—	—	—	—
措施 1	引黄区	0.585	0.584	507.88	508.53	135.19	131.86	21.02	20.59
	井灌区	0.958	0.974	262.93	258.65	39.45	39.99	13.05	13.39
	总灌区	0.713	0.714	769.67	768.53	174.52	170.16	18.48	18.13
措施 2	引黄区	0.636	0.641	581.98	578.15	61.09	62.24	9.50	9.72
	井灌区	0.980	0.983	296.88	295.95	5.50	2.69	1.82	0.90
	总灌区	0.752	0.756	879.35	874.30	64.84	64.40	6.87	6.86

续表

节水方案	研究区域	净灌溉效率 $E_{I,1}$	净灌溉效率 $E_{I,2}$	毛灌溉用水量 1 /10^6m^3	毛灌溉用水量 2 /10^6m^3	简化新水源节水潜力 1 /10^6m^3	简化新水源节水潜力 2 /10^6m^3	节水率 1 /%	节水率 2 /%
措施 3	引黄区	0.673	0.679	550.62	545.34	92.46	95.04	14.38	14.84
	井灌区	0.855	0.860	340.32	338.03	−37.94	−39.39	−12.55	−13.19
	总灌区	0.743	0.749	890.27	883.26	53.92	55.44	5.71	5.91
措施 12	引黄区	0.646	0.647	459.75	458.97	183.32	181.42	28.51	28.33
	井灌区	0.976	0.983	258.07	256.31	44.31	42.33	14.65	14.17
	总灌区	0.765	0.768	716.96	714.90	227.24	223.80	24.07	23.84
措施 13	引黄区	0.693	0.693	428.51	428.56	214.57	211.83	33.37	33.08
	井灌区	0.849	0.852	296.69	295.55	5.69	3.09	1.88	1.03
	总灌区	0.757	0.758	724.93	724.23	219.27	214.46	23.22	22.85
措施 23	引黄区	0.726	0.733	510.30	504.91	132.78	135.47	20.65	21.15
	井灌区	0.887	0.888	328.05	327.42	−25.67	−28.78	−8.49	−9.64
	总灌区	0.789	0.794	837.82	832.33	106.38	106.36	11.27	11.33
措施 123	引黄区	0.746	0.747	398.02	397.66	245.05	242.73	38.11	37.90
	井灌区	0.877	0.881	287.14	285.88	15.24	12.76	5.04	4.27
	总灌区	0.801	0.803	685.18	683.55	259.01	255.15	27.43	27.18

注:表中节水量及节水率以现状毛灌溉用水量为基准。

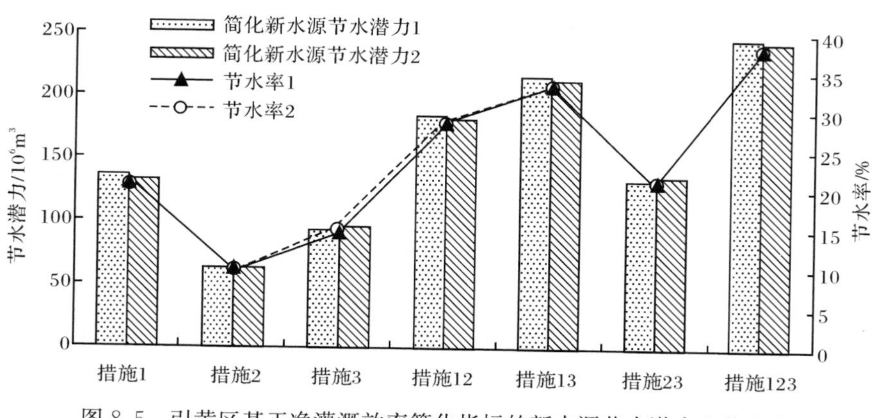

图 8.5　引黄区基于净灌溉效率简化指标的新水源节水潜力和节水率

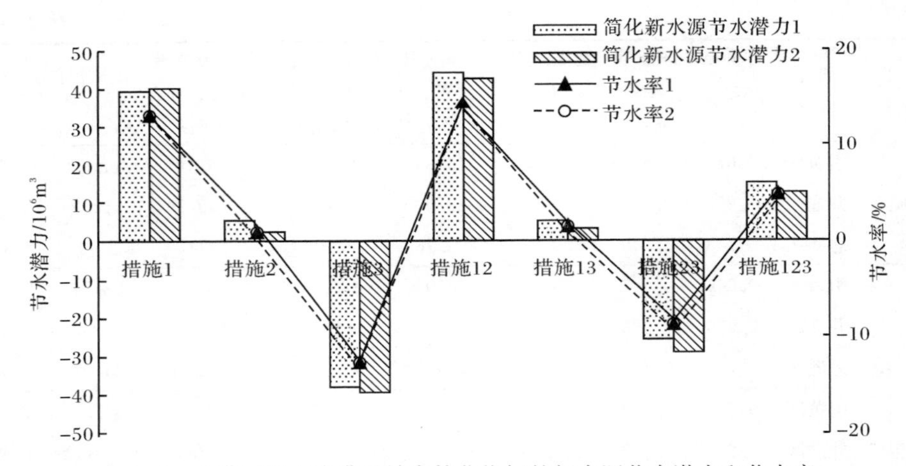

图 8.6　井灌区基于净灌溉效率简化指标的新水源节水潜力和节水率

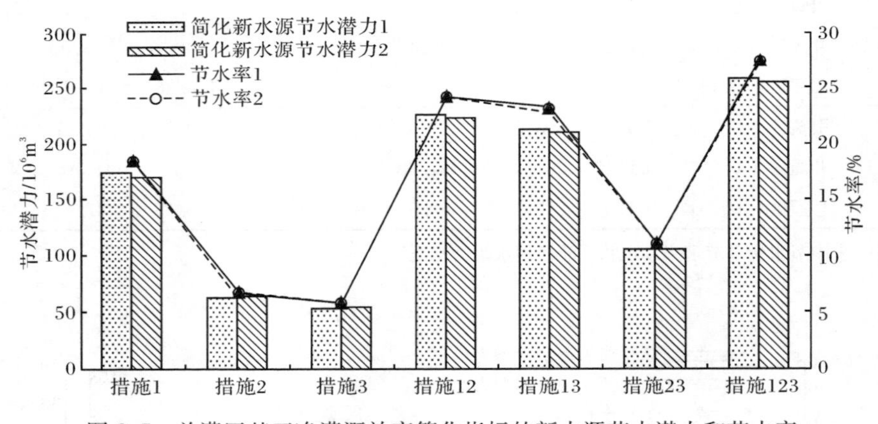

图 8.7　总灌区基于净灌溉效率简化指标的新水源节水潜力和节水率

由表 8.4、图 8.5～图 8.7 可见，在 7 种节水措施下，引黄区、井灌区和总灌区基于净灌溉效率简化指标的两种新水源节水潜力间及两种节水率间误差均很小。下面分别对不同节水措施下两种新水源节水潜力进行具体分析。

1）单一节水措施

由表 8.4 和图 8.5 可见，引黄区措施 1 的节水潜力最大，两种简化指标下分别为 135.19×10^6m^3 和 131.86×10^6m^3，节水率分别为 21.02%和 20.59%；措施 3 的节水潜力次之，分别为 92.46×10^6m^3 和 95.04×10^6m^3，节水率分别为 14.38%和 14.84%；措施 2 的节水潜力最小，分别为 61.09×10^6m^3 和 62.24×10^6m^3，节水率分别为 9.5%和 9.72%。

由表 8.4 和图 8.6 可见，井灌区措施 1 的节水潜力最大，两种简化指标下分别为 39.45×10^6m^{3}和 39.99×10^6m^3，节水率分别为 13.05%和 13.39%；措施 2 的节水潜力次之，分别为 5.50×10^6m^{3}和 2.69×10^6m^3，节水率分别为 1.82%和 0.9%；措施 3 的节水潜力最小，分别为－37.94×10^6m^{3}和－39.39×10^6m^3，节水率分别为－12.55%和－13.19%。

由表 8.4 和图 8.7 可见，总灌区措施 1 的节水潜力最大，两种简化指标下分别为 174.52×10^6m^{3}和 170.16×10^6m^3，节水率分别为 18.48%和 18.13%；措施 2 的节水潜力次之，分别为 64.84×10^6m^{3}和 64.4×10^6m^3，节水率分别为 6.87%和 6.86%；措施 3 的节水潜力最小，分别为 53.92×10^6m^{3}和 55.44×10^6m^3，节水率分别为 5.71%和 5.91%。对于整个灌区，通过以上三种节水措施均能有效节水，其中控制作物耗水措施 1 的节水效果最佳，提高灌溉水利用系数措施 2 和采用井渠结合调控模式措施 3 的节水效果较为接近。

2）两种节水措施结合

由表 8.4 和图 8.5 可见，引黄区措施 13 的节水潜力最大，两种简化指标下分别为 214.57×10^6m^{3}和 211.83×10^6m^3，节水率分别为 33.37%和 33.08%；措施 12 的节水潜力次之，分别为 183.32×10^6m^{3}和 181.42×10^6m^3，节水率分别为 28.51%和28.33%；措施 23 的节水潜力最小，分别为 132.78×10^6m^{3}和 135.47×10^6m^3，节水率分别为 20.65%和 21.15%。

由表 8.4 和图 8.6 可见，井灌区措施 12 的节水潜力最大，两种简化指标下分别为 44.31×10^6m^{3}和 42.33×10^6m^3，节水率分别为 14.65%和 14.17%；措施 13 的节水潜力次之，分别为 5.69×10^6m^{3}和 3.09×10^6m^3，节水率分别为 1.88%和 1.03%；措施 23 的节水潜力最小，分别为－25.67×10^6m^{3}和－28.78×10^6m^3，节水率分别为－8.49%和－9.64%。

由表 8.4 和图 8.7 可见，总灌区措施 12 的节水潜力最大，两种简化指标下分别为 227.24×10^6m^{3}和 223.8×10^6m^3，节水率分别为 24.07%和 23.84%；措施 13 的节水潜力次之，分别为 219.27×10^6m^{3}和 214.46×10^6m^3，节水率分别为 23.22%和 22.85%；措施 23 的节水潜力最小，分别为 106.38×10^6m^{3}和 106.36×10^6m^3，节水率分别为 11.27%和 11.33%。

3）三种节水措施结合

由表 8.4 可见，在三种节水措施组合情况下，在两种简化指标下，引黄区节水潜力分别为 245.05×10^6m^{3}和 242.73×10^6m^3，节水率分别为 38.11%和 37.9%；井灌区节水潜力分别为 15.24×10^6m^{3}和 12.76×10^6m^3，节水率分别为 5.04%和 4.27%；总灌区节水潜力分别为 259.01×10^6m^{3}和 255.15×10^6m^3，节水率分别为 27.43%和27.18%。由图 8.7 可见，总灌区在三种节水措施组合下，节水潜力达到了最大。

8.3　柳园口灌区传统节水潜力

根据对 2002 年(平水年)柳园口灌区单一节水措施及组合节水措施下的水量平衡要素的模拟结果,对柳园口灌区不同节水措施下的传统节水潜力进行计算,结果见表 8.5。这里的节水率指传统节水量与现状条件下的毛灌溉用水量的比值。可见,采用单一节水措施时引黄区、井灌区及总灌区均为措施 1 时节水潜力最大、措施 2 次之,措施 3 最小。三种措施组合下总灌区节水潜力最大。

表 8.5　不同节水措施下的传统灌溉节水潜力

节水方案	研究区域	灌溉水利用系数 η_0	净灌溉需水量 /$10^6 m^3$	毛灌溉用水量 /$10^6 m^3$	传统节水潜力 /$10^6 m^3$	节水率/%
现状	引黄区	0.544	370.33	680.75	—	—
	井灌区	0.788	290.82	369.06	—	—
	总灌区	0.630	661.15	1049.44	—	—
措施 1	引黄区	0.544	296.90	545.77	134.98	19.83
	井灌区	0.788	251.87	319.63	49.43	13.39
	总灌区	0.633	548.76	866.93	182.51	17.39
措施 2	引黄区	0.600	370.33	617.21	63.54	9.33
	井灌区	0.850	290.82	342.14	26.92	7.29
	总灌区	0.689	661.15	959.57	89.86	8.56
措施 3	引黄区	0.584	370.33	634.12	46.63	6.85
	井灌区	0.720	290.82	403.92	−34.86	−9.44
	总灌区	0.637	661.15	1037.91	11.53	1.10
措施 12	引黄区	0.600	296.90	494.83	185.92	27.31
	井灌区	0.850	251.87	296.31	72.75	19.71
	总灌区	0.694	548.76	790.73	258.71	24.65
措施 13	引黄区	0.591	296.90	502.37	178.38	26.20
	井灌区	0.715	251.87	352.26	16.80	4.55
	总灌区	0.642	548.76	854.77	194.67	18.55
措施 23	引黄区	0.642	370.33	576.94	103.81	15.25
	井灌区	0.782	290.82	372.05	−2.99	−0.81
	总灌区	0.697	661.15	948.99	100.44	9.57
措施 123	引黄区	0.649	296.90	457.58	223.17	32.78
	井灌区	0.776	251.87	324.42	44.64	12.09
	总灌区	0.702	548.76	782.00	267.44	25.48

8.4　传统节水潜力与新水源节水潜力对比分析

柳园口灌区传统节水潜力与新水源节水潜力对比分析分别如图 8.8～图8.10所示。图中新水源节水潜力指基于水量平衡方法的新水源节水潜力，简化新水源节水潜力 1 和简化新水源节水潜力 2 分别指基于简化指标 1、简化指标 2 计算的新水源节水潜力。

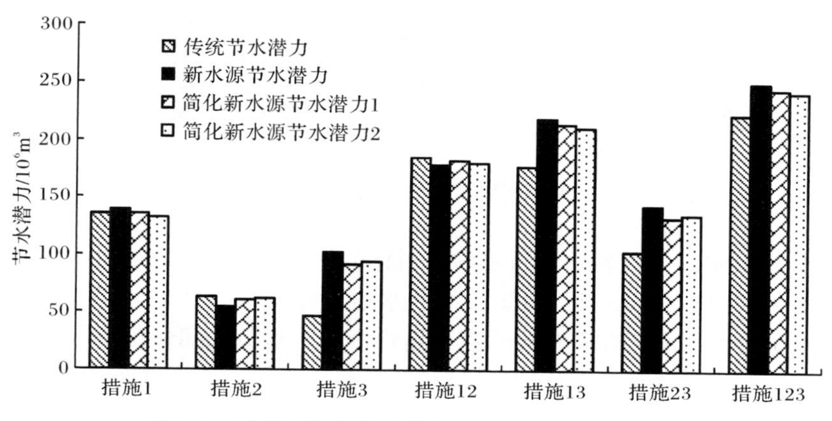

图 8.8　引黄区传统节水潜力与新水源节水潜力对比

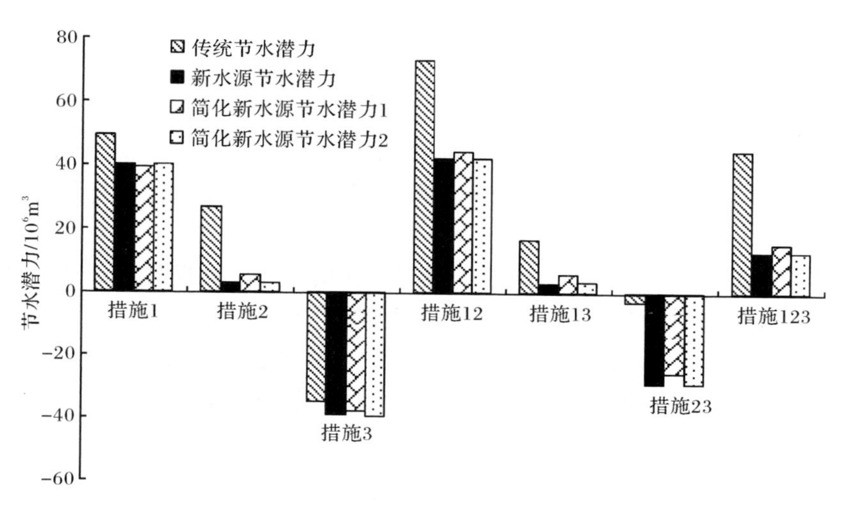

图 8.9　井灌区传统节水潜力与新水源节水潜力对比

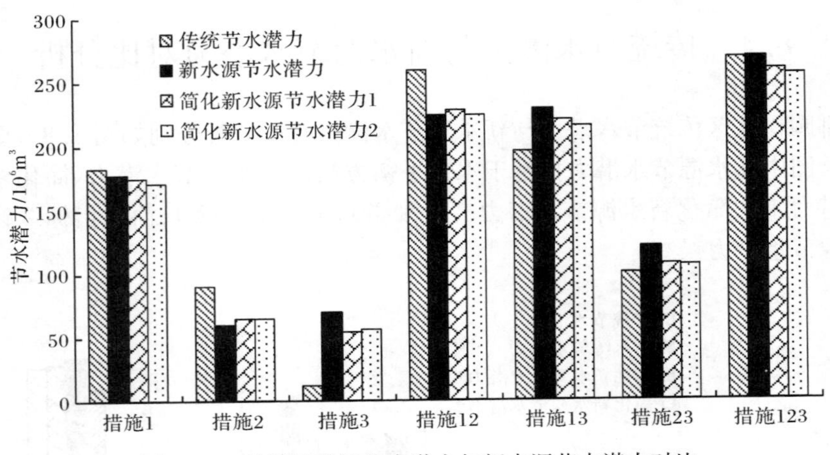

图 8.10　总灌区传统节水潜力与新水源节水潜力对比

1) 传统节水潜力与新水源节水潜力对比分析

由图 8.8～图 8.10 可见,由于传统节水潜力没有考虑回归水的重复利用,因此与新水源节水潜力存在着差异。三种新水源节水潜力之间较接近。

由 3.3 节的净灌溉效率公式推导可知,采用简化指标 2 计算净灌溉效率时,新水源节水潜力的计算公式可以转化为

$$\Delta W_{S,N}=\left[\left(\frac{W_n}{\eta_0}\right)_b-\left(\frac{W_n}{\eta_0}\right)_a\right]-\left[\left(\frac{W_n}{\eta_0}\eta_I\right)_b-\left(\frac{W_n}{\eta_0}\eta_I\right)_a\right] \tag{8.1}$$

由式(8.1)可见,新水源节水潜力是在传统节水潜力的基础上,减去由于回归水重复利用而引起的节水潜力变化。其他条件保持不变,只提高灌溉水重复利用系数(η_I),即只采取节水措施 3,那么新水源节水潜力就大于传统节水潜力;由图 8.8～图 8.10 可见,采取措施 3 时,灌区中三个区域的新水源节水潜力均大于传统节水潜力。

其他条件保持不变,只降低作物净需水量(措施 1)、只提高灌溉水利用系数(措施 2)或者同时采取这两种措施(措施 12),则新水源节水潜力小于传统节水潜力;因此采取措施 1、措施 2 及措施 12 时,井灌区和总灌区的新水源节水潜力小于传统节水潜力。引黄区由于基本不存在回归水的重复利用,因此新水源节水潜力与传统节水潜力没有显著差异。

如果同时改变灌溉水重复利用系数和作物净需水量(措施 13),或同时改变灌溉水重复利用系数和灌溉水利用系数(措施 23 和措施 123),则新水源节水潜力和传统节水潜力的大小需要根据实际情况来进行计算。引黄区在措施 13、措施 23 和措施 123 下,传统节水潜力均小于新水源节水潜力,主要因为引黄区的回归水利用率较低,提高回归水的重复利用率有较大的节水空间;井灌区在措施 13 和措

施123下，传统节水潜力大于新水源节水潜力，在措施23下传统节水潜力及新水源节水潜力均为负值，即措施3对井灌区不能达到节水的目的；总灌区在措施13和措施23下传统节水潜力小于新水源节水潜力，在措施123下传统节水潜力大于新水源节水潜力。

传统节水潜力与新水源节水潜力计算方法之间的差异主要体现在是否考虑回归水的重复利用。在回归水重复利用不明显的引黄区，采取节水灌溉措施对提高回归水的重复利用率影响不大的情况下(如措施1、措施2)，两种方法得到的节水潜力相差不大，但总体上表现为考虑回归水重复利用的新水源节水潜力小于传统节水潜力，即传统方法可能高估节水潜力；采取对提高回归水的重复利用率影响明显的节水措施时(如措施3)，考虑回归水重复利用的新水源节水潜力明显大于传统节水潜力，即传统方法低估了节水潜力。在回归水重复利用较明显的井灌区，采取提高回归水重复利用率影响不大的节水措施时，考虑回归水重复利用的新水源节水潜力明显小于传统节水潜力，即传统方法高估了节水潜力。对整个灌区，采取提高回归水重复利用率影响较大的节水措施时，考虑回归水重复利用的新水源节水潜力大于传统节水潜力，即此时传统方法低估了节水潜力。

2) 三种新水源节水潜力间对比分析

引黄区和井灌区7种节水措施组合下新水源节水潜力与两种简化新水源节水潜力均相差不大，近似相等，且变化规律保持一致。总体而言，基于水量平衡的节水潜力计算方法严谨，但计算过程相对复杂，依据回归水利用的简化新水源节水潜力计算较简便，需要资料较少，在资料缺乏地区可以用简化新水源节水潜力计算方法。

8.5 灌溉用水效率阈值及节水潜力临界标准

灌溉用水效率与节水潜力大小相互关联，以现状用水水平为基础，采取某些节水措施后，如果灌溉用水效率越大，则相应的节水潜力也越大。本节根据典型灌区的资料，对灌溉用水效率阈值及节水潜力临界标准进行分析。

8.5.1 灌溉用水效率阈值及节水潜力标准的内涵

目前，灌溉用水效率阈值并没有统一的定义，不同学者对其有不同的认识，但其基本含义和核心思想是一致的，即采取可能的社会、经济和技术等措施，在保持区域生态稳定和经济社会可持续发展的前提下，灌区灌溉用水效率可能达到的最大值。

根据本书前面的定义，传统意义下的灌溉节水潜力主要是指某一灌区在采取一种或多种综合节水措施后，与未采取节水措施相比，所需水量(或取用水量)的减少量。新水源节水潜力是一定水平年、一定区域范围内，在保证作物产量的基础上，综合实施各种节水措施前后新水源毛灌溉用水量的差值。因此，本书认为节水潜力临界标准是指在保证作物产量，同时满足环境友好(地下水位维持在一定范围，满足周围植被需水等)及其他涉水需求的前提下(如居民生活及农事活动需水)，综合考虑经济可行后，某区域采取多种综合节水措施后所能达到的最大节水潜力。

由于农业节水途径包括输配水环节、田间用水环节及作物耗水环节等，因此，节水潜力临界标准与灌溉用水效率阈值有关，但又不完全取决于灌溉用水效率阈值，例如，种植结构调整所产生的节水潜力。

8.5.2　柳园口灌区灌溉用水效率阈值

由于经济分析比较复杂，以下分析灌溉用水效率阈值及节水潜力临界标准时只考虑作物产量及环境因素，对于柳园口灌区，即采取各种节水措施后不影响作物产量，同时保证地下水埋深维持在3～5m的适宜范围。

8.2节制定了三种节水措施，由于制定田间节水灌溉标准(措施1)时考虑了不降低作物产量及维持适宜的地下水埋深范围约束；提高灌溉水利用系数(措施2)对地下水埋深的影响不大，不会引起地下水埋深大幅度下降；引黄区和井灌区分别采用确定的适宜井渠灌溉比和适宜井渠灌溉时间进行取水或抽水灌溉，提高回归水的重复利用率(措施3)有利于维持适宜的地下水位变幅。因此，这三种节水措施都是满足灌溉用水效率阈值及节水潜力临界标准的要求。

以基于水量平衡的净灌溉效率指标及传统灌溉水利用系数指标为代表，不同措施下柳园口灌区灌溉用水效率阈值见表8.6。可见，以2002年现状为基础，柳园口灌区通过措施1、措施2、措施3的综合利用，传统灌溉水利用系数的阈值为0.702，而考虑了回归水重复利用的净灌溉效率的阈值为0.803。即传统灌溉水利用系数阈值明显小于考虑回归水重复利用后的净灌溉效率阈值。其他单一或两种节水措施下的灌溉用水效率阈值表现出同样的规律。

表8.6　不同措施下的柳园口灌区灌溉用水效率阈值及节水潜力临界标准

节水方案	研究区域	净灌溉效率 E_I	灌溉水利用系数 η_0	新水源节水潜力/10^6m^3	传统节水潜力/10^6m^3
现状	总灌区	0.694	0.630	—	—
措施1	总灌区	0.708	0.633	177.81	182.51
措施2	总灌区	0.740	0.689	59.38	89.86
措施3	总灌区	0.749	0.637	69.73	11.53
措施12	总灌区	0.753	0.694	223.58	258.71
措施13	总灌区	0.758	0.642	228.47	194.67
措施23	总灌区	0.794	0.697	120.10	100.44
措施123	总灌区	0.803	0.702	268.89	267.44

8.5.3　柳园口灌区节水潜力临界标准

以基于水量平衡的净灌溉效率为计算依据，柳园口总灌区在三种节水措施组合下的新水源节水潜力为 $268.89\times10^6\text{m}^3$，节水率 28.23%，该值即为柳园口灌区目前的节水潜力临界值。

根据柳园口灌区节水改造规划报告，估算措施 1、措施 2、措施 3 实施的投资，分析计算不同措施下的每元投资节水量见表 8.7。可见措施 1 的单位投资节水量显著大于措施 2 及措施 3，采用渠道防渗的单位投资节水量最小。因此，考虑经济因素后节水方案的制订变得更加复杂。

表 8.7　不同节水措施下的节水潜力与投资分析

节水方案	投资估算/10^4元	节水潜力/10^6m^3	每元投资节水量/m^3
措施 1	400	177.81	44.5
措施 2	8500	59.38	0.7
措施 3	4000	69.73	1.7
措施 1、措施 2、措施 3	10900	268.89	2.5

注：表中投资根据《柳园口灌区续建配套与节水改造规划报告》中提供的数据进行简单估算，可能与实际值相差较大，这里只是想说明不同措施投资之间的相对差额。

8.6　本章小结

本章模拟分析了柳园口灌区不同节水措施下的耗水节水潜力、新水源节水潜力和传统节水潜力，探明了不同条件下节水潜力变化规律及原因，分析了柳园口灌区灌溉用水效率阈值及节水潜力临界值。

1）根据耗水节水潜力的定义，计算了不同节水灌溉模式下的耗水节水潜力。与 $\beta=1$ 模式相比，旱作物采用 $\beta=0.85$ 模式时，柳园口灌区耗水节水潜力为 $37.611\times10^6\text{m}^3$；与淹灌模式相比，水稻采用浅水灌溉模式时，柳园口灌区耗水节水潜力为 $5.777\times10^6\text{m}^3$。水稻和旱作物均采用节水灌溉模式，柳园口灌区耗水节水潜力最大可达 $44.890\times10^6\text{m}^3$，占总蒸发蒸腾量的 4.2%。

2）不同节水措施下新水源节水潜力

（1）采用单一节水措施时，以基于水量平衡的新水源节水潜力为指标，引黄区、井灌区和总灌区均为从采用节水灌溉模式（措施 1）控制耗水角度进行节水效果最好，此时总灌区节水潜力可达 $177.81\times10^6\text{m}^3$，节水率为 18.67%。采用井渠结合调控模式，虽然井灌区节水率为负值，即不能节水，但对于整个灌区来讲节水效果较好。而针对柳园口灌区目前的工程状况，采用渠道衬砌等措施提高灌溉水利用系数(措施 2)的节水效果最差。

(2) 采用两种节水措施进行组合时,其节水潜力并非单一节水措施下节水潜力的简单叠加,而是不同节水措施之间相互作用的结果。以基于水量平衡的新水源节水潜力为指标,引黄区的节水潜力从高到低的节水措施组合为:措施 13>措施 12>措施 23;井灌区节水潜力为:措施 12>措施 13>措施 23;总灌区节水潜力为:措施 13>措施 12>措施 23。采用措施 13 时,柳园口灌区节水潜力可以达到 $228.47\times10^6\,m^3$,节水率为 23.99%。

3) 在三种节水措施组合情况下,以基于水量平衡的新水源节水潜力为指标,柳园口总灌区的节水潜力为 $268.89\times10^6\,m^3$,节水率为 28.23%。

4) 传统节水潜力与新水源节水潜力对比分析

由于传统节水潜力没有考虑回归水的重复利用,因此与新水源节水潜力存在差异。新水源节水潜力是在传统节水潜力的基础上,减去由于回归水重复利用而引起的节水潜力变化。采取措施 3 时,三个灌域的新水源节水潜力均大于传统节水潜力。采取措施 1、措施 2 及措施 12 时,引黄区、井灌区和总灌区新水源节水潜力小于传统节水潜力。

引黄区在措施 13、措施 23 和措施 123 下传统节水潜力均小于新水源节水潜力,原因是引黄区的回归水利用率较低,提高回归水的重复利用率有较大的节水空间;井灌区在措施 13 和措施 123 下传统节水潜力大于新水源节水潜力,在措施 23 下传统节水潜力小于新水源节水潜力;总灌区在措施 13 和措施 23 下传统节水潜力小于新水源节水潜力,在措施 123 下传统节水潜力大于新水源节水潜力。

传统节水潜力与新水源节水潜力计算方法之间的差异主要体现在是否考虑回归水的重复利用。在回归水重复利用不明显的引黄区,采取对提高回归水的重复利用率影响不大的节水灌溉措施时(如措施 1、措施 2),两种方法得到的节水潜力相差不大,但总体上表现为考虑回归水重复利用的新水源节水潜力小于传统节水潜力,即传统方法可能高估节水潜力;采取对提高回归水的重复利用率影响明显的节水措施时(如措施 3),考虑回归水重复利用的新水源节水潜力明显大于传统节水潜力,即传统方法低估了节水潜力。在回归水重复利用较明显的井灌区,采取对提高回归水重复利用率影响不大的节水措施时,考虑回归水重复利用的新水源节水潜力明显小于传统节水潜力,即传统方法高估了节水潜力。对整个灌区,采取对提高回归水重复利用率影响较大的节水措施时,考虑回归水重复利用的新水源节水潜力大于传统节水潜力,即此时传统方法低估了节水潜力。

5) 三种新水源节水潜力对比分析

引黄区和井灌区 7 种节水措施组合下新水源节水潜力与两种简化新水源节水潜力均相差不大,且变化规律保持一致。基于水量平衡的节水潜力计算方法严谨,但计算过程相对复杂,依据净灌溉效率简化指标的新水源节水潜力计算较简便，需要资料较少，在资料缺乏地区可以用简化新水源节水潜力计算方法。

6) 灌溉用水效率阈值及节水潜力临界标准

(1) 综合考虑节水与作物产量关系、节水与生态及环境关系、节水的经济性等因素，提出了灌溉用水效率阈值及节水潜力临界标准的定义。

(2) 以 2002 年为基础，柳园口灌区通过措施 123 的综合利用，传统灌溉水利用系数阈值为 0.702，而考虑回归水重复利用的净灌溉效率阈值为 0.803。

(3) 以基于水量平衡的新水源节水潜力为计算依据，柳园口总灌区在三种节水措施组合下，节水潜力最大值为 $268.89\times10^6\,m^3$，节水率 28.23%，该值即为柳园口灌区目前的节水潜力临界值。

第9章　漳河灌区灌溉用水效率及节水潜力评价

前面各章的研究内容针对位于黄河流域的井渠结合灌溉系统——柳园口灌区开展。本章以位于长江流域的长藤结瓜灌溉系统——漳河灌区为背景，开展应用研究。包括基于改进SWAT模型的漳河灌区分布式水文模型构建，不同情景下水量平衡要素及作物产量的模拟，基于蒸发蒸腾量管理及排水重复利用的节水潜力差异及其原因分析，灌溉水分生产率的尺度变化特征及其尺度提升方法，不同环节灌溉用水效率及节水潜力分析评价等。

9.1　研究区概况及改进SWAT模型构建

9.1.1　研究区概况

漳河灌区位于湖北省江汉平原西部丘陵地带，属于典型的“长藤结瓜”灌溉系统。灌区设计灌溉面积173680hm^2。灌区的灌溉水源除漳河水库外，还有中小型水库314座，塘堰81595口，提水泵站34座，形成了以漳河水库为骨干，中小型水利设施为基础，提水泵站作为补充的灌排系统。灌区多年平均气温17℃，平均降水量970mm，年均蒸发量为600～1100mm，全年无霜期246～270天。主要种植作物为中稻、油菜、小麦、棉花等。其中，中稻为主要灌溉作物，且基本采用间歇灌溉模式。

根据灌区的数字高程模型(digital elevation model，DEM)划分得到以漳河灌区内部二干渠和三干渠为边界的封闭区域(新埠河流域)作为研究区，面积11.28万hm^2，占漳河灌区控制面积的20%，如图9.1所示。研究区北抵漳河水库，南端靠近长湖入口，地势自西北向东南倾斜，海拔高程20～450m。

研究区内共有四方、十里铺、三界、藤店、张场、周集、杨树垱水库等7个雨量站和团林1个气象站(图9.1)，同一年中各站点降水量变化不大。以团林站1964～2010年的降水排频分析，研究年份的水文年型对应如下：2006年为干旱年，2007年为丰水年，2008年和2009年近似为平水年。

9.1.2　改进SWAT模型构建

1) 模型构建

研究大尺度灌溉用水效率及节水潜力的前提是获取灌区水量平衡要素。运用改进的SWAT模型构建了研究区域的水量平衡模型。模型改进内容及方法参

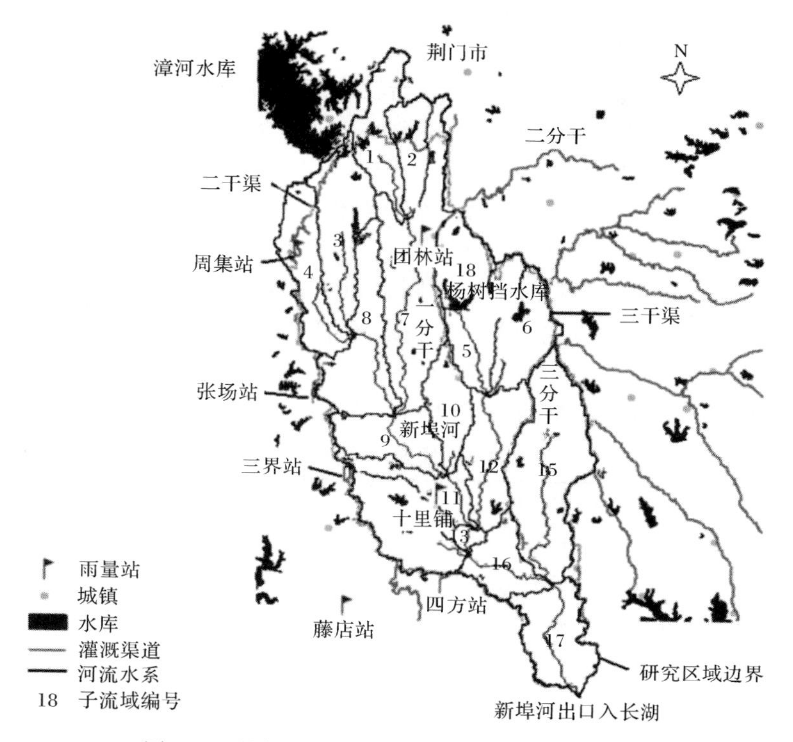

图 9.1　研究区地理位置、降水站点及子流域分布图

见第 5 章及相关文献(代俊峰等,2009a,2009b;Xie et al.,2011;王建鹏,2011;王建鹏等,2011),不再详述。

建模使用的数字高程图分辨率为 20m;土地利用图通过 LandSat TM(分辨率 30m)和 LandSat ETM$^+$(分辨率 15m)的遥感影像叠加中提取,并进行分类;土壤图通过纸质图纸数字化得到矢量格式。

模型主要输入数据包括:气象数据、土壤性质、作物参数、灌溉时间、水量及水稻种植、收割时间和管理措施等,均由团林灌溉试验站通过试验观测、调查等手段获得。

根据数字高程图和土地利用及土壤分类图,研究区域被划分为 18 个子流域和 91 个水文响应单元(图 9.1)。加入气象数据,塘堰和水库参数建立水文模型。其中,模型还以间歇灌溉模式的设计参数(即适宜水层下限、适宜水层上限和降水后最大蓄水深度)来实现水稻田的灌排控制。

2) 模拟率定及验证

对建立的灌区水文模型,需要水文和作物生长资料进行综合检验。代俊峰等(2009a,2009b)针对本研究区域的杨树档小流域建立 SWAT 模型,应用径流观测资料进行两年时间的率定(2002 年和 2003 年)和两年的验证(2005 和 2006 年),得到了模型主要参数值。Xie 等(2011)在此基础上应用 2005 年和 2006 年径流观测资料对模型参数进行调整(此二年观测数据较为准确),并用 8 个子流域内典型稻田的水稻产量观测资料做进一步率定和验证。具体率定和验证过程可参见文献(谢先红,2008;代俊峰等,2009a,2009b;Xie et al,2011)。

此后,王建鹏整合了代俊峰及谢先红等对模型修改的结果(王建鹏,2011;王建鹏等,2011),并用 2005～2009 年 5 年(前 3 年为率定期,后 2 年为验证期)的数据对改进 SWAT 模型进行率定和验证,同时用原 SWAT 模型对研究区域进行模拟,以期对比改进 SWAT 与原 SWAT 在水稻灌区的模拟效果。选用相对误差(RE)、判定系数(R^2)和 Nash-Sutcliffe 效率系数(E_{ns})评价标准对模型模拟效率予以评价。模型模拟效率优劣程度分为优、良、中、差四个等级(分级标准见表 9.1)。

表 9.1　模型评价标准

评价标准	相对误差 RE/%	判定系数 R^2	Nash-Sutcliffe 效率系数 E_{ns}
优	−5≤RE≤5	≥0.95	1.00～0.80
良	−10≤RE<−5 或 5<RE≤10	0.94～0.80	0.79～0.60
中	−20≤RE<−10 或 10<RE≤20	0.79～0.70	0.59～0.40
差	>20 或<−20	<0.70	<0.40

主要率定及验证结果见表 9.2、表 9.3。从表 9.2 看出,改进模型在率定期和验证期模拟径流和实测径流吻合度均较好,判定系数均在 0.85(良)以上,甚至达到 0.95(优),E_{ns}为 0.57～0.74,大部分年份属于"良"等级,相对误差在−10%～10%,处于"良"以上级别。相对误差在部分年份接近−10%,一方面是由于资料的收集整理存在误差;另一方面是当稻田蓄水深度发生变化时,尤其是晒田排水期(7 月上旬和 8 月下旬)模拟误差较大,这是由模型模拟处理和实际灌排操作之间的差异造成的。例如,各田块的实际排水存在先后差异,而模型模拟时根据预先设计的校准会在同一时间排水。但从整个模拟评价效率来讲,改进模型径流模拟效率较高,能够反映实际径流过程。

表 9.2　模型校验结果

模拟期/年		改进模型			原模型		
		相对误差 RE/%	判定系数 R^2	Nash-Sutcliffe 效率系数 E_{ns}	相对误差 RE/%	判定系数 R^2	Nash-Sutcliffe 效率系数 E_{ns}
率定期	2005	−0.82(优)	0.87(良)	0.68(良)	−74.56(差)	0.76(中)	0.26(差)
	2006	−8.54(良)	0.88(良)	0.75(良)	−47.15(差)	0.74(中)	0.47(中)
	2007	−7.73(良)	0.87(良)	0.57(中)	−68.62(差)	0.81(良)	0.39(差)

续表

模拟期/年		改进模型			原模型		
		相对误差 RE/%	判定系数 R^2	Nash-Sutcliffe 效率系数 E_{ns}	相对误差 RE/%	判定系数 R^2	Nash-Sutcliffe 效率系数 E_{ns}
验证期	2008	−9.19(良)	0.95(优)	0.68(良)	−68.54(差)	0.91(良)	−3.65(差)
	2009	−3.53(优)	0.95(优)	0.76(良)	−61.85(差)	0.88(良)	0.53(中)

表 9.3　2009 年典型 HRU 稻田逐日蒸发蒸腾量观测值及模拟数值对比

模型	蒸发蒸腾量累计值/mm	相对误差 RE/%	判定系数 R^2	Nash-Sutcliffe 效率系数 E_{ns}
试验值	589.52	—	—	—
改进模型	561.46	−4.76	0.93	0.85
原模型	362.61	−38.49	0.73	−0.52

原模型在率定期和验证期模拟径流和实测径流吻合度较差，判定系数为 0.76～0.91，处于“中”和“良”级别，E_{ns}在−3.64～0.53，基本上处于“差”等级，相对误差为−60%～−70%，均处于“差”级别。原模型径流模拟相对误差较大最主要的原因是 SWAT 模型无法识别稻田“蓄、放水”操作，全部默认为“蓄水”操作，仅当水量超过稻田蓄水容积时才发生排水(径流)，蓄水深度过大，径流量大幅度减少。可见，原模型因自身原因无法模拟稻田灌排措施，径流模拟误差较大，因此将原模型应用于水稻灌区时，必须进行修改。

模型改为采用蒸腾量亏缺量与产量亏缺量之间的关系进行水稻产量的模拟计算后，由于水稻产量取决于蒸发蒸腾量的大小，对于产量的模拟效果可用稻田蒸发蒸腾量模拟效果进行评价。选择区域内团林灌溉试验站所在的 HRU 蒸发蒸腾量逐日模拟数据和试验数据进行对比(表 9.3)。可见，改进模型模拟值与试验观测值相对误差仅为−4.76%，判定系数为 0.93，E_{ns}高达 0.85。原模型模拟值和试验观测值相比，蒸发蒸腾量明显偏低，两者相对误差高达−38.49%，判定系数为 0.73，E_{ns}为负值，模拟效果较差。原模型中限制作物蒸发蒸腾量小于参考作物腾发量，且未计入稻田水面蒸发，因此原模型模拟水稻蒸发蒸腾量出入较大，合理性较差。

9.2　基于蒸发蒸腾量管理的节水潜力

9.2.1　区域蒸发蒸腾量变化规律

1. 不同土地利用类型上蒸发蒸腾量变化

研究区域土地利用类型有水田、旱地、林草地、裸地、水体、村镇及居民点(以下简称村镇)6 种,所占面积比分别为 42.1%、18.1%、15.4%、11.5%、8.6%、4.3%。2006～2009 年各土地利用类型上蒸发蒸腾量模拟的平均值从大到小依次为水体、水田、林地、旱地、村镇、裸地。其中,水体上的蒸发蒸腾量是裸地蒸发蒸腾量的近 3 倍,是水田蒸发蒸腾量的 2 倍。土地利用类型分布是区域蒸发蒸腾量空间变异性的主要原因。

2. 不同灌溉模式下稻田蒸发蒸腾量及其构成

选择 18 号子流域(杨树垱子流域,面积 4320hm^2,水稻面积占比 65.9%)模拟分析不同灌溉模式下稻田蒸发蒸腾量构成。设置三种灌溉模式情景,即淹灌和间歇灌溉、薄浅湿晒两种节水灌溉模式,其田间水层深度控制标准见表 7.3 及文献(茆智,1997)。选用 2006 年资料进行分析。

1) 不同水稻灌溉模式对区域蒸发蒸腾量的影响

从三种灌溉模式下稻田蒸发蒸腾量模拟情况(表 9.4)可见,水稻全生育期蒸发蒸腾量从淹灌、间歇灌溉、薄浅湿晒灌溉模式依次减小,灌水量变化与其一致,即灌水量越大蒸发蒸腾量越大。

表 9.4 不同灌溉模式下区域稻田灌水量及稻田蒸发蒸腾量(2006 年)(单位:mm)

灌溉模式	渠道灌溉水量	塘堰灌溉水量	蒸发蒸腾量
薄浅湿晒	65.0	264.66	452.26
间歇灌溉	68.7	277.86	466.37
淹灌	75.9	308.24	479.61

2) 不同灌溉模式下稻田蒸发蒸腾量构成

通过模拟结果分析三种灌溉模式下的稻田蒸发蒸腾量分项(表 9.5)表明,两种节水灌溉相比淹灌模式,棵间蒸发略有减少,其中水面蒸发大幅度减少,而土壤蒸发略有增加。植株蒸腾在三种灌溉模式下基本一致。因此,节水灌溉模式在保证水稻不减产的前提下,可以提高水的利用效率。

表 9.5 不同灌溉模式下稻田蒸发蒸腾量分项(2006 年) (单位:mm)

灌溉模式	水面蒸发	植株蒸腾	土壤蒸发
薄浅湿晒	134.07	202.13	117.83
间歇灌溉	148.32	206.37	114.26
淹灌	237.94	205.84	37.68

9.2.2　基于区域蒸发蒸腾量管理的节水潜力

1. 蒸发蒸腾量消耗分类

根据水分消耗的途径，蒸发蒸腾量可分为有益消耗和无益消耗（Molden，1997）。有益消耗可进一步划分为生产性消耗和非生产性消耗。节水措施主要是减少无益消耗和非生产性消耗。基于人类活动对蒸发蒸腾量控制的技术和经济条件，又可将其分为可控蒸发蒸腾量和不可控蒸发蒸腾量（王建鹏等，2013）。可控蒸发蒸腾量，是指灌溉、生活用水等可通过水管理行为调控的耗水；不可控蒸发蒸腾量，是指天然林草地、水域、裸地等难以通过水管理行为调控的耗水，仅可通过土地利用类型的改变进行管理。根据以上规则，将研究区域不同蒸发蒸腾量分类，见表9.6。研究区域6种土地利用类型中，旱地、水田为耕地，其上植物冠层截留蒸发、植物蒸腾和棵间蒸发均服务于作物的产量，为有益消耗，但当蒸发蒸腾量超过满足作物正常生长所需水量，则其超出消耗也被视为无益消耗；塘堰、沟渠、中小型水库等水体水面蒸发对生态环境有益，属有益消耗中的非生产性消耗，但因研究区域地处南方湿润地区，水体蒸发对改善环境意义不大，故视为无益消耗；村镇、裸地的蒸发蒸腾量为无益消耗。其中，耕地的蒸发蒸腾量可通过灌溉及农业管理措施干预，故将水田和旱地作为可控蒸发蒸腾量，而灌区水管理行为对林草地、水体、裸地和村镇的蒸发蒸腾量基本无影响，其仅可通过改变土地利用类型进行控制，当不考虑土地利用类型变化时，它们的蒸发蒸腾量视为不可控蒸发蒸腾量。

表9.6　研究区域蒸发蒸腾量消耗分类

土地利用分类	有益消耗	无益消耗	可控蒸发蒸腾量	不可控蒸发蒸腾量
水体		√		√
水田	√		√	
旱地	√		√	
林草地	√			√
裸地		√		√
村镇		√		√

2. 不同灌溉模式下研究区域蒸发蒸腾量分析

研究区稻田面积占区域总面积的42.1%，且旱作物一般年份无需灌溉，故针对不同灌溉模式下研究区稻田蒸发蒸腾量消耗进行模拟分析。根据各子流域不同土地利用类型下蒸发蒸腾量模拟结果，汇总得到三种灌溉模式下2006～2009

年不同土地利用类型多年平均区域总蒸发蒸腾量(表 9.7)。可见,淹灌、间歇灌溉和薄浅湿晒模式下区域有益消耗比例分别为 0.857、0.855 和 0.854,均在较高水平。

采取水稻节水灌溉模式主要影响水田蒸发蒸腾量,因此节水量也仅从减少稻田蒸发蒸腾量角度分析。研究区域水田在间歇灌溉和薄浅湿晒灌溉模式下的蒸发蒸腾量分别为 4.19 亿 m^3 和 4.14 亿 m^3,比淹灌的 4.33 亿 m^3 分别减少了 0.13 亿 m^3 和0.19 亿 m^3,分别占区域总 ET 的 1.6%和 2.4%,占淹灌模式下水田 ET 的 3%和 4.4%。然而,田间试验表明,节水灌溉模式相比淹灌模式可减少灌溉用水量 15%左右,其减少率远大于蒸发蒸腾量消耗减少率。可见,不同尺度分析得到的节水潜力存在很大差异,即节水潜力存在尺度效应。这是因为不同尺度分析节水潜力的角度不同,田间尺度从减少灌溉用水量入手,而区域尺度从减少蒸发蒸腾量入手,因此基于灌溉用水量减少率的田间节水潜力不能简单推广应用到区域上。

表 9.7 2006~2009 年三种灌溉模式下蒸发蒸腾量年均分布 (单位:$10^6 m^3$)

灌溉模式	裸地	水体	林草地	旱地	水田	村镇	总 ET	有益 ET	无益 ET
淹灌	57.21	55.47	107.52	151.47	432.70	2.66	807.03	691.69	115.34
间歇灌溉	57.21	55.47	107.52	151.47	419.33	2.66	793.66	678.32	115.34
薄浅湿晒	57.21	55.47	107.52	151.47	413.90	2.66	788.23	672.89	115.34

通常将一定经济技术条件下,通过采用各类节水措施产生的最大节水量作为节水的理想目标,并称其为理论节水潜力。本研究区域现状条件下有益消耗比例为 85.5%,即通过减少无益消耗的理论节水率(占总 ET 的百分比)为 14.5%,约 1.2 亿 m^3。实际上,裸地、水体等蒸发蒸腾量不可控,林草地、旱地等因基本无灌溉,其蒸发蒸腾量也不能通过水管理措施调控。所以,蒸发蒸腾量调控的主要对象是水田,分析表明,与淹灌相比,采用节水灌溉模式调控稻田 ET 的实际节水率只有 1.6%和2.4%,远小于理论节水率。

9.3 基于排水重复利用的节水潜力

以主河道为主线,将研究区由上游到下游共划分为 9 个尺度,尺度面积逐渐扩大,见表 9.8。各尺度包含子流域位置及编号如图 9.1 所示。

表 9.8　研究区域尺度划分(与图 9.1 中子流域编号对应)

尺度	包含子流域	面积/hm^2
尺度 1	1	5333.9
尺度 2	1,2	8803.1
尺度 3	1,2,7	21990.4
尺度 4	1,2,3,4,7,8	44042.9
尺度 5	1,2,3,4,7,8,9,10	53488.3
尺度 6	1,2,3,4,5,6,7,8,9,10,11,12,18	78907.2
尺度 7	1,2,3,4,5,6,7,8,9,10,11,12,13,14,18	87276.1
尺度 8	1,2,3,4,5,6,7,8,9,10,11,12,13,14,15,16,18	104843.1
尺度 9	1,2,3,4,5,6,7,8,9,10,11,12,13,14,15,16,17,18	112891.3

9.3.1　不同尺度排水比变化规律

研究区域水稻主要采用间歇灌溉模式,水量平衡要素统计时间为水稻生育期(5 月 20 日～9 月 10 日)。研究区域 2006～2008 年排水出流水量占毛入流水量的比例 D_g 随尺度变化的模拟结果如图 9.2 所示。2009 年因部分站点缺少雨量资料未进行分析。

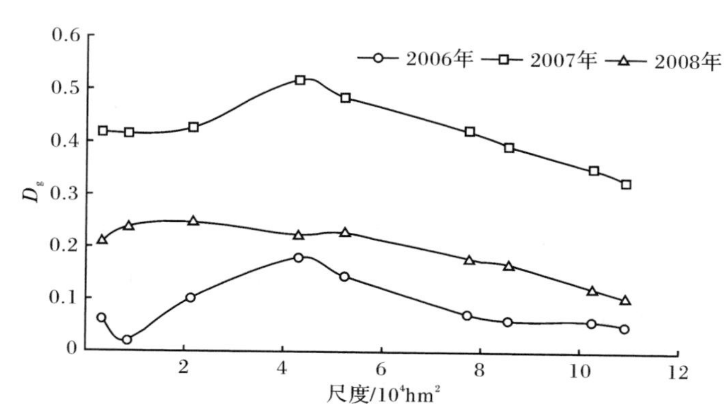

图 9.2　研究区域排水比例指标随尺度变化

图 9.2 表明,D_g 各年基本呈现出随尺度增大先增大后减小的趋势,在20000～45000hm^2尺度上达到峰值。中等尺度排水比较大是由于该尺度对降水和排水的重复利用率下降,当尺度继续增加时,降水和排水的重复利用增大,排水出流比例相应减小。

D_g 在各水文年型之间表现出随水文年型干旱程度的增加而降低,即干旱年较小,丰水年较大。因丰水年降水充沛,水分被区域内作物等消耗后仍有较大出流，而干旱年份降水绝大部分被区域内作物等消耗，出流较小。

针对某一区域，排水出流如不能回归到本区域，则对本区域而言是无效损失和节水对象，而这部分排水出流是可控的，可通过一定的有效拦截措施进行重复利用，因此可将其作为评价区域节水潜力的指标。由图 9.2 可知，尺度在 20000～45000hm^{2}时，节水潜力最大，2006～2008 年的理论节水率（占毛入流水量的百分比）分别为 17%、48%和 27%；随着尺度的增大，节水潜力减小，至最大尺度时，2006～2008 年的理论节水率分别为 5%、31%和 11%，平均为 16%。这种变化是因为随着尺度的增加，排水（回归水）通过塘堰收集、水库蓄存和水量侧渗被重复利用。

9.3.2 不同塘堰用水管理制度下排水比变化规律

利用塘堰汇集回归水的能力，即塘堰实际汇流面积比例（指产流汇入塘堰的面积占整个区域面积的比例），描述塘堰用水管理制度来研究不同塘堰用水管理制度下排水比变化。

1）不同塘堰用水管理制度情景设置

现状情景：渠道按现状供水，塘堰实际汇流面积比例为 30%，渠道供水不足由塘堰弥补。

情景 1：渠道供水量为现状的 80%，塘堰汇流面积比例在现有基础上提高 20%，渠道供水不足部分由塘堰弥补。

情景 2：渠道供水量为现状的 60%，塘堰汇流面积比例在现有基础上提高 40%，渠道供水不足部分由塘堰弥补。

2）不同塘堰用水管理制度下排水比例指标变化

选用干旱年 2006 年的资料进行分析。由图 9.3 可见，研究区域 D_g 随着渠道供水的减少和塘堰汇流面积比例的提高而降低。随着尺度的增大，情景 1 和情景 2 的排水比例下降更快。

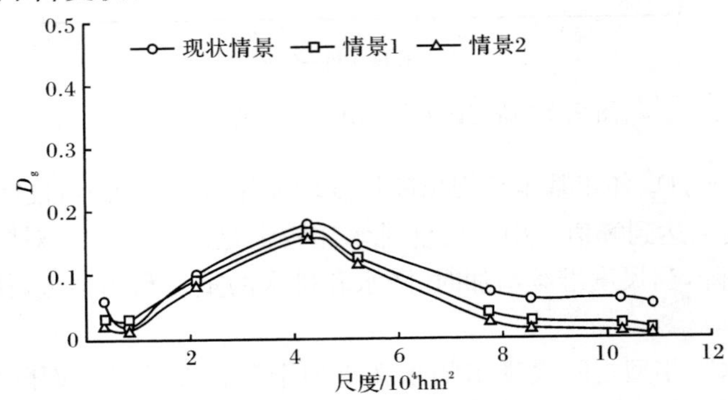

图 9.3 2006 年不同塘堰用水管理制度下排水比例指标变化

基于排水重复利用分析节水潜力，在尺度为42000hm^{2}左右时，理论节水潜力最大，现状情景节水率为17%（以毛入流水量为基准），情景1和情景2下分别为15%和14%，随着尺度增大，理论节水潜力减小，全区域尺度时理论节水率现状情景、情景1和情景2分别为5%、1.5%和1%。这主要是因为随着尺度的增加，排水（回归水）通过塘堰收集、水库蓄存和水量侧渗被重复利用。同时，随着塘堰汇流面积比例的提高，节水潜力逐渐减小，这是因为提高汇流面积比例，使更多的水被塘堰收集，出流量逐渐减小。

情景1和情景2相对于现状情景，节水潜力可分别从排水量的减少和实际渠道灌溉用水量的减少两方面进行分析。前者用排水管理节水率表示，即排水量的减少量占现状情景毛入流水量的比例；后者用实际灌溉节水率表示，即渠道灌溉水量的减少值占现状情景毛入流水量的比例，这里的灌溉水量只考虑从某一区域外通过渠道引入的水量，即新水源灌溉水量。由表9.9可知，与现状情景相比，情景1、情景2排水管理节水率分别为3.8%及4.7%，排水管理节水量分别为0.157亿m^{3}和0.1945亿m^3，而实际灌溉节水率只有1%及2%，实际灌溉节水量分别为0.04亿m^{3}和0.08亿m^3。其原因是塘堰在拦截排水后并不能保证全部用于灌溉，这使得排水的减少量大于灌溉用水的减少量。如果以传统的灌溉取水节水率计算（即灌溉水的减少量占现状情景灌溉水量的百分比），则情景1、情景2的灌溉取水节水率分别为19.9%和39.9%。可见，不同节水潜力计算方法下的节水率存在很大的差异。

表9.9　不同塘堰用水管理制度相对现状情况的节水率

情景设置	灌溉水量/亿m^3	毛入流水量/亿m^3	排水量/亿m^3	排水管理节水率/%	实际灌溉节水率/%	灌溉取水节水率/%
现状情景	0.2012	4.1024	0.2167	—	—	—
情景1	0.1611	4.0313	0.0597	3.8	1	19.9
情景2	0.1209	3.9594	0.0222	4.7	2	39.9

9.3.3　基于蒸发蒸腾量管理和排水管理的节水潜力比较

基于蒸发蒸腾量管理是对水资源消耗环节的管理，认为蒸发蒸腾量消耗是水分的真正损失，其实质是由“耗水管理”取代“取水管理”，由“供水管理”向“需水管理”转变。基于排水管理从水量平衡出发，突出排水再利用，认为区域的排水才是真正的损失，通过排水重复利用来减少灌溉取水达到节水目的。基于蒸发蒸腾量管理的节水潜力是指采用各种综合节水措施后，区域所消耗的水量与现状用水水平下区域消耗水量的差值，节水量是区域实际蒸发蒸腾量消耗的减少量。基于排水管理的节水潜力是指采用各种综合节水措施后，区域排水出流量与现状用水水平下区域排水出流量的差值，节水量是区域实际排水的减少量，或者由于排水的减少而使灌溉取水量的减少量。

本节针对湖北漳河灌区典型区域的模拟分析表明，基于蒸发蒸腾量消耗的理论节水率（占总 ET 的百分比）为 14.5%，间歇灌溉和薄浅湿晒模式与淹灌模式相比分别节水 1.6%和 2.4%，节水量分别为 0.13 亿 m^3 和 0.19 亿 m^3；基于排水比例指标的理论节水潜力与尺度有关，全区域 3 年平均节水率（占毛入流水量的百分比）为 16%。以 2006 年为背景就不同塘堰用水管理方案的比较表明，塘堰汇流面积比例从 30%提高到 50%，排水管理节水率为 3.8%，而实际灌溉节水率只有 1%，节水量分别为 0.157 亿 m^3 和 0.0401 亿 m^3。

基于蒸发蒸腾量管理节水的关键是减少区域无益蒸发蒸腾量消耗或非生产性蒸发蒸腾量消耗，主要措施包括改进作物的灌溉制度、灌溉技术及耕作方式，改变作物种植结构等。基于排水管理节水的关键是通过排水的重复利用减小区域排水量，从而减少灌溉取水量，主要措施包括提高区域内部蓄水能力来提高排水重复利用率，实施合理的灌溉制度减少田间排水等。其中，实施合理的灌溉制度措施不仅能减少水分的无益消耗又可减少无效流失。

9.4 灌溉水分生产率随尺度变化规律及其尺度提升方法

模拟结果表明，相比其他几种灌溉用水效率及效益指标，灌溉水分生产率 WP_I 随尺度变化特征明显，而且在灌区水管理中是十分重要的指标之一。由于不同年份之间灌溉水分生产率随尺度变化规律相似，本节以研究区域 2006 年资料为代表，分析灌溉水分生产率尺度变化特征（谢先红等，2010）。

9.4.1 灌溉水分生产率尺度变化特征及其原因

图 9.4 表明，灌溉水分生产率 WP_I 在开始随尺度的增大而增大，达到一定尺度（约 8 万 hm^2）以后，WP_I 就趋于平稳，甚至有下降趋势。WP_I 从小尺度到大尺度增幅约为 1.3kg/m^3。

从 WP_I 的定义可知，其尺度特征是作物产量和灌溉水量两方面原因导致的结果。现以第一个尺度内单位面积上的水稻产量和灌溉水量为基准，其他尺度的数值与其相除而得到相对值，从而反映单位面积的产量和灌溉水量随尺度变化的相对程度。

可以发现，WP_I 的变化完全是由灌溉水量随尺度减少所致。以 2006 年为例（图 9.5），单位面积产量在各尺度变化很小，而灌溉水量却明显下降，达 30%以上。由此可见，在更大的尺度上塘堰等收集回归水补充稻田水分，减少下游灌溉渠道引水量，使灌溉水分生产率在中等尺度和大尺度提高。

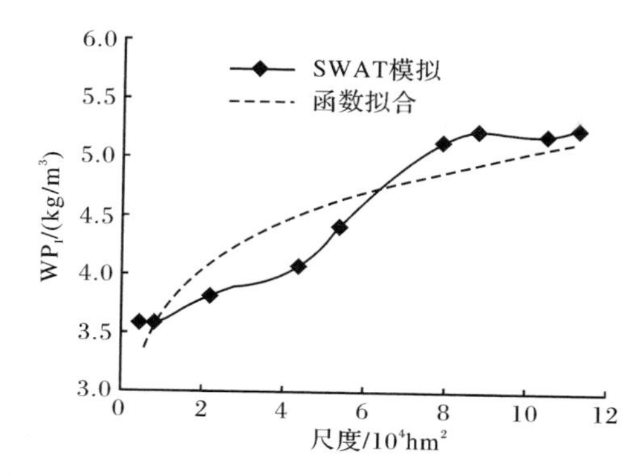

图 9.4　灌溉水分生产率的幂函数描述(2006 年)

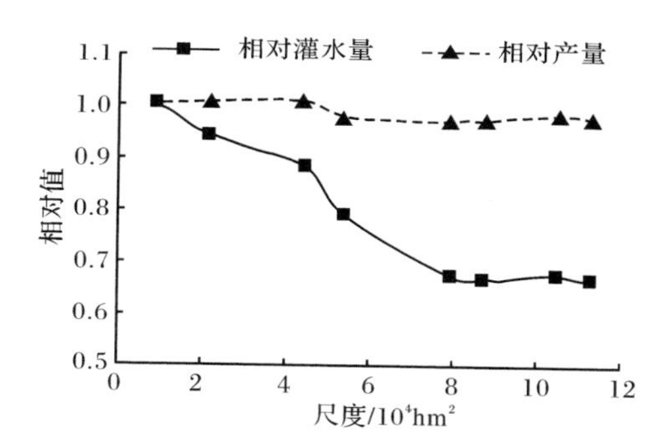

图 9.5　单位面积相对水稻产量和灌溉水量随尺度的变化(2006 年)

9.4.2　灌溉水分生产率尺度转换模式

1) 经验模式

由试验数据虽然可获得灌溉水分生产率 WP_I 随尺度变化的规律,但由于大尺度获取数据困难,因此由试验数据获得的大尺度数据不多,不能依据试验数据进行 WP_I 随尺度变化规律的拟合分析。基于建立的分布式水文模型,结合不同尺度的模拟结果进行分析。通过观察 WP_I 与尺度的曲线形式(图 9.4),发现其与幂函数相近,故提出以下关系模式:

$$WP_I(S)=\beta S^{\alpha} \tag{9.1}$$

式中,$WP_I(S)$为灌溉水分生产率,kg/m^3;S 为尺度,以子流域嵌套方式计算,hm^2;α 和 β 为两个待率定的常数。

将模拟得到的不同尺度 S 下的 $WP_I(S)$应用最小二乘法最优拟合,得到参数 α 和 β,以及相对误差 RE 和判定系数 R^2,见表 9.10,拟合效果如图 9.4 所示。可见拟合效果较好,拟合曲线的趋势和模拟结果有较好的一致性。因此,式(9.1)的幂

函数近似地描述了 WP_I 的尺度特征。

表 9.10　灌溉水分生产率的幂函数拟合效果(2006 年)

β	α	RE/%	R^2
1.10	0.13	−0.17	0.86

2) 分析讨论

如果 $WP_I(S)$满足式(9.1),则在 λS 尺度下有

$$WP_I(\lambda S)=\beta(\lambda S)^{\alpha}=\lambda^{\alpha}WP_I(S) \tag{9.2}$$

式中,λ 为尺度因子;其他符号意义同式(9.1)。

可见,只要知道尺度 S 下的灌溉水分生产率,则 λS 尺度下的灌溉水分生产率可用式(9.2)推算,实现了尺度提升。

如前所述,WP_I 的尺度特征主要由不同尺度灌溉水量的差异引起,而单位面积的产量几乎不随尺度变化。这里不妨假设产量 Y 是尺度 S 的线性函数,即 $Y=KS$。按照灌溉水分生产率的定义,$WP_I(S)$可表示为

$$WP_I(S)=KS/W_I(S) \tag{9.3}$$

式中,$W_I(S)$为 S 尺度下的灌溉水量,m^3。结合式(9.1)和式(9.3),可得

$$W_I(\lambda S)=\theta S^{1-\alpha}=\lambda^{1-\alpha}W_I(S) \tag{9.4}$$

式中,θ 为常数;其他符号意义同式(9.3)。

由此可见,WP_I 的尺度规律能用幂函数表述,实际上是由灌溉水量的函数特征决定的。其中表达式中仅含参数 α,且 $0\leqslant\alpha\leqslant1$。当 $\alpha=0$ 时,则单位面积灌溉水量在各个尺度达到一致,完全没有回归水被利用,WP_I 不随尺度变化;当 $\alpha=1$ 时,灌溉水量为一恒定数值,表明收集的回归水能够满足灌区大部分面积需水(灌区内部自给自足),而只有小部分面积依靠从外源引水,WP_I 随尺度线性增长。α 越大,单位面积灌溉水量越少,回归水利用程度越高,WP_I 随尺度增长越快。因此,参数 α 可作为回归水利用程度的另一种量度。

虽然目前还不能充分证明灌溉引水量可简单地用幂函数表述,但是,已有大量研究表明,决定灌溉水量的灌区水文、地形地貌和作物种植等条件在时空上表现出分形特征,与研究尺度成类似于式(9.2)和式(9.4)的幂率关系。刘丙军等(2005)发现灌溉渠系具有分形特征,论证了渠系分形维数与其灌水模数的相关性。谢先红等(2007)对漳河灌区的塘堰分析表明塘堰面积和空间分布具有典型的幂函数性质,如果考虑塘堰的蓄水状况,结合分形维数可能实现水量平衡要素的尺度转换。灌区或流域径流、蒸发蒸腾、地下水运动等水文过程已被证明在时间和空间上具有便于尺度转换的分形结构。所以,在特定的条件下,灌溉水量和灌溉水分生产率符合以上形式可能是一种必然的结果,参数 α 与分形维数具有相似的功能。这方面还需更多的试验和理论验证。

9.4.3　小结

灌溉水分生产率随尺度增大而增大，且在达到一临界尺度后趋于平稳。简单的幂函数模式能够描述灌溉水分生产率与尺度的良好关系，实现灌溉水分生产率、灌溉水量的尺度转换。其中参数 α 反映了回归水的利用程度，可能与分形维数有密切关系。

本节虽然得出以上初步结论，但还需在以下两方面做进一步研究。首先，只是以子流域嵌套的方式将研究区划分为 9 个尺度来探讨灌溉用水评价指标的尺度规律。如果以不同的方式划分尺度，灌溉用水评价指标可能会表现不一，而且本节模拟结果可能与实际观测结果也有差异。因此还需结合模拟和观测（包括遥感监测手段）研究其他尺度划分方式下的尺度规律。其次，虽然简单地建立了尺度转换模式，但还需在理论和实践方面做进一步验证。

9.5　不同环节灌溉用水效率及节水潜力分析

灌溉用水效率指标综合反映不同环节（这里指不同级别渠道、田间工程及管理措施等）灌溉工程状况、用水管理水平和灌溉技术水平等，是正确评估灌溉水利用程度、存在问题及节水潜力，评价节水灌溉发展成效的重要基础。灌溉过程中的损失主要产生在哪些环节？不同环节灌溉用水效率提高的阈值及节水潜力如何？从哪些环节、采用何种方法来提高灌溉用水效率？灌溉用水效率提高阈值、节水潜力及其与投资的关系如何？弄清这些关系，对制定科学合理的投资决策和采取相应的节水措施至关重要。为此，本节以漳河灌区为例进行探讨。

关于灌溉用水效率术语的定义，目前争议很多（崔远来等，2009），本书前面章节重点介绍了传统灌溉水利用系数和本书提出的净灌溉效率。本节以传统灌溉水利用系数为对象进行研究，其中各级渠道仍沿用传统的渠道水利用系数的称谓。

9.5.1　研究方法

1. 灌溉水利用系数计算方法

灌溉水利用系数计算采用渠道水利用系数和田间水利用系数连乘的方法。渠道水利用系数采用经验公式（郭元裕，1997）进行计算，即

$$\sigma=\frac{A}{100Q_n^m} \tag{9.5}$$

式中，σ 为每千米渠道输水损失系数；A 为渠床土壤透水系数；m 为渠床土壤透水指数；Q_n 为渠道净流量，m^3/s。A 和 m 的取值参照文献（郭元裕，1997），漳河灌区

内土壤以黏土及黏壤土为主,因此,取 $A=1.3, m=0.35$。

渠道输水损失水量:

$$Q_l=\sigma L Q_n \tag{9.6}$$

式中,Q_l 为渠道输水损失水量,m^3/s;L 为渠道长度,km。

当考虑地下水顶托及防渗措施影响后,式(9.6)修改为

$$Q'_l=\gamma\beta Q_l \tag{9.7}$$

式中,γ 为地下水顶托修正系数;β 为采取防渗措施后渠床渗漏水量的折减系数,取值见文献(郭元裕,1997),Q'_l为有地下水顶托影响和采取防渗措施后的渗漏损失水量,m^3/s。

渠道在输水过程中会有5%~8%的蒸发、闸门漏水损失。根据漳河灌区各级渠道实际工况,总干渠蒸发漏水损失率取7%,干渠和支干渠取8%,分干渠取7%,其他下级渠道取5%。渠道总的实际输水损失为

$$Q_{实}=Q'_l+Q_{es}=\sigma L Q_n \gamma\beta+Q_n\varepsilon \tag{9.8}$$

式中,$Q_{es}=Q_n\varepsilon$ 为蒸发、闸门漏水损失;ε 为蒸发漏水损失率。

2. 漳河灌区等效渠道概化

由于灌区地形、地貌等自然条件的复杂性,并存在许多越级取水现象,渠道不可能按照标准的干、支、斗、农、毛逐级设定,同时由于时间、精力的原因,也不可能对不同状况的各条渠道逐条分析,因此,需要将复杂灌区的渠系进行等效概化,以概化后的渠道为基础进行灌溉用水效率阈值及节水潜力的计算分析。等效渠道是指某渠道能代表灌区中该类输水渠道的综合输水特性,包括长度等效和流量等效。用平均净流量和平均长度作为概化渠道的等效值(田玉清等,2007)。

灌区经过多年运行后,实际运行情况与设计工况差异较大,而灌溉水利用系数与渠道的实际输水流量、时间及渠道的运行方式显著相关,因此需要对设计工况和实际运行状况分别考虑。实际工况采用2008年的实测数据,设计工况下的渠道流量和长度数据来自《漳河水库调度运行手册》。由于骨干渠道(干-支干-分干)流量差异比较大,且数量较少,因此不进行概化。

两种情况下的概化结果见表9.11。可以看出,大部分渠道设计工况下的流量远大于2008年实测值,同时渠道实际灌水时间也很短,因此灌区工程资源没有充分发挥作用,势必对灌溉水利用系数产生影响。

表9.11 漳河灌区渠道概化及不同工况下各级渠道水利用系数

渠道级别		渠道长度/km		净流量/(m^3/s)		渠道水利用系数		渠道水利用系数加权值	
		设计工况	2008年实测	设计工况	2008年实测	设计工况	2008年实测	设计工况	2008年实测
总干渠		17.7	18.1	70.9	33.31	0.9257	0.9228	0.9257	0.9228
干渠	二干渠	73.3	83.3	28.4	9.32	0.8392	0.7890	0.8439	0.8118
	三干渠	67.7	75.7	56.3	29.10	0.8684	0.8469		
	西干渠	21.9	18.9	0.7	1.01	0.7657	0.7974		
	一干渠	54.9	50.7	4.0	3.53	0.7523	0.7573		
	四干渠	67.5	67.5	11.1	5.34	0.8000	0.7694		
支干	三干一支干	36.4	35.8	8.7	6.00	0.8397	0.8151	0.8621	0.8381
	三干二支干	31.2	31.5	19.1	6.00	0.8734	0.8479		
分干	二干一分干	15.0	18.5	3.6	1.51	0.8707	0.8326	0.8377	0.7950
	二干新二分干	30.0	27.5	8.6	1.51	0.8606	0.7907		
	三干一分干	36.0	37.5	5.2	1.51	0.8093	0.7487		
	三干二分干	26.3	29.0	1.6	1.51	0.7983	0.7841		
	三干三分干	24.3	30.0	4.8	1.51	0.8439	0.7797		
	三干四分干	30.2	28.9	5.4	1.51	0.8285	0.7845		
	三干五分干	18.2	17.0	1.6	1.51	0.8358	0.8401		
	三干一支干一分干	23.9	24.0	2.0	1.51	0.8173	0.8065		
	三干一支干二分干	23.3	24.0	1.4	1.51	0.7796	0.8065		
	三干一支干三分干	23.3	17.7	2.0	1.51	0.8199	0.8366		
	三干二支干一分干	32.1	32.5	6.8	1.51	0.8499	0.7691		
	三干二支干二分干	28.3	24.0	5.7	1.51	0.8361	0.8065		
	四干一分干	18.1	15.0	2.4	1.51	0.8481	0.8502		
概化等效支渠		22.47	22.47	1.31	1.46	0.8215	0.8257	0.8215	0.8257
概化等效分渠		6.86	6.86	1.05	0.53	0.9048	0.8763	0.9048	0.8763
概化等效斗渠		3.68	3.68	0.68	0.37	0.9221	0.9043	0.9221	0.9043
概化等效农渠		2.26	2.26	0.44	0.07	0.9241	0.9083	0.9241	0.9083
概化等效毛渠		0.24	0.24	0.23	0.0037	0.9485	0.9450	0.9485	0.9450

9.5.2 不同环节灌溉用水效率计算

1. 设计工况下不同环节灌溉用水效率

综合渗水折减系数由防渗部分与未防渗部分的防渗折减系数按比例加权所得,未防渗部分防渗折减系数取1。漳河灌区的基本防渗形式为混凝土护面,其中总干渠全部防渗,其他各干渠防渗比例大概为20%。代入有关数据,按式(9.8)计算得设计工况下各级渠道水利用系数(不同环节灌溉用水效率)见表9.11。其中渠道水利用系数加权值由该级范围内不同渠道的渠道水利用系数按灌溉面积加权获得。

漳河灌区渠系分布比较复杂，根据《漳河灌区调度运用手册》统计，总干渠以下渠道灌溉可划分为12种不同级别的渠系组合方式。对全灌区的灌溉水利用系数计算时，先计算不同级别渠系组合方式的渠系水利用系数，再按照不同组合方式的设计灌溉面积加权得到渠系水利用系数，再乘以田间水利用系数得全灌区灌溉水利用系数。计算得全灌区灌溉水利用系数为0.4968。其中田间水利用系数根据2008年的典型观测取0.9655。由于灌区渠系组合方式不是完全按表9.11进行的，因此，渠系水利用系数不等于表9.11中各级渠道水利用系数之乘积。

2. 2008年实测工况下不同环节灌溉用水效率

根据2008年的观测数据分析计算的各级渠道水利用系数见表9.11。相应全灌区灌溉水利用系数为0.4437。

由表9.11两种工况下渠道水利用系数比较可见，除部分渠道因实际流量大于设计值或实际长度大于设计值外，其他渠道设计工况下各级渠道的渠道水利用系数普遍大于2008年的实测值，渠道水利用系数加权值则表现出明显的设计工况值大于2008年实测值。因为渠道的灌水量和流量远小于设计值；另外，灌区运行管理和维护没有达到设计要求。

3. 不同环节及方法的比较

目前漳河灌区采取了防渗措施的渠道仅限于部分骨干渠道。从两种工况下的计算结果可以看出，总干渠和干渠的渠道水利用系数较大，说明采取防渗措施对减少水量损失作用明显。分、斗、农、毛渠的渠道水利用系数也比较大，水量损失主要是蒸发和闸门漏水。虽然这部分渠道没有进行专门的防渗处理，但是由于渠道断面较小，渠道长度短，因此运行过程中渗漏损失所占比例很小。

渠道水利用系数偏小的是支干、分干和支渠，主要原因：一是没有采取专门的防渗措施；二是渠道普遍较长。

将经验公式法和动水法、首尾法测得2008年不同尺度灌溉水利用系数进行比较（崔远来等，2010a），如图9.6所示，这里某一尺度的灌溉水利用系数指从某一环节开始一直到田间的各级渠道水利用系数及田间水利用系数相乘所获得的灌溉水利用系数。可以看出，三种方法所得结果在变化趋势上是一致的，即灌溉水利用系数在干-支-斗渠段下降最快，说明这一环节水量损失最大，是进行渠道防渗的重点。首尾法在支渠上的灌溉水利用系数明显大于另外两种方法，这是因为首尾法一定程度上考虑了回归水的利用（崔远来等，2010a）。

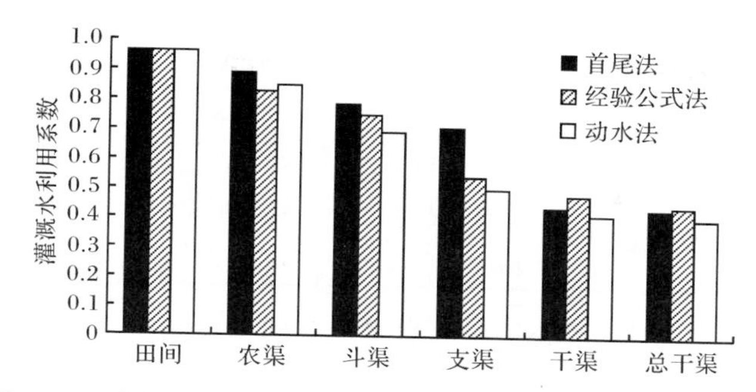

图 9.6　不同尺度及计算方法灌溉水利用系数结果比较(2008 年)

9.5.3　灌溉水利用系数提高阈值及节水潜力分析

1. 灌溉水利用系数阈值分析

根据第 8 章的定义,灌溉用水效率阈值指采取可能的社会、经济和技术等措施,在保持区域生态稳定和经济社会可持续发展的前提下,灌溉用水效率可能达到的最大值。这里以传统灌溉水利用系数为例进行分析,实际上也就是渠道防渗标准、田间工程改善、节水灌溉模式推广和灌溉管理提高等达到某一要求时灌溉水利用系数所能达到的值。

渠道防渗标准采用不同渠道的防渗率及相应防渗措施下的渗漏损失减少值进行描述,田间工程改善及节水灌溉模式的推广用田间水利用系数提高进行描述,管理水平的提高通过渠道蒸发渗漏损失的减少进行描述(崔远来等,2010b)。

1) 仅考虑工程措施的灌溉水利用系数阈值

我国《节水灌溉工程技术规范》(GB/T 50363—2006)对渠道防渗工程做出了具体要求。根据该规范对漳河灌区干渠防渗率取 60%,支干取 50%,分干和支渠取 40%。骨干渠道采取混凝土护面,支渠采用浆砌石防渗衬砌。计算各级渠道综合渗水量折减系数(限于篇幅略)。

渠道在输水过程中的蒸发、闸门漏水损失率选取不变。田间水利用系数仍取 0.9655,加权计算后达到《节水灌溉工程技术规范》(GB/T 50363—2006)要求时,设计工况下及 2008 年实际工况下全灌区灌溉水利用系数阈值见表 9.12。《节水灌溉工程技术规范》(GB/T 50363—2006)规定大型灌区灌溉水利用系数不低于 0.50,由表 9.12 可见,结果基本达到规范要求。

表 9.12 不同条件下的灌溉水利用系数阈值(2008 年)

工况		现状实际值	灌溉水利用系数阈值
仅考虑工程措施	设计工况	0.4968	0.5397
	2008 年实测	0.4437	0.4955
同时考虑工程及非工程措施	设计工况	0.4968	0.6204
	2008 年实测	0.4437	0.5564

2) 考虑工程及非工程综合措施的灌溉水利用系数阈值

当运行管理水平提高时,渠道漏水损失相应减少(2%~3%),此时各级渠道的蒸发、漏水损失率取值如下:总干渠损失率取 4%,干渠和支干渠取 5%,分干渠取 4%,其他下级渠道取 3%。计算得设计工况及 2008 年实际工况下达到《节水灌溉工程技术规范》(GB/T 50363—2006)要求时的灌溉水利用系数阈值见表 9.12。

3) 灌溉水利用系数阈值计算比较

从表 9.12 可见,设计工况值>2008 年实测值;阈值>现状实际值;同时考虑工程及非工程措施改善的阈值>仅考虑工程措施的阈值。设计工况比 2008 实测条件下的阈值要大,说明灌区运行水平没有达到设计值时,其节水潜力空间相应减小,也说明目前漳河灌区的运行存在较大的资源浪费。

2. 灌区节水潜力分析

以传统灌溉节水潜力为基础,考虑回归水的重复利用,按式(3.4)计算节水潜力。式(3.4)中,灌溉水重复利用系数 η_I 表示某尺度范围内重复利用的灌溉回归水量($W_{r,I}$)与毛灌溉用水量(I_{gross})的比值。蔡学良等(2007)针对漳河灌区的研究认为,单个塘堰积水区域尺度 η_I 为 16.7%,干渠尺度 η_I 为 20.7%。结合漳河灌区具体情况,η_I 取 20%,并且假设节水措施实施前后保持不变。

根据典型观测分析,2008 年漳河总净灌溉用水量 W_{nb}=13148.7 万 m^3,假设田间节水措施不变,即田间净灌溉用水量不变,根据表 9.12 的数据,计算得不同条件下的节水量及节水率见表 9.13。是否考虑非工程措施(管理水平提高)的两种方案比较表明,管理水平提高的节水率为 7.84%,相应投入 11 亿~12 亿元进行工程措施改善后的节水率为 8.36%,可见管理节水的效果很可观。

表 9.13 节水量及节水率计算结果(2008 年)

工程措施			工程及非工程措施		
η_a	节水量/万 m^3	节水率/%	η_a	节水量/万 m^3	节水率/%
0.4955	2478.4	8.36	0.5564	4802.0	16.20

3. 节水潜力与投资关系分析

同时考虑工程措施和非工程措施两方面的改进，以2008年实测工况为例，不同投资(70%～80%用于渠道防渗)与灌溉水利用系数和节水率的关系如图9.7所示。

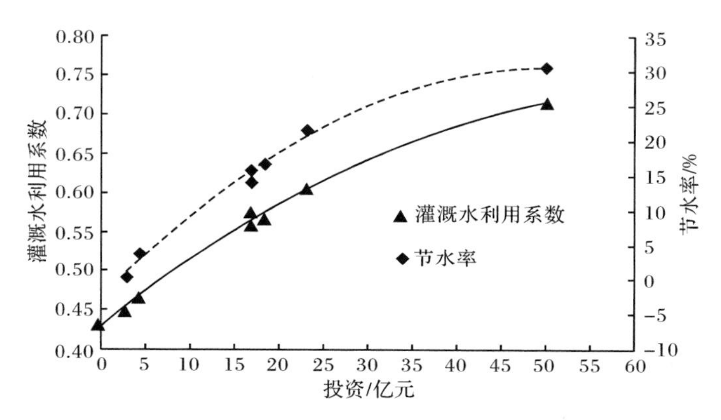

图9.7 投资与灌溉水利用系数/节水率关系(2008年)

由图9.7可见，灌溉水利用系数随投资的增长而增大，但并不是成正比增长，即灌溉水利用系数增长随投资增加呈凸函数关系，符合经济学中的报酬递减规律。

节水率亦随投资的增长而增加，但该凸函数关系曲率比灌溉水利用系数随投资变化的凸函数曲率更大，表明投资达到一定规模后(约35亿元)随投资的增长，虽然灌溉水利用系数继续增长，但节水率的增长幅度下降。表明此时增加投资不能真正节水，增加投资策略不可取。

4. 灌溉水利用系数增长预测

拟合图9.7中不同投资及其对应的灌溉水利用系数关系，有

$$Y=-7\times10^{-5}X^{2}+0.0096X+0.4367 \tag{9.9}$$

式中，Y为灌溉水利用系数；X为投资(亿元)；拟合相关系数为0.9964。

漳河灌区目前用于节水改造的投资额度约为0.15亿元/a，假设在未来7年按年均0.2亿元的投资额度，并且投资主要用于渠道防渗，按式(9.9)计算不同年份相应投资情况下的灌溉水利用系数及节水率，结果表明，按目前的投资水平，到2015年漳河灌区的灌溉水利用系数为0.4786，节水率5.83%，灌溉水利用系数离《节水灌溉工程技术规范》(GB/T 50363—2006)规定的目标值0.50还相差很远，因此必须加大投资力度。假设每年投资额增长1倍，即未来7年按0.4亿元/a的

投资额度，计算得 2015 年灌溉水利用系数为 0.4916，基本达到了《节水灌溉工程技术规范》(GB/T 50363—2006)的标准，相应节水率 7.79%。

9.5.4 小结

漳河灌区不同环节灌溉用水效率计算结果表明，总干及干渠环节和分、斗、农、毛渠环节的渠道水利用系数较大，而支干、分干和支渠环节的渠道水利用系数偏小。原因是总干及干渠进行了部分防渗，而分、斗、农、毛渠则渠道断面小，同时长度短，因此损失小。支干、分干和支渠则断面较大，且长度长，因此损失大，是今后防渗的主要环节。

设计工况下，达到《节水灌溉工程技术规范》(GB/T 50363—2006)要求时，通过工程和非工程措施，漳河灌区的灌溉水利用系数阈值为 0.6204。

不同条件投资与灌溉水利用系数阈值及节水率的关系分析表明，随投资的增加，灌溉水利用系数及节水率均提高，但其过程符合报酬递减规律，且节水率的报酬递减速度更快。分析表明，管理水平提高的节水效果显著，在灌区建设中，管理水平提高应与灌区工程建设同步。

漳河灌区灌溉水利用系数预测分析表明，按目前的投资力度，全国灌溉水利用系数很难达到《全国节水灌溉规划》提出的目标值，因此需进一步加大灌区节水改造的投资力度。

本节所采用的方法基于灌区日常基础资料，方法简便，对数据要求不高。在全国选择典型样点，按本节的方法进行估算，然后通过点面转化，可实现全国投资与灌溉用水效率和节水潜力的分析。

9.6 本章小结

本章针对湖北漳河灌区，基于改进 SWAT 模型构建灌区分布式水文模型，并开展不同情景下水量平衡要素模拟，分析不同情景下的灌溉用水效率及节水潜力，主要结论如下。

1) 研究区蒸发蒸腾量及排水比例的变化规律

不同土地利用方式之间，蒸发蒸腾量存在明显的差异。年蒸发蒸腾量从大到小依次为水体、水田、林草地、旱地、村镇、裸地。淹灌、间歇灌溉和薄浅湿晒模式下有益消耗比例基本一致，高达 85%。排水出流水量占毛入流水量的比例 D_g 随尺度的增大先增大后减小，且干旱年较小，丰水年较大。研究区域 D_g 随着渠道供水的减少和塘堰汇流面积比例的提高而降低，即提高塘堰汇流面积比例能够拦截降水和排水，提高水的重复利用率，从而节约灌溉供水。

2）基于蒸发蒸腾量管理及排水重复利用的节水潜力

基于蒸发蒸腾量消耗调控，以研究区域总蒸发蒸腾量为基准，研究区域现状条件下的理论节水率为14.5%，间歇灌溉和薄浅湿晒模式与淹灌模式相比的实际节水率分别为1.6%和2.4%，节水量分别为0.13亿m^3和0.19亿m^3。

基于排水管理，以毛入流水量为基准，研究区域现状条件下的理论节水率为16%，不同塘堰用水管理制度下（塘堰汇流面积比例由30%分别提高到50%和70%）与现状相比，排水管理节水率分别为3.8%、4.7%，排水管理节水量分别为0.157亿m^3和0.1945亿m^3，实际灌溉节水率分别为1%、2%，实际灌溉节水量分别为0.0401亿m^3和0.0803亿m^3，而灌溉取水节水率分别为19.9%和39.9%。不同节水潜力计算方法，节水率存在很大的差异。

3）灌溉水分生产率的尺度变化特征

灌溉水分生产率随尺度增大而增大，且在达到一临界尺度后趋于平稳。幂函数模式能够描述灌溉水分生产率与尺度的良好关系，实现灌溉水分生产率、灌溉水量的尺度转换。其中参数α反映了回归水的利用程度，可能与分形维数有密切关系。

4）不同环节灌溉用水效率及节水潜力分析

漳河灌区总干及干渠环节和分、斗、农、毛渠环节的渠道水利用系数较大，而支干、分干和支渠环节的渠道水利用系数偏小。原因是总干及干渠进行了部分防渗，而分、斗、农、毛渠则渠道断面小，同时长度短，因此损失小。支干、分干和支渠则断面较大，且长度长，因此损失大，是今后防渗的主要环节。

设计工况下，达到《节水灌溉工程技术规范》（GB/T 50363—2006）要求时，通过工程和非工程措施，漳河灌区的灌溉水利用系数阈值为0.6204。

随投资的增加灌溉水利用系数及节水率均提高，但其过程符合报酬递减规律，且节水率的报酬递减速度更快。管理水平提高的节水效果显著，在灌区建设中，管理水平提高应与灌区工程建设同步。

漳河灌区灌溉水利用系数预测分析表明，按目前的投资力度，全国灌溉水利用系数很难达到《全国节水灌溉规划》提出的目标值，因此需进一步加大灌区节水改造的投资力度。

第 10 章　总结与展望

10.1　主 要 结 论

10.1.1　灌区灌溉用水评价及水文模型存在问题及展望

本书总结了灌溉用水评价指标体系的研究进展，指出了灌溉用水评价指标体系存在的问题。归纳了节水潜力的计算方法，指出了现有节水潜力计算方法的缺陷及适应范围。分析了水文模型对大尺度水量平衡要素获取的重要性，对水文模型研究进展进行了评述，分析了各种模型的适用范围和优缺点，指出开发适合灌区特性的分布式水文模型对灌区水量平衡模拟及灌溉用水评价的重要意义。

1）灌溉用水评价指标及节水潜力评价方法存在的问题及研究展望

（1）传统的灌溉效率指标忽略了回归水的重复利用，而目前提出的新指标种类较多，且大多数是从作物耗水或回归水重复利用等单一角度提出的，没有综合考虑各种要素的影响，因此这些新指标在使用时具有局限性。

（2）传统节水潜力计算方法忽略了回归水的重复利用，而近年来提出的真实节水潜力的计算方法多是从耗水节水或回归水重复利用等单一角度提出的，且没有进行严谨的理论推导。节水潜力是各种措施综合作用的结果，并不是简单的分解与合并，应将各种节水环节或影响因素进行统一考虑，提出适用于不同尺度且考虑因素全面的节水潜力计算新方法。

（3）无论是灌溉用水效率及效益评价指标的确定还是节水潜力的计算，都需要确定研究区域的水量平衡要素。大尺度上水量平衡要素获取较难，需要借助于水文模型或遥感技术。如何构建灌区水量分布式模拟模型是解决大尺度灌溉用水评价的关键，也是今后研究的重点。

2）分布式水文模型存在的问题及研究展望

（1）田块尺度模型可以较好地模拟小尺度上水量平衡要素，但是如何将小尺度模型应用到大尺度有待进一步研究，途径之一是将田块尺度模型与分布式水文模型进行耦合，实现田块尺度模型的空间扩展。

（2）分布式水文模型大多是针对自然流域开发，对灌区特性考虑较少，并不能直接将其应用于灌区，需要对其进行改进。

（3）主流地表水模型对地下水模拟近似于黑箱子模型，而地下水模型对处理地表水模拟过程简单，而且不能处理复杂的降水空间信息及地表径流。为了获得更好的模拟精度，有必要对地表水模型和地下水模型进行耦合。

10.1.2　灌溉用水评价新指标

本书提出了考虑回归水重复利用的灌溉用水评价指标体系，包括灌溉用水效率指标和灌溉用水效益指标。其中灌溉用水效率指标包括水资源利用率和净灌溉效率；灌溉用水效益指标包括灌溉水分生产率、净灌溉水分生产率和净灌溉用水效益。从计算方法角度，净灌溉效率又分为基于水量平衡的净灌溉效率和基于回归水重复利用的净灌溉效率。

（1）提出水资源利用率和净灌溉效率的定义，根据定义对其计算公式进行推导和系统说明。

（2）以基于水量平衡的净灌溉效率为基础，基于合理假设，提出两个基于回归水重复利用的净灌溉效率指标。

（3）基于现有的水分生产率等用水效益指标，考虑回归水重复利用，提出净灌溉水分生产率和净灌溉用水效益指标，并对其计算公式进行了推导。

10.1.3　灌区节水潜力计算新方法

对传统节水潜力及基于 ET 管理的耗水节水潜力的计算方法进行了总结归纳，提出了考虑回归水重复利用的新水源节水潜力的定义及其计算公式。由于新水源节水潜力考虑了输水、耗水和回归水等因素，考虑因素全面，能够反映灌区真实节水潜力。

10.1.4　柳园口灌区灌溉标准及适宜地下水埋深

以柳园口灌区为背景，针对夏玉米和冬小麦，利用 SWAP 模型构建了田间土壤水分及作物产量模型，并对 SWAP 模型进行了率定和验证。基于构建的 SWAP 模型模拟分析了柳园口灌区适宜的灌溉下限控制标准和适宜的地下水埋深控制范围。

（1）利用 SWAP 模型构建了田块尺度的土壤水分模型和作物生长模型（夏玉米和冬小麦），并对模型进行了率定和验证。构建的 SWAP 模型对土壤水分及作物产量模拟精度均能满足要求，可用于柳园口灌区土壤水分及作物产量的模拟。

（2）利用构建的 SWAP 模型，对 2006～2007 年不同灌溉控制标准下夏玉米和冬小麦的灌水量和作物相对产量进行模拟，分析得到了柳园口灌区夏玉米和冬小麦适宜的灌溉控制标准，即蒸腾量亏缺比例系数 $\beta=0.85$ 时灌水至田间持水量。根据长系列模拟结果，证明提出的灌溉控制标准是合理的。

（3）在适宜灌溉控制标准下，利用 SWAP 模型对 2006～2007 年不同地下水埋深条件下夏玉米和冬小麦的灌溉水量及相对产量进行了模拟。综合考虑地下水埋深对灌水量、作物相对产量和潜水蒸发的影响,分析表明柳园口灌区地下水埋深适宜范围为 3～5m。

10.1.5　灌区地表水-地下水耦合模型构建

针对柳园口灌区的特点,在已有研究成果的基础上,对 SWAT 模型进行改进。分析了改进 SWAT 模型和 MODFLOW 模型耦合的技术难点,提出了解决这些难点的方法,成功实现了改进 SWAT 模型和 MODFLOW 模型的耦合,构建了灌区地表水-地下水耦合模型。

(1) 针对引黄灌区的特点,对 SWAT 模型进行了以下改进:①稻田渗漏过程改进,考虑了犁底层对渗漏的影响,添加了稻田对降水的截留作用;②添加了渠道在输配水过程中的渗漏损失;③旱作物的灌溉上限、田间渗漏损失及旱作物耕作措施等的改进;④作物最大蒸腾量计算方法的改进;⑤添加了水稻自动灌溉模块;⑥增加了多水源灌溉模块。

(2) 提出了 SWAT 模型和 MODFLOW 模型耦合的难点,即①两种模型计算单元不匹配,并且 SWAT 模型计算单元 HRU 没有具体的空间位置;②SWAT 模型中 HRU 数目较多,难以实现与 MODFLOW 计算单元 cells 的关联。针对耦合的难点,提出了 SWAT 模型和 MODFLOW 模型耦合的关键技术,确定了 SWAT 模型 HRU 的空间位置,构建了 HRU-cells 交互界面,编程实现了改进 SWAT 模型和 MODFLOW 模型的耦合,构建了灌区地表水-地下水耦合模型。

10.1.6　灌区地表水-地下水耦合模型适用性检验

以柳园口灌区为背景,实现了改进 SWAT 模型和 MODFLOW 模型的耦合,构建了灌区地表水-地下水耦合模型,并对灌区地表水-地下水耦合模型进行了率定和验证。

(1) 利用改进 SWAT 模型构建柳园口灌区地表水模型,利用 SWAT 模型和 MODFLOW 耦合技术,将改进 SWAT 模型模拟的地下水空间补给输入 MODFLOW 模型中,实现了改进 SWAT 模型与 MODFLOW 模型的耦合,构建了柳园口灌区地表水-地下水耦合模型。

(2) 利用大王庙水文站的径流资料对改进 SWAT 模型进行率定和验证,率定期和验证期均满足精度要求。与原 SWAT 模型相比,改进 SWAT 模型更适合于灌区水循环模拟。利用地下水位观测资料对地下水模型进行了率定和验证,模型率定期和验证期模拟效果均能满足精度要求,因此构建的灌区地表水-地下水耦合模型参数率定合理,精度满足要求,可以用于柳园口灌区水量平衡过程的模拟与预测。

10.1.7　柳园口灌区灌溉用水评价指标计算分析

分析了研究区域不同灌溉模式下不同作物蒸发蒸腾量的变化规律，利用灌区水文模型对柳园口灌区不同灌溉模式下的水量平衡要素进行了模拟，利用线性模型估算了水稻产量，根据土壤参数及地下水埋深的空间分布，采用 SWAP 模型模拟了柳园口灌区不同区域夏玉米和冬小麦的产量，实现了 SWAP 模型由田间尺度向灌区尺度的扩展。在此基础上，对各灌域不同灌溉模式下的灌溉用水评价指标进行了计算，并分析了其变化规律及其原因。同时利用灌区地表水-地下水耦合模型对不同井渠灌溉用水比例下的地下水位及水量平衡要素进行了模拟，分析确定了柳园口灌区适宜井渠灌溉比和适宜井渠灌溉时间。对井渠结合调控模式下的灌溉用水评价指标进行了计算，并与原模式进行对比，分析了不同灌溉模式和不同用水模式下灌溉用水评价指标的变化规律及其原因。

(1) 针对柳园口灌区，计算了不同土地利用类型的多年平均蒸发蒸腾量，分析了不同土地利用类型蒸发蒸腾量的空间分布规律。结果表明，土地利用类型影响蒸发蒸腾量，区域蒸发蒸腾量空间分布规律与不同土地利用类型所占面积比例有关。

(2) 模拟分析了不同灌溉模式下水稻、夏玉米和冬小麦三种主要农作物蒸发蒸腾量的变化规律。结果表明，采用节水灌溉模式作物蒸发蒸腾量均呈现不同程度的降低，其中夏玉米和冬小麦更多地减少了土壤蒸发，水稻则主要减少了水面蒸发，因此采用节水灌溉模式可以减少水分无效损失。

分析表明，在田间尺度，与传统淹灌相比，水稻采用间歇灌溉与浅水灌溉，减少 ET 的节水率分别为 5.6%和 8.8%；与 $\beta=1$ 模式相比，采用 $\beta=0.85$ 节水灌溉模式夏玉米和冬小麦减少 ET 的节水率分别为 1.3%和 3.8%。

(3) 分别对引黄区、井灌区和总灌区基于水量平衡的灌溉用水效率指标进行了推导和简化。基于柳园口灌区各水量平衡要素的模拟，对不同灌溉模式下的灌溉用水效率进行计算，分析了有关指标的变化规律，主要结论如下：

① 水资源利用率。随节水灌溉程度的加强(变化趋势为 1 * a、1 * b、1 * c、0.85 * a、0.85 * b、0.85 * c，下同)，引黄区水资源利用率呈增加趋势，井灌区水资源利用率呈降低趋势，但综合作用下，总灌区水资源利用率呈增加趋势，表明采用节水灌溉模式可以提高灌区总体水资源利用效率。从 1 * a 模式到 0.85 * c 模式，柳园口灌区水资源利用率由 0.665 增加到 0.705。

② 净灌溉效率。随节水灌溉程度的加强，引黄区和总灌区的净灌溉效率均呈增加趋势，原因是采用节水灌溉模式灌溉用水量的降低幅度大于 ET 的降低幅度，但井灌区净灌溉效率基本保持在 0.974 不变，原因是在井灌区采用抽取地下水灌溉，灌溉水损失量大部分可以被重复利用。从 1 * a 模式到 0.85 * c 模式，柳园口

灌区净灌溉效率由 0.694 增加到 0.708。

(4) 计算分析了不同灌溉模式下基于回归水利用的净灌溉效率简化指标的变化规律，主要结论如下：

① 随节水灌溉程度的加强，引黄区和总灌区的灌溉水重复利用系数有所增加，井灌区的灌溉水重复利用系数稳定在 0.191。1 * a 模式下，灌溉水重复利用系数最小，引黄区和总灌区分别为 0.059 和 0.106；0.85 * c 模式下，灌溉水重复利用系数最大，引黄区和总灌区分别为 0.068 和 0.113。

② 随节水灌溉程度的加强，引黄区净灌溉效率呈增加趋势，井灌区净灌溉效率简化指标 1($E_{I,1}$)在 β=0.85 模式与 β=1 模式相比略微减少，简化指标 2($E_{I,2}$)则保持不变，总灌区净灌溉效率也呈增加趋势。

③ 基于回归水利用的简化指标 1 与简化指标 2 之间的误差，除在井灌区稍大外，在引黄区和总灌区均很小。

(5) 将基于水量平衡与基于回归水利用的净灌溉效率进行对比分析，得到以下结论：

① 引黄区随节水灌溉程度的加强，基于水量平衡指标与简化指标间的误差及两种简化指标之间的误差均有逐渐减小的趋势。因此，在回归水利用率较低的引黄区可以使用两种简化方法计算净灌溉效率。

② 井灌区基于水量平衡指标与简化指标 2 相等，但是与简化指标 1 的误差较大，且随节水灌溉程度的加强误差增大。因此，在回归水利用率较高的井灌区，宜使用简化指标 2 计算净灌溉效率。

③ 总灌区随节水灌溉程度的加强，基于水量平衡指标与简化指标之间的误差及两种简化指标之间的误差均有逐渐减小的趋势。因此总体而言，可以使用基于回归水利用的简化指标计算净灌溉效率。

(6) 与传统灌溉水利用系数相比，本书提出的 3 个净灌溉效率指标在不同灌溉模式下均显著提高，因为本书提出的指标考虑了灌溉回归水的重复利用。

(7) 利用线性模型估算了水稻产量，基于土壤参数及地下水埋深的空间分布，采用 SWAP 模型模拟了各 HRU 上夏玉米和冬小麦的产量，实现了 SWAP 模型的空间扩展。对不同灌溉模式下的灌溉用水效益指标进行计算，分析了有关指标的变化规律，主要结论如下：

① 灌溉水分生产率。随节水灌溉程度的加强，引黄区、井灌区和总灌区的灌溉水分生产率均呈增加趋势，这是因为采用节水灌溉模式毛灌溉用水量减少幅度大于作物产量降低幅度。从 1 * a 模式到 0.85 * c 模式，柳园口灌区灌溉水分生产率由 1.58kg/m^3 提高到 1.87kg/m^3。

② 净灌溉水分生产率。采用节水灌溉模式可以提高灌区净灌溉水分生产率，且相同灌溉模式下，灌区的净灌溉水分生产率大于灌溉水分生产率。从 1 * a 模

式到 0.85 * c 模式，柳园口灌区净灌溉水分生产率由 1.85kg/m^3 提高到 2.17kg/m^3。

(8) 利用耦合模型对不同井渠灌溉比例的用水方案进行模拟，根据适宜的地下水埋深控制标准和潜水蒸发损失的大小，综合分析确定了井灌区、引黄区和总灌区的适宜井渠灌溉比分别为 3.59：1、0.27：1 和 0.73：1；适宜井渠灌溉时间为引黄区冬灌和汛前采用井灌，井灌区在汛后采用引黄渠灌。

(9) 井渠结合调控模式下，随节水灌溉程度的加强，引黄区和总灌区的水资源利用率和净灌溉效率均呈增加趋势，井灌区的净灌溉效率有所降低，而水资源利用率呈增加趋势。与原模式相比，采用井渠结合调控模式可以提高柳园口灌区水资源利用率和净灌溉效率。在柳园口灌区，对于提高水资源利用率和净灌溉效率而言，采用井渠结合调控模式比采用节水灌溉模式的效果更佳。

(10) 井渠结合调控模式下，随节水灌溉程度的加强，引黄区、井灌区和总灌区的灌溉水分生产率和净灌溉水分生产率均呈增加趋势。与原模式相比，采用井渠结合调控模式可以提高柳园口灌区灌溉水分生产率和净灌溉水分生产率。在柳园口灌区，对于提高灌区灌溉用水效益而言，采用节水灌溉模式比采用井渠结合调控模式效果更佳。

10.1.8　柳园口灌区节水潜力计算分析

模拟分析了柳园口灌区不同节水措施下的耗水节水潜力、考虑回归水重复利用的新水源节水潜力和传统节水潜力，探明了不同条件下节水潜力变化规律及原因。

1) 根据耗水节水潜力的定义，计算了不同节水灌溉模式下的耗水节水潜力

与 $\beta=1$ 模式相比，旱作物采用 $\beta=0.85$ 模式时，柳园口灌区耗水节水潜力为 37.611×10^6 m^3；与淹灌模式相比，水稻采用浅水灌溉模式时，柳园口灌区耗水节水潜力为 5.777×10^6 m^3。水稻和旱作物均采用节水灌溉模式，柳园口灌区耗水节水潜力最大可达 44.890×10^6 m^3，占总蒸发蒸腾量的 4.2%。

2) 不同节水措施下新水源节水潜力

(1) 采用单一节水措施时，以基于水量平衡的新水源节水潜力为指标，引黄区、井灌区和总灌区均为从采用田间节水灌溉模式(措施 1)控制耗水角度进行节水效果最大，此时总灌区节水潜力可达 177.81×10^6 m^3，节水率为 18.67%。采用井渠结合调控模式(措施 3)，虽然井灌区节水率为负值，即不能节水，但对于整个灌区来讲节水效果较好。而针对柳园口灌区目前的工程状况，采用渠道衬砌等措施提高灌溉水利用系数(措施 2)的节水效果最差。

(2) 采用两种节水措施进行组合时，其节水潜力并非单一节水措施下节水潜力的简单叠加，而是不同节水措施之间相互作用的结果。以基于水量平衡的新水

源节水潜力为指标，引黄区的节水潜力从高到低的节水措施组合为：措施13＞措施12＞措施23；井灌区节水潜力为：措施12＞措施13＞措施23；总灌区节水潜力为：措施13＞措施12＞措施23。采用措施13时，柳园口灌区节水潜力可以达到 $228.47\times10^6 m^3$，节水率为23.99%。

(3) 在三种节水措施组合情况下，以基于水量平衡的新水源节水潜力为指标，柳园口总灌区的节水潜力为 $268.89\times10^6 m^3$，节水率为28.23%。

3) 传统节水潜力与新水源节水潜力对比分析

传统节水潜力与新水源节水潜力计算方法之间的差异主要体现在是否考虑回归水的重复利用。在回归水重复利用不明显的引黄区，采取对提高回归水的重复利用率影响不大的节水灌溉措施时(如措施1、措施2)，两种方法得到的节水潜力相差不大，但总体上表现为考虑回归水重复利用的新水源节水潜力小于传统节水潜力，即传统方法可能高估节水潜力；采取对提高回归水的重复利用率影响明显的节水措施时(如措施3)，考虑回归水重复利用的新水源节水潜力明显大于传统节水潜力，即传统方法低估了节水潜力。在回归水重复利用较明显的井灌区，采取对提高回归水重复利用率影响不大的节水措施时，考虑回归水重复利用的新水源节水潜力明显小于传统节水潜力，即传统方法高估了节水潜力。对整个灌区，采取对提高回归水重复利用率影响较大的节水措施时，考虑回归水重复利用的新水源节水潜力大于传统节水潜力，即此时传统方法低估了节水潜力。

4) 三种新水源节水潜力间对比分析

引黄区和井灌区7种节水措施组合下新水源节水潜力与两种简化新水源节水潜力均相差不大，且变化规律保持一致。基于水量平衡的节水潜力计算方法严谨，但计算过程相对复杂，依据回归水利用的简化新水源节水潜力计算较简便，需要资料较少，在资料缺乏地区可以用简化新水源节水潜力计算方法。

10.1.9　柳园口灌区灌溉用水效率阈值及节水潜力临界标准

(1) 综合考虑节水与作物产量关系、节水与生态及环境关系、节水的经济性等因素，提出了灌溉用水效率阈值及节水潜力临界标准的定义。

(2) 以2002年为基础，柳园口灌区通过措施123的综合利用，传统灌溉水利用系数的阈值为0.702，而考虑回归水重复利用的净灌溉效率阈值为0.803。

(3) 以基于水量平衡的新水源节水潜力为计算依据，柳园口灌区在三种节水措施组合下，节水潜力最大值为 $268.89\times10^6 m^3$，节水率28.23%，该值即为柳园口灌区目前的节水潜力临界值。

10.1.10　漳河灌区灌溉用水效率及节水潜力评价

针对湖北省漳河灌区，基于改进SWAT模型构建灌区分布式水文模型，并开展不同情景下水量平衡要素模拟，分析不同情景下的灌溉用水效率及节水潜力，主要结论如下：

1）研究区域蒸发蒸腾量及排水比例的变化规律

不同土地利用方式之间，蒸发蒸腾量存在明显的差异。年蒸发蒸腾量从大到小依次为水体、水田、林草地、旱地、村镇、裸地。淹灌、间歇灌溉和薄浅湿晒模式下有益消耗比例基本一致，高达85%。排水出流量占毛入流水量的比例 D_g 随尺度的增大先增大后减小，且干旱年较小，丰水年较大。研究区域 D_g 随着渠道供水的减少和塘堰汇流面积比例的提高而降低，即提高塘堰汇流面积比例能够拦截降水和排水，提高水的重复利用率，从而节约灌溉供水。

2）基于蒸发蒸腾量管理及排水重复利用的节水潜力

基于蒸发蒸腾量消耗调控，以研究区域总蒸发蒸腾量为基准，研究区域现状条件下的理论节水率为14.5%，间歇灌溉和薄浅湿晒模式与淹灌模式相比的实际节水率分别为1.6%和2.4%，节水量0.13亿 m^3 和0.19亿 m^3。

基于排水管理，以毛入流水量为基准，研究区域现状条件下的理论节水率为16%，不同塘堰用水管理制度与现状相比，排水管理节水率分别为3.8%、4.7%，排水管理节水量分别为0.157亿 m^3 和0.1945亿 m^3，实际灌溉节水率（节水措施实施后灌溉水量减少量占实施前毛入流水量的比例）分别为1%、2%，实际灌溉节水量分别为0.0401亿 m^3 和0.0803亿 m^3。

3）灌溉水分生产率的尺度变化特征

灌溉水分生产率随尺度增大而增大，且在达到一临界尺度后趋于平稳。幂函数模式能够描述灌溉水分生产率与尺度的良好关系，实现灌溉水分生产率、灌溉水量的尺度转换。

4）不同环节灌溉用水效率及节水潜力分析

漳河灌区总干及干渠环节和分、斗、农、毛渠环节的渠道水利用系数较大，而支干、分干和支渠环节的渠道水利用系数偏小。原因是总干及干渠进行了部分防渗，而分、斗、农、毛渠则渠道断面小，同时长度短，因此损失小。支干、分干和支渠则断面较大，且长度长，因此损失大，是今后防渗的主要环节。

设计工况下，达到《节水灌溉工程技术规范》（GB/T 50363—2006）要求时，通过工程和非工程措施，漳河灌区的灌溉水利用系数阈值为0.6204。

随投资的增加灌溉水利用系数及节水率均提高，但其过程符合报酬递减规律，且节水率的报酬递减速度更快。管理水平提高的节水效果显著，在灌区建设中，管理水平提高应与灌区工程建设同步。

10.2 特点与创新

本书相关研究的特点与创新主要体现在以下几个方面：

(1) 提出了考虑回归水重复利用的灌溉用水效率和用水效益评价指标体系及节水潜力计算新方法。

灌溉用水效率指标方面,提出了基于水量平衡的水资源利用率和净灌溉效率指标,以及基于回归水利用的净灌溉效率指标,并推导了具体计算公式和过程。灌溉用水效益指标方面,提出了净灌溉水分生产率和净灌溉用水效益指标及其计算公式。综合考虑输水、回归水和耗水三个方面,提出了新水源节水潜力的定义,并推导了具体计算公式和过程。基于回归水利用的净灌溉效率,提出了新水源节水潜力简化计算方法。

(2) 发展了灌区分布式水文模型。针对灌区水循环特点,改进了 SWAT 模型,实现了改进 SWAT 模型和 MODFLOW 模型的耦合,构建了灌区地表水-地下水分布式模拟耦合模型。

(3) 以典型灌区为背景,探明了不同措施下灌溉用水效率及节水潜力变化规律,以及不同节水潜力计算方法的差异、原因及其适应性,提出了不同措施下的灌溉用水效率阈值及节水潜力临界值。

(4) 基于 SWAP 模型分析确定了柳园口灌区适宜的灌溉下限控制标准和适宜的地下水埋深控制范围,实现了田间作物生长模型向灌区尺度的扩展。

(5) 基于灌区地表水-地下水耦合模型对不同用水方案的模拟分析,提出了柳园口灌区井渠结合调控模式,即适宜井渠灌溉比和适宜井渠灌溉时间。

10.3 展 望

本书提出了灌溉用水评价新指标和节水潜力计算新方法,为了实现指标的计算,以柳园口灌区及漳河灌区为例,构建了灌区地表水-地下水耦合模型,实现了不同条件下用水效率及效益指标和节水潜力的模拟及其分析评价。但由于问题的复杂性,加之时间和资料的限制,仍然有很多不完善和有待进一步研究的工作。

(1) 如何实现 SWAT 模型和 MODFLOW 模型的紧密耦合有待研究。

(2) 虽然通过试验站点 SWAP 模型的作物参数率定,并借助土壤参数及地下水埋深的空间分布实现了基于 SWAP 模型的作物产量空间尺度扩展,但该方法利用 SWAP 模型,根据空间 HRU 单元上土壤和地下水埋深的分布进行不同 HRU 单元旱作物产量模拟,即要在每个 HRU 单元上运行 SWAP 模型,过程烦琐,工作量较大,不便于推广。如何真正实现 SWAP 模型与地表水-地下水耦合模型的耦合,进而达到作物产量的分布式模拟有待进一步研究。

(3) 虽然提出了灌溉用水效率和效益指标,并进行了实际应用分析。但是这些指标更多从节水和高产的角度进行用水评价,不能分析节水灌溉投入和产出的关系,即灌溉用水净效益的问题。对于灌溉用水净效益指标本书仅提出了相关指标计算方法，限于资料等原因，没有对其进行计算分析。另外，对于节水潜力的计算仅从节水量大小来分析，没有考虑节水措施的净效益问题（如回归水重复利用存在二次能耗问题等）。

（4）对于柳园口灌区井渠结合调控模式的确定，仅以控制适宜的地下水埋深范围为判别准则，没有考虑黄河来水量约束及采取相应工程措施时经济因素的影响，因此，还需进一步考虑更多的约束对其进行分析。

（5）关于灌溉用水效率阈值及节水潜力临界标准，目前的认识并不统一，本书也只是开展了一些探讨性分析，并且没有考虑经济及环境因素的影响。

参考文献

曹巧红,龚元石.2003.应用Hydrus-1D模型模拟分析冬小麦农田水分氮素运移特征[J].植物营养与肥料学报,9(2):139-145.

蔡守华,张展羽,张德强.2004.修正灌溉水利用效率指标体系的研究[J].水利学报,(5):111-115.

蔡学良,崔远来,代俊峰,等.2007.长藤结瓜灌溉系统回归水重复利用[J].武汉大学学报(工学版),40(2):46-50.

陈伟,郑连生,聂建中.2005.节水灌溉的水资源评价体系[J].南水北调与水利科技,3(3):32-34.

程建平,曹凑贵,蔡明历,等.2006.不同灌溉方式对水稻产量和水分生产率的影响[J].农业工程学报,22(12):28-33.

崔远来,董斌,李远华.2006.水分生产率指标随空间尺度变化规律[J].水利学报,37(1):45-51.

崔远来,董斌,李远华,等.2007.农业灌溉节水评价指标与尺度问题[J].农业工程学报,23(7):1-7.

崔远来,谭芳,王建漳.2010a.不同尺度首尾法及动水法测算灌溉水利用系数对比研究[J].灌溉排水学报,29(1):5-10.

崔远来,谭芳,郑传举.2010b.不同环节灌溉用水效率及节水潜力分析[J].水科学进展,21(6):788-793.

崔远来,熊佳.2009.灌溉水利用效率指标研究进展[J].水科学进展,20(4):590-598.

代俊峰.2007.基于分布式水文模型的灌区水管理研究[D].武汉:武汉大学.

代俊峰,崔远来.2008.灌溉水文学及其研究进展[J].水科学进展,19(2):294-300.

代俊峰,崔远来.2009a.基于SWAT的灌区分布式水文模型—Ⅰ.模型构建的原理与方法[J].水利学报,40(2):145-151.

代俊峰,崔远来.2009b.基于SWAT的灌区分布式水文模型—Ⅱ.模型应用[J].水利学报,40(3):311-318.

董斌,崔远来,李远华.2005.水稻灌区节水灌溉的尺度效应[J].水科学进展,16(6):833-839.

段爱旺,信乃诠,王立祥.2002.节水潜力的定义和确定方法[J].灌溉排水,21(2):25-28.

高传昌,张世宝,刘增进.2001.灌溉渠系水利用系数的分析与计算[J].灌溉排水,20(1):50-54.

高玉芳,陈耀登,张展羽.2010.沿海地区地下水模拟优化管理模型[J].水科学进展,21(5):622-627.

高学睿,董斌,秦大庸,等.2011.用DrainMOD模型模拟稻田排水与氮素流失[J].农业工程学报,27(6):52-58.

郭元裕.1997.农田水利学[M].第三版.北京:中国水利水电出版社.

郝芳华,程红光,杨胜天.2006.非点源污染模型——理论方法与应用[M].北京:中国环境科学出版社.

韩振中,裴源生,李远华,等.2009.灌溉用水有效利用系数测算与分析[J].中国水利,(3):

11-14.

胡远安,程声通,贾海峰. 2003. 非点源模型中的水文模拟——以 SWAT 模型在芦溪小流域的应用为例[J]. 环境科学研究,16(5):29-32.

黄粤,陈曦,包安明,等. 2009. 干旱区资料稀缺流域日径流过程模拟[J]. 水科学进展,20(3):332-336.

黄仲冬. 2011. 基于 SWAT 模型的灌区农田退水氮磷污染模拟及调控研究[D]. 北京:中国农业科学院.

贾宏伟,郑世宗. 2013. 灌溉水利用效率的理论、方法与应用[M]. 北京:中国水利水电出版社.

贾仰文,王浩,倪广恒,等. 2005. 分布式流域水文模型原理与实践[M]. 北京:中国水利水电出版社.

焦锋,秦伯强,黄文钰. 2003. 小流域水环境管理——以宜兴湖滏镇为例[J]. 中国环境科学,23(2):220-224.

李会安. 2003. 黄河灌区用水现状、节水潜力和途径[J]. 中国农村水利水电,(4):13-15.

李硕. 2002. GIS 和遥感辅助下流域模拟的空间离散化和参数化研究与应用[D]. 南京:南京师范大学.

李小梅. 2009. 基于 SWAP 和 SWAT 联合应用的灌区水管理研究[D]. 武汉:武汉大学.

李亚龙. 2006. 水稻和旱稻水肥综合调控的田间试验及数值模拟研究[D]. 武汉:武汉大学.

李亚龙,崔远来,李远华,等. 2005a. 基于 ORYZA2000 模型的旱稻生长模拟及氮肥管理研究[J]. 农业工程学报,21(12):141-146.

李亚龙,崔远来,李远华. 2005b. 水-氮联合限制条件下对水稻生产模型 ORYZA2000 的验证与评价[J]. 灌溉排水学报,24(1):28-32.

李英. 2001. 长江流域节水潜力及管理分析[J]. 人民长江,32(11):40-42.

李远华. 1999. 节水灌溉理论与技术[M]. 武汉:武汉水利电力大学出版社.

李远华,崔远来. 2009. 不同尺度灌溉水高效利用理论与技术[M]. 北京:中国水利水电出版社.

李远华,董斌,崔远来. 2005. 尺度效应及其节水灌溉策略[J]. 世界科技研究与发展,27(6):31-35.

雷波,刘钰,许迪. 2011. 灌区农业灌溉节水潜力估算理论与方法[J]. 农业工程学报,27(1):10-14.

刘博,徐宗学. 2011. 基于 SWAT 模型的北京沙河水库流域非点源污染模拟[J]. 农业工程学报,27(5):52-61.

刘丙军,邵东国,沈新平. 2005. 灌区灌溉渠系分形特征研究[J]. 农业工程学报,21(12):56-59.

刘昌明,郑红星,王中根. 2006. 流域水循环分布式模拟[M]. 郑州:黄河水利出版社.

刘建刚,裴源生,赵勇. 2011. 不同尺度农业节水潜力的概念界定与耦合关系[J]. 中国水利,(13):1-3.

刘路广,崔远来. 2012. 灌区地表水-地下水耦合模型的构建[J]. 水利学报,43(7):826-833.

刘路广,崔远来,冯跃华. 2010a. 基于 SWAP 和 MODFLOW 模型的引黄灌区用水管理策略[J]. 农业工程学报,26(4):9-17.

刘路广,崔远来,罗玉峰. 2010b. 基于 MODFLOW 的灌区地下水管理策略——以柳园口灌区为例[J]. 武汉大学学报(工学版),43(1):25-29.

刘路广,崔远来,王建鹏. 2011. 基于水量平衡的农业节水潜力计算新方法[J]. 水科学进展,22(5):696-702.

刘路广,崔远来,吴瑕. 2013. 考虑回归水重复利用的灌区用水评价指标[J]. 水科学进展,24(4):522-528.

罗纨,方树星,贾忠华,等. 2007. 根据排水规律计算稻田节水的潜力[J]. 农业工程学报,23(10):41-44.

罗纨,贾忠华,Skaggs R W,等. 2006. 利用 DRAINMOD 模型模拟银南灌区稻田排水过程[J]. 农业工程学报,22(9):53-57.

罗玉峰. 2006. 灌区水量平衡模型及其应用研究[D]. 武汉:武汉大学.

茆智. 1997. 水稻节水灌溉[J]. 中国农村水利水电,4:45-47.

茆智. 2002. 水稻节水灌溉及其对环境的影响[J]. 中国工程科学,4(7):8-16.

茆智. 2005. 节水潜力分析要考虑尺度效应[J]. 中国水利,(15):14-15.

茆智,崔远来,李新健. 1994. 我国南方水稻水分生产函数试验研究[J]. 水利学报,(9):21-31.

茆智,崔远来,李远华. 2003. 水稻水分生产函数及其时空变异理论及应用[M]. 北京:科学出版社.

孟国霞,荣丰涛. 2004. 山西省渠系水利用系数的推算[J]. 山西水利科技,154(4):1-3.

倪文,毛协亨. 1966. 水稻的水分生理及合理灌溉的研究——Ⅵ. 水稻蒸腾强度的变化和影响变化的因素[J]. 植物生理学通讯,(5):29-32.

彭致功,刘钰,许迪,等. 2009. 基于 RS 数据和 GIS 方法估算区域作物节水潜力[J]. 农业工程学报,25(7):8-12.

裴源生,赵勇,张金萍,等. 2008. 广义水资源高效利用理论与核算[M]. 郑州:黄河水利出版社.

裴源生,张金萍,赵勇. 2007. 宁夏灌区节水潜力的研究[J]. 水利学报,38(2):239-243.

秦大庸,于福亮,李木山. 2004. 宁夏引黄灌区井渠双灌节水效果研究[J]. 农业工程学报,20(2):73-77.

沈荣开,杨路华,王康. 2001. 关于以水分生产率作为节水灌溉指标的认识[J]. 中国农村水利水电,(5):9-11.

沈小谊,黄永茂,沈逸轩. 2003. 灌区水资源利用系数研究[J]. 中国农村水利水电,(1):21-24.

沈逸轩,黄永茂,沈小谊. 2005. 年灌溉水利用系数的研究[J]. 中国农村水利水电,(7):7-8.

沈振荣,汪林,于福亮,等. 2000. 节水新概念:真实节水的研究与应用[M]. 北京:中国水利水电出版社.

水利部农村水利司,水利部农田灌溉研究所. 2006. GB/T 50363—2006 节水灌溉工程技术规范[S]. 北京:中国计划出版社.

水利部农村水利司,中国灌溉排水发展中心. 2008. 全国节水灌溉规划[R]. 北京:中国灌溉排水发展中心.

孙艳玲,李芳花,尹钢吉,等. 2010. 寒地黑土区水稻水分生产函数试验研究[J]. 灌溉排水学报,29(5):139-142.

谭芳. 2010. 灌溉用水效率测算方法及时空变异规律研究[D]. 武汉:武汉大学.

田园，刘斌，马济元，等. 2010. ET管理是农业节水灌溉水资源管理的方向[J]. 中国水利，(17)：58-62.

田玉青，张会敏，黄福贵，等. 2007. 黄河干流大型自流灌区节水潜力分析[J]. 灌溉排水学报，25(6)：40-43.

汪富贵. 1999. 大型灌区灌溉水利用系数的分析方法[J]. 武汉水利电力大学学报，32(6)：28-31.

王克全，付强，季飞，等. 2008. 查哈阳灌区水稻水分生产函数模型及其应用试验研究[J]. 灌溉排水学报，27(3)：109-111.

王浩，杨贵羽，贾仰文，等. 2007. 基于区域ET结构的黄河流域土壤水资源消耗效用研究[J]. 中国科学D辑：地球科学，37(12)：1643-1652.

王建鹏. 2011. 灌区水资源高效利用与面源污染迁移转化规律模拟分析[D]. 武汉：武汉大学.

王建鹏，崔远来. 2011. 水稻灌区水量转化模型及其模拟效率分析[J]. 农业工程学报，27(1)：22-28.

王建鹏，崔远来. 2013. 基于蒸散发调控及排水重复利用的灌区节水潜力[J]. 灌溉排水学报，32(4)：1-5.

吴炳方，邵建华. 2006. 遥感估算蒸腾蒸发量的时空尺度推演方法及应用[J]. 水利学报，37(3)：286-292.

吴险峰，刘昌明. 2002. 流域水文模型研究的若干进展[J]. 地理科学进展，21(4)：341-348.

谢柳青，余健来. 2001. 南方灌区灌溉水利用系数确定方法研究[J]. 武汉大学学报(工学版)，34(2)：17-19.

谢森传，惠士博. 2010. 水资源的“ET管理”是不可行的[J]. 中国水利，(1)：39-40.

谢先红. 2008. 灌区水文变量标度不变性与水循环分布式模拟[D]. 武汉：武汉大学.

谢先红，崔远来. 2010. 灌溉水利用效率随尺度变化规律分布式模拟[J]. 水科学进展，21(5)：681-688.

谢先红，崔远来，蔡学良. 2007. 灌区塘堰分布分形描述[J]. 水科学进展，18(6)：858-863.

熊立华，郭生练. 2004. 分布式流域水文模型[M]. 北京：中国水利水电出版社.

徐宗学. 2010. 水文模型：回顾与展望[J]. 北京师范大学学报(自然科学版)，46(3)：278-289.

杨树青，史滨海，杨金忠，等. 2007. 干旱区微咸水灌溉对地下水环境影响的研究[J]. 水利学报，38(5)：565-574.

杨树青，叶志刚，史海滨，等. 2010. 内蒙河套灌区咸淡水交替灌溉模拟及预测[J]. 农业工程学报，26(8)：8-17.

岳卫峰，杨金忠，占车生. 2011. 引黄灌区水资源联合利用耦合模型[J]. 农业工程学报，27(4)：35-40.

赵串串，张荔，杨晓阳，等. 2008. 国内外流域水文模型应用进展[J]. 环境科学与管理，32(10)：17-21.

赵丽蓉，黄介生，伍靖伟，等. 2011. 水管理措施对区域水盐动态的影响[J]. 水利学报，42(5)：514-522.

张玉斌，郑粉莉. 2004. AGNPS模型及其应用[J]. 水土保持研究，11(4)：124-127.

张义盼. 2010. 农业节水潜力评价指标和方法研究[D]. 武汉：武汉大学.

张义盼,崔远来,史伟达. 2009. 农业灌溉节水潜力及回归水利用研究进展[J]. 节水灌溉,(5),50-54.

郑捷,李光永,韩振中,等. 2011. 改进 SWAT 模型在平原灌区的应用[J]. 水利学报,42(1):88-97.

周玉桃. 2008. 分布式水文模型 SLURP 在灌区水循环模拟中的应用[D]. 武汉:武汉大学.

左奎孟. 2007. 井渠结合的灌溉管理研究[J]. 灌溉排水学报,26(1):62-63.

Ahmad K,Gassman P W,Kanwar R. 2002. Evaluation of the tile flow component of the SWAT model under different management systems[R]. Working Paper 02-WP 303.

Al-Thani A A,Beaven R P,White J K. 2004. Modelling flow to leachate wells in landfills[J]. Waste Management,24(3):271-276.

Andersen J,Refsgaard J C,Jensen K H. 2001. Distributed hydrological modeling of the Senegal River basin-model construction and validation[J]. Journal of Hydrology,247(3-4):200-214.

Andrea W,Fohrer N,Moller D. 2001. Long-term land use changes in a mesoscale watershed due to socio-economic factors:Effects on landscape structures and functions[J]. Ecological Modeling,140:125-140.

Arnold J G,Srinivasan R,Muttiah R S,et al. 1998. Large area hydrologic modeling and assessment part Ⅰ:Model development 1[J]. Journal of the American Water Resources Association,34(1):73-89.

Arora V K. 2006. Application of a rice growth and water balance model in an irrigated semi-arid subtropical environment[J]. Agricultural Water Management,83(1/2):51-57.

Bagley J M. 1965. Effects of competition on efficiency of water use[J]. Journal of Irrigation and Drainage Engineering,ASCE,91(1):69-77.

Bos M G. 1979. Standards for irrigation efficiencies of ICID[J]. Journal of Irrigation and Drainage Engineering,ASCE,105(1):37-43.

Bouman B A M,Kropff M J,Tuong T P,et al. 2001. ORYZA2000:Modeling Lowland Rice[M]. Los Baños:International Rice Research Institute,and Wageningen University and Research Centre.

Burt C M,Clemmens A J,Strelkoff T S,et al. 1997. Irrigation performance measures:Efficiency and uniformity[J]. Journal of Irrigation and Drainage Engineering,ASCE,123(6):423-442.

Chen J M,Chen X,Ju W,et al. 2005. Distributed hydrological model for mapping evapotranspiration using remote sensing inputs[J]. Journal of Hydrological,305(1):15-39.

Cui Y L,Khan S,Beddek R A. 2002. Top down approach to quantify regional water balance components in LIS area[R]. Griffith:CSIRO Land and Water.

Dam V J C,Huygen J,Wesseling J G,et al. 1997. User's Guide of SWAP Version2. 0,Simulation of Water Flow,Solute Transport and Plant Growth in the Soil-Water-Atmosphere-Plant Environment[M]. Wageningen:Wageningen Agricultural University.

Davenport D C,Hagan R M. 1982. Agricultural water conservation in California,with emphasis on the San Joaquin Valley[R]. Davis:University of California.

Elhassan A M, Goto A, Mizutani M. 2004. Effect of conjunctive use of water for paddy field irrigation on groundwater budget in an alluvial fan[C]. Land and Water Management: Decision tools and practices. Beijing: China Agriculture Press.

Freeze R A, Harlan R L. 1969. Blueprint of a physically-based digitally-simulated hydrological response mode[J]. Journal of Hydrology, 9(3): 237-258.

Gosain A K, Rao S, Srinivasan R, et al. 2005. Return-flow assessment for irrigation command in the Palleru River Basin using SWAT model[J]. Hydrological Processes, 19(3): 673-682.

Guerra L C, Bhuiyan S I, Tuong T P, et al. 1998. Producing more rice with less water from irrigated systems[M]. Colombo: Sri Lanka, International Water Management Institute.

Hargreaves G L, Hargreaves G H, Riley J P. 1985. Agricultural benefits for Senegal River Basin [J]. Journal of Irrigation and Drainage Engineering, ASCE, 111(2): 113-124.

Hart W E, Skogerboe G V, Peri G, et al. 1979. Irrigation performance: An evaluation[J]. Journal of Irrigation and Drainage Engineering, ASCE, 105(3): 275-288.

Immerzeel W W, Droogers P. 2008. Calibration of a distributed hydrological model based on satellite evapotranspiration[J]. Journal of Hydrology, 349(3): 411-424.

Israelsen O W. 1950. Irrigation Principles and Practices[M]. New York: Wiley.

Jensen M E. 1977. Water conservation and irrigation systems[C]. Proceedings of the Climate-Technology Seminar, Colombia: 209-249.

Kang M S, Park S W, Lee J J, et al. 2006. Applying SWAT for TMDL programs to a small watershed containing rice paddy fields[J]. Agricultural Water Management, 79(1): 72-92.

Kannan N, White S M, Worrall F, et al. 2007. Hydrological modelling of a small catchment using SWAT-2000-Ensuring correct flow partitioning for contaminant modelling[J]. Journal of Hydrology, 334(1): 64-72.

Keller A A, Keller J. 1995. Effective efficiency: A water use efficiency concept for allocating freshwater resources[R]. Water Resources and Irrigation Division. Winrock International.

Keller A A, Seckler D W, Keller J. 1996. Integrated water resource systems: Theory and policy implications[R]. International Water Management Institute.

Kim N W, Chung I M, Won Y S, et al. 2008. Development and application of the integrated SWAT-MODFLOW model[J]. Journal of Hydrology, 356(1): 1-16.

Khan S, Rana T, Carroll J, et al. 2004. Managing climate, irrigation and ground water interactions using a numerical model: A case study of the murrumbidgee irrigation area[R]. CSIRO Land and Water Technical Report, Griffith.

Khan S, Tariq R, Cui Y L, et al. 2006. Can irrigation be sustainable[J]. Agricultural Water Management, 80(1): 87-99.

Kite G. 2001. Modelling the Mekong: Hydrological simulation for environmental impact studies [J]. Journal of Hydrology, 253(1): 1-13.

Kite G. 2000b. Using a basin-scale hydrological model to estimate crop transpiration and soil evaporation[J]. Journal of Hydrology, 229(1): 59-69.

Kite G, Droogers P. 2000a. Integrated basin modeling[R]. International Water Management Institute.

Kloezen W H, Garces R C. 1998. Assessing irrigation performance with comparative indicators: The case of the Alto Bio Lerma Irrigation District, Mexico[R]. International Water Management Institute.

Knisel W G. 1980. CREAMS: A field scale model for chemicals, runoff, and erosion from agricultural management systems[R]. USDA Conservation Research Report No26.

Kroes J G, van Dam J C, Groenendijk P, et al. 2008. SWAP Version 3. 2: Theory Description and User Manual[M]. Alterra Report 1649.

Labolle E M, Ahmed A A, Fogg G E. 2003. Review of the integrated groundwater and surface-water model[J]. Ground Water, 41(2): 238-246.

Lankford B. 2006. Localising irrigation efficiency[J]. Irrigation and Drainage, 55(4): 345-362.

Lenzi M A, Diluzio M. 1997. Surface runoff soil erosion and water quality modeling in the Alpone watershed using AGNPS integrated with a geographic information system[J]. European Journal of Agronomy, (6): 1-14.

Leonard R A, Knisel W G, Still D A. 1987. Groundwater loading effects of agricultural management systems[J]. Transactions of the American Society of Agricultural Engineers, 30(5): 1403-1418.

Liu L G, Cui Y L, Luo Y F. 2013. Integrated modeling of conjunctive water use in a Canal-Well irrigation district in the lower yellow river basin, China[J]. Journal of Irrigation and Drainage Engineering, ASCE, 139(9): 775-784.

Lohani V K, Refsgaard J C, Clausen T, et al. 1993. Application of the SHE for irrigation command area studies in India[J]. Journal of Irrigation and Drainage Engineering, ASCE, 119(1): 34-49.

Luo Y F, Khan S, Cui Y L, et al. 2003. Understanding transient losses from irrigation supply systems in the yellow river basin using a surface-groundwater interaction model[C]. Proceedings of MODSIM 2003-International Congress on Modeling and Simulation, Queensland: 242-247.

Marinus G B. 1979. Standards for irrigation efficiencies of ICID[J]. Journal of Irrigation and Drainage Engineering, ASCE, 105(1): 37-43.

McCartney M P, Lankford B A, Mahoo H. 2007. Agricultural water management in a water stressed catchment: Lessons from the RIPARWIN Project[R]. International Water Management Institute.

McDonald M G, Harbaugh A W. 1988. A Modular Three-dimensional Finite-difference Groundwater Flow Model[M]. U S Geological Survey Techniques of Water-Resources Investigations.

Molden D. 1997. Accounting for Water Use and Productivity[M]. International Water Management Institute IWMI, Colombo, Sri Lanka.

Molden D, Sakthivadivel R, Perry C J, et al. 1998. Indicators for comparing performance of irrigated agricultural systems[R]. International Water Management Institute.

Monteith J L. 1965. In the State and Movement of Water in Living Organisms 19th Symposia of the Society for Experimental Biology[M]. London:Canbridge University Press:205-234.

Neitsch S L, Arnold J G, Kiniry J R, et al. 2002. Soil and Water Assessment Tool Theoretical Documentation Version 2000[M]. Temple: Grassland, Soil and Water Research Laboratory, Agriculture Research Service.

Odhiambo L O, Murty V V N. 1996. Modeling water balance components in relation to field layout in lowland paddy fields. I. Model development[J]. Agricultural Water Management, 30(2): 185-199.

Panigrahi B, Panda S N. 2003. Field test of a soil water balance simulation model[J]. Agricultural Water Management, 58(3):223-240.

Pan Z Q, Liu G H, Zhou C H. 2003. Dynamic analysis of evapotranspiration based on remote sensing in Yellow River Delta[J]. Journal of Geographical Sciences, 13(4):408-415.

Penman H L. 1956. Evaporation: An introductory survey[J]. Netherlands Journal of Agricultural Science, 4(1):9-29.

Perkins S P, Sophocleous M A. 1999. Development of a comprehensive watershed model applied to study stream yield under drought conditions[J]. Ground Water, 37(3):418-426.

Perry C J. 1999. The IWMI water resources paradigm-definitions and implications[J]. Agricultural Water Management, 40(1):45-50.

Perry C J. 2007. Efficient irrigation; inefficient communication; flawed recommendations[J]. Irrigation and Drainage, 56(4):367-378.

Priestley C H B, Taylor R J. 1972. On the assessment of surface heat flux and evaporation using large-scale parameters[J]. Monthly Weather Review, 100(2):81-92.

Rassam D W, Cook F J. 2002. Numerical simulations of water flow and solute transport applied to acid sulfate soils[J]. Journal of Irrigation and Drainage Engineering, ASCE, 128(2): 107-115.

Refsgarrd J C. 1997. Parameterisation, calibration and validation of distributed hydrological models[J]. Journal of Hydrology, 198(1-4):69-97.

Sahoo G B, Ray C, de Carlo E H. 2006. Calibration and validation of a physically distributed hydrological model, MIKE SHE, to predict stream flow at high frequency in a flashy mountainous Hawaii stream[J]. Journal of Hydrology, 327:94-109.

Seckler D W. 1996. The new era of water resources management: From dry to wet water saving [R]. International Water Management Institute.

Šimůnek J, Šejna M, Saito H, et al. 2009. The HYDRUS-1D software package for simulating the movement of water, heat, and multiple solutes in variably saturated saturied media, Version 4.08, HYDRUS Sofeware Series 3[R]. University of California Riverside.

Skaggs R W. 1978. A Water Management Model for Shallow Water Table Soils[M]. University of North Carolina.

Solomon K H, Davidoff B. 1999. Relation unit and sub-unit irrigation performance[J]. Transactions of the ASAE, 42(1): 115-122.

Sophocleous M, Perkins S P. 2000. Methodology and application of combined watershed and ground-water models in Kansas[J]. Journal of Hydrology, 236(3-4): 185-201.

Sophocleous M A, Koelliker J K, Govindaraju R S, et al. 1999. Integrated numerical modeling for basin-wide water management: The case of the Rattlesnake Creek basin in south-central Kansas[J]. Journal of Hydrology, 214(1): 179-196.

Tripathi M P, Raghuwanshi N S, Rao G P. 2006. Effect of watershed sub-division on simulation of water balance components[J]. Hydrological Processes, 20(5): 1137-1156.

Tuong T P, Bhuiyan S I. 1999. Increasing water-use efficiency in rice production: Farm-lever perspectives[J]. Agricultural Water Management, 40(1): 117-122.

Willardson L S. 1985. Basin-wide impacts of irrigation efficiency[J]. Journal of Irrigation and Drainage Engineering, ASCE, 111(3): 241-246.

Willardson L S, Allen R G, Frederiksen H D, et al. 1994. Universal fractions and the elimination of irrigation efficiencies[C]. 13th Technical Conference, USCID, Denver: 19-22.

Williams J R, Jones C A, Dyke P T. 1984. Modeling approach to determining the relationship between erosion and soil productivity[J]. Transactions of the American Society of Agricultural Engineers, 27(1): 129-144.

Xie X H, Cui Y L. 2011. Development and test of SWAT for modeling hydrological processes in irrigation districts with paddy rice[J]. Journal of Hydrology, 396(1-2): 61-71.

Young R A, Onstad C A, Bosch D D, et al. 1989. AGNPS: A non-point source pollution model for evaluating agricultural watershed[J]. Journal of Soil and Water Conservation, 44(2): 168-173.

Zheng J, Li G Y, Han Z Z, et al. 2010. Hydrological cycle simulation of an irrigation district based on a SWAT model[J]. Mathematical and Computer Modelling, 51(11/12): 1312-1318.

Zoebl D. 2006. Is water productivity a useful concept in agricultural water management[J]. Agricultural Water Management, 84(3): 265-273.